성주명 교수의

골수이식 클리닉

제 3판

골수이식 클리닉

Bone Marrow Transplantation Clinic

성주명 지음

이화여자대학교 의과대학 교수 이대목동병원 골수이식센터 소장

군자출판사

성주명 교수의

골수이식클리닉

첫째판 1쇄 발행 | 2003년 1월 20일
둘째판 1쇄 발행 | 2004년 8월 5일
셋째판 1쇄 인쇄 | 2008년 1월 15일
셋째판 1쇄 발행 | 2008년 1월 25일

지 은 이 성주명
발 행 인 장주연
편집디자인 권연정
표지디자인 박봉래
발 행 처 군자출판사
등 록 제 4-139호(1991. 6. 24)

본 사 (110-717) 서울특별시 종로구 인의동 112-1 동원회관 BD 3층
Tel. (02) 762-9194/5 Fax. (02) 764-0209
대 구 지 점 Tel. (053) 428-2748 Fax. (053) 428-2749
광 주 지 점 Tel. (062) 228-0252 Fax. (062) 228-0251
부 산 지 점 Tel. (051) 893-8989 Fax. (051) 893-8986

www.koonja.co.kr

* 파본은 교환하여 드립니다.

ISBN 978-89-7089-986-2

정가 20,000원

골수이식을 준비중이거나 통과중인

환우들과 그 가족들께…

서문

"다윗과 골리앗"

백혈병, 재생불량성빈혈...듣기만 해도 가슴이 철렁해지는 이야기이다. 이 병들은 과거에 10명중, 1~2명만이 생존하는 병이었다. 그러나 지난 기십 년 사이, 치료가 향상되어 만성 골수성 백혈병은 형제간 골수이식을 할 경우 70% 이상, 급성 골수성 백혈병의 경우에는 골수이식으로 60%까지 완치가 되어가고 있다. 한편, 재생불량성빈혈은 형제간 이식을 시행할 경우 90% 이상까지도 완치가 가능해지고 있다.

한편, 불과 수년 전까지만 해도 이식에 사용되리라고는 상상도 못했던 제대혈(臍帶血, Cord Blood)이 이미 소아 및 성인 백혈병, 재생 불량성 빈혈과 대사성 질환에서 널리 이용되고 있다. 한 걸음 더 나아가 심지어 80kg 이상의 어른에도 제대혈 이식이 확대되어 응용되고 있다. 또한 무균실에 1~2달씩 입원하면서 지독한 전통적인 동종골수이식을 겪어야 했던 것이 이제는 미니 동종골수이식(Mini-allo, 경한 동종이식)을 통해 수일간만 병원에 입원한 뒤 곧 퇴원하여 통원치료(out- patient)를 하며 회복하는 시술이 이미 현실화되고 있다. 또한 공상과학소설 만화에서나 볼 수 있었던 체외증폭(體外增幅, ex-vivo expansion)을 더욱 효율적으로 발달시켜 환자에게 이식하는 시간도 언젠가는 올 수 있다고 본다. 즉, 10㎖ 정도만 공여자에서 피를 뽑아 몸밖에서 많이 증식을 시킨 후 필요한 환자에게 정맥으로 주입시키는 방법 등이다.

이 책을 집필하게 된 이유를 요약하자면, 다음과 같다. 17년간 미국대학에서의 생활을 정리하고 귀국한 이후, 지난 6년간 골수이식을 시술하면서 늘 혈액종양분야의 환자들을 돌볼 때마다 머리 한구석에 숙제처럼 부담을 느끼는 부분이 있었다. 그것은 다름 아닌, 골수이식을 앞둔, 또는 골수이식을 통과하는 환자들은 물론 골수이식에 실제 참여하는 간호사,

약사, 영양사, 사회사업가, 코디네이터 및 전공의에게 충분하고도 알기 쉬운 정보를 주었으면 하는 아쉬움이었다. 골수이식을 이해하기가 어려운 이유로는 골수이식 시술 자체가 끊임없이 발전하는 분야이어서 그러하기도 하지만 이식 자체가 복잡할 뿐더러 너무 전문적인 고도의 기술이 요구되는 분야여서 그런 것 같다. 따라서 이 책자를 통해 골수이식 전반을 이해하는데 조금이라도 도움이 되었으면 하는 마음이다.

백혈병이나 재생불량성빈혈의 치료 성적이 최근에 많이 향상되었으나, 그래도 많은 경우에는 아직도 어려운 병이다. 여러 환우들이 느끼는 마음은 마치 구약에 나오는 베들레헴의 소년 다윗이 막강한 블레셋의 대장수이자 거인인 골리앗(백혈병, 재생불량성빈혈)과 대결(사무엘상 17장)하는 마음에 비유해 볼 수 있을 것 같다. 그러나, 그 상황에서 다윗은 「너는 칼과 창으로 내게 오거니와 나는 만군의 하나님의 이름으로 네게 가노라」라고 대적하며 골리앗과의 싸움에서 끝내 승리하게 된다. 다른 비유를 들자면, 마치 자동차가 망가지면 그 차를 제조한 업체에 갖다 주어야 제일 잘 고쳐주듯이 우리가 치명적인 질환에 걸렸을 때는 물론, 우리를 지으신 하나님께로 나와 도움을 청하며 치유함을 받는 것이 중요하다.

'골수이식클리닉'을 출판하며 빚진 분들이 참으로 많다. 타인이식을 위한 국내외 골수은행에 대한 정보를 주신 한국조혈모세포은행의 전용식 국장님, 〈정자은행〉에 대해 써 주신 김종현 교수님, 〈난자 보관〉에 대해 기술해 주신 최경순 교수님, 〈이식편대 숙주반응〉에 관해 사진을 준비해 주신 한운섭 교수님, 골수 및 말초의 여러 백혈병의 소견과 정상세포의 사진을 제공해 주신 정화순 교수님, 〈수혈시 유의할 점〉을 자세히 적어주신 이미애 교수님과 허정원 교수님, 이식 전 환자에게 필요한 〈전신방사선조사〉에 대해 써주신 서현숙 교수님께 감사드린다. 또한 〈면역억제 환자의 영양관리〉에 대해 기술하신 최정임 선생님, 〈자가이식의 원리〉를 기술하신 임석아 선생님, 〈무균실에서의 준비물〉에 대해 기술하신 박지윤 수간호사님, 〈사회사업과에서 도울 수 있는 점〉에 대해 써주신 김현희 선생님에게도 감사드린다. 또한 일일이 타자를 해 준 이선미, 주수미 연구원과 구현아 코디네이터께 감사의 말을 꼭 전하고 싶다. 또한 이 책이 발간이 되도록 격려해 주신 윤후정 이사장님, 우복희 원장님과 이화조혈모이식센터의 여러 동료들, 특히 임석아, 유은선, 이경은, 문영철 선생님, 82병동의 간호사 및 입원환자 의료팀 여러분들과 한국의학사의 유승현 사장님 및 여러 직원분들께 꼭 감사의 말씀을 드리고 싶다.

또한 빈번히 주말의 오후 시간이나 평일 저녁시간에 이 책의 집필 때문에 늦게 연구실에서 머무느라 함께 시간을 못 보내었으나…아빠를 이해하며, 한 걸음 더 나아가 이 책의 중요한 삽화를 그려주며 내게 용기를 준 딸아이 선용이에게 고맙다는 말을 쓰고 싶다. 마지막으로 이화조혈모이식센터가 오늘이 있기까지 꾸준히 기도해 주신 여러 목사님, 권사님, 친우들과 기쁨을 나누고 싶으며 특히 위험한 환자들의 이름을 일일이 불러가며 중보기도를 해 준 사랑하는 내 아내와 부모님들께 감사의 말을 꼭 드리고 싶다.

저자 성주명

제3판 골수이식 클리닉을 발간하며…

골수이식을 통과하는 환우들의 궁금증을 덜어드리려고 2003년 1월에 초판이 발행된 이후, 지난 수년 동안 "골수이식 클리닉"에 대한 반응은 비교적 긍정적이었다. 50여 년 전 동물실험에서 시작된 동종(同種) 골수이식은 70년대에는 사람에서 성공사례들이 조금씩 발표되더니, 80년-90년대에는 본격적으로 그 성공률이 향상되어 최근에 이르렀다. 그러나 임상에서의 심각한 문제는 이식을 하기 전 투여되는 강력한 전처치(前處置)시 동반되는 장기(臟器) 독성이었다. 따라서, 동종골수이식의 장점은 살리면서 동시에 독성을 줄이는 것이 큰 과제이었다. 그중 대표적인 발전이 1990년 중반 이후 M.D. 엔더슨 병원에서 개발한 소위 미니골수이식법이라고 할 수 있다. 따라서, 55세 이상, 또는 60-70세라 하더라도 "부드러운 전처치"를 투여한 후 조직항원이 맞는 골수/ 말초 조혈모를 주입시켜 줌으로 인해 종전의 전통적인 골수이식의 많은 장점을 유지할 수가 있게 되었다. 이 과정으로 인해 과거에는 상상해보지 못한 '통원(通院, out-patient) 골수이식'이 가능하게 되었다. 2000년에 들어와서는 소아(小兒)의 경우 형제간 이식을 위해 공여자가 없는 경우에 제대혈이식(臍帶血 移植)은 더 이상 임상실험(臨床實驗)이 아닌 타인 골수이식과 더불어 표준 치료로 자리매김을 하게 되었다.

최근에는, 성인골수이식의 경우, 숨어있는 백혈병세포를 진멸(殄滅)시키는 노력을 지속적으로 하고 있다. 즉, 다양한 화학요법, 단(單)클론(clone)치료 및 다양한 방법의 방사선 치료 등이 그것이다. 또한, 골수이식 이후, 이식편대 숙주반응(移植片對 宿主反應)을 줄여 보고자 다양한 노력이 시도되고 있다. 즉, 싸이클로스포린, FK506 이외에도 여러 신약들이 지속적으로 임상시험을 통과하고 있으며, 단(單)클론(clone)항체(抗體)를 이용하여 외부(공여자)에서 주입된 T-림프구의 부작용을 최소화시키려는 노력도 진행 중이며, 극도의 선별적인 T 림프구 주입 치료가 개발/ 시행 중이다. 한편, 골수이식의 영역은 재생불량성 빈혈, 급성백혈병 이외의 분야에서 넓어지고 있다. 즉, 희귀한 대사성 질환은 물론 만성 림프구성백혈병, 다발성골수종, 악성림프종의 분야에서 점점 활발히 시도되어지고 있다.

그러나, 연구와 임상분야의 눈부신 발전에도 불구하고 동종골수이식은 여전히 어려운 시술이며, 그 과정이 계속 발전되어야할 여지가 아직도 많이 있다. 골수이식 자체는 잘 되었으나, 그 부작용 등으로 인해 의료진들이 진퇴양난(進退兩難)에 처할 때가 종종 있다. 그 예로서 이식편대 숙주반응(移植片對 宿主反應)시 치료를 위해 강력한 면역억제가 필요하나, 이러한 치료법은 면역억제로 이해 동반되는 CMV바이러스 및 곰팡이 감염을 불러오게 하는 어려움이 있다. 따라서 이식편대 숙주반응에 대해 보다 깊은 생물학적 이해를 통해 독성을 유발시키지 않는 선별적인 면역억제 치료가 개발되어야 한다.

한편, 골수이식을 시행해 오는 의사로서 골수이식 과정 중 심각한 예기치 못한 어려운 문제들을 종종 접하면서 느끼는 것은 "인생에서 일어나는 대부분의 일은 우리가 조절을 할 수 없는 상황이 조절할 수 있는 상황보다는 압도적으로 많다는 것"이다. 이러한 상황을 경험을 할 때는 의료진들은 당황하기도 하고, 또 현대의학의 한계에 접하면서 무기력해지기도 한다. 또한 환우 및 그 보호자들께 죄송하기도 하다. 그러나 이러한 상황에서 용기를 얻을 수 있는 글을 최근에 저자는 존경하는 찰스 스윈들 목사님의 글에서 접하게 되었다.

"삶에 대한 자세(태도)" – 찰스 스윈들 목사 저, 성주명 번역

내가 살아가며 느끼는 것은 "삶에 대한 자세"가 얼마나 중요한가 하는 것이다. 이 "삶에 대한 자세"는 나의 자나간 과거, 내가 받았던 교육, 그간의 경력, 나의 경제력, 내 주변의 상황들, 내가 실패했던 경험들, 내가 성공했던 경험들, 누가 나에 대해 어떻게 생각하고, 말하고 또 그들이 나에게 했던 행위 등등들 보다 더 중요하다는 것이다. "삶에 대한 자세"는 나의 외모, 내가 받은 은사 또는 지금 갖고 있는 기술 보다 더 중요하다. 결국 나의 이러한 "삶에 대한 자세(태도)"가 건강할 때는 친우사이, 교회, 또 가정을 윤택하게 만들 수도 있지만, 반면 그 자세가 건강하지 못할 때는 너무 비참하게(역자 주), 친우, 교회 또 가정을 심하게 깨뜨릴 수도 있다.

아주 놀라운 일은 우리가 맞이하는 그날그날 우리는 "삶에 대한 자세"를 선택할 수 있다는 것이다. 우리는 살아가면서 우리주변에서 어쩔 수 없게 벌어지는 것들을 바꿀 수는 없다. 그러나 우리가 할 수 있는 것이란, 우리를 연주가로 비유해 볼 때 지금 우리가 갖고 있는 바이올린의 줄로서(그것이 몇 줄 남았건 간에: 역자 주) 열심히 연주하는 것이며 결국 이렇게 하는 것이 진정된 "삶에 대한 자세(태도)"인 것 같다.

한편, 스윈들 목사님의 "삶의 태도"에 대한 좋은 성찰과 더불어

어려운 상황에 처해 있는 우리에게 힘이 되는 것은, 데살로니가전서 5장 16-18절에서 사도 바울이 주신 **"항상 기뻐하라 쉬지 말고 기도하라 범사에 감사하라 이 것이 그리스도 예수 안에서 너희를 향하신 하나님의 뜻이니라"** 이었다. 이 말씀은 우리에게 제안하시기 보다는 우리를 향한 명령이다. 우리 앞에 놓인 상황을 보면 어렵고, 두렵고, 또 동시에 한숨이 나온다. 그러나 상황 뒤에 계신 든든한 주님을 바라보는 것이다. 일시적으로는 우리가 처한 상황이 이해가 안 될 수 있다. 그러나 완벽하시고 우리에게 최선이 무엇인지를 가장 잘 아시는 주님이 우리의 인생을 운행하신다는 것을 믿고 나아가는 것이다. 의료진의 치료 방침을 잘 따르며 동시에 하나님의 형상으로 우리를 만드신(지으신) 하나님께서, 우리를 가장 잘 아시기에, 결국 우리를 잘 고쳐주실 것이라는 것을 믿고, 따르는 것이다.

어려운 골수이식을 통과하시는 환우 및 그 보호자 분들에게 격려와 박수를 보내 드리며, 동시에 많은 분들이 성공적인 결과를 얻으시길 간구하며 제 3판의 서문을 마감한다.

마지막으로, 이번 3판을 발간하며 필요한 새로운 자료, 사진, 데이터 등을 수집 · 정리하느라 애쓰신 이화 골수이식센터의 문영철, 이경은, 유은선 교수님과 최문영, 장혜정, 구현아, 김현희 선생님, 군자출판사의 박현숙 부장님과 권연정 선생님, 또 표지를 디자인해 주신 박봉래 교수님과 박스란 조교께 깊은 감사를 드린다.

저자 성주명

골수이식 클리닉의 출간을 축하하며…

대부분의 사람들은 모르는 것 또는 익숙지 않는 것에 대하여 불안감과 두려움을 가지고 있습니다. 골수 이식에 대해서도 많은 사람들이 정보의 결핍으로 막연한 두려움을 가지고 있을지도 모릅니다. 골수이식이라는 말이 귀에는 익숙하지만 실제로 그것이 정확히 어떤 것이며 어떤 과정을 거치고 시술 전후에는 어떤 관리를 해야 하는 것인지에 대하여 구체적으로 알지 못합니다. 정확한 정보는 치료를 하는 과정에서 의료진, 보호자, 환자 모두에게 매우 중요합니다.

"성주명교수의 골수이식 클리닉"은 어렵고 복잡한 골수이식의 과정을 골수이식 전문 시술 의사가 비교적 이해하기 쉽도록 쓴 책입니다. 따라서 이 분야에 종사하는 간호사, 약사, 사회사업과팀 등에게 유익할 것이며 동시에 정확한 정보를 필요로 하는 일반인들에게도 도움이 될 것입니다.

바쁜 일정 속에서도 환자를 가족처럼 돌보는 성주명 교수는 골수이식 분야에서 유명한 미국 M.D. 엔더슨 암센터에서 백혈병의 치료와 골수이식 분야로 11년 이상 경험을 쌓았습니다. 의사로서, 성숙한 신앙인으로서 환자들을 위해 최선을 다하고자 노력하는 성교수께서 골수이식 환자들과 이 분야에서 일하시는 분들을 위하여 귀중한 책을 출간하게 된 것을 축하합니다. 이 책은 많은 사람들에게 골수이식에 관하여 유익한 정보를 제공하리라 확신합니다.

국립암센터 부속병원장

이진수

추천사

30여 년의 미국의 의과대학 생활을 접고 나 자신도 성주명교수처럼 한국으로 귀국했다. 본인은 그 동안 골수이식병동에서 환자의 진료, 그리고 한국골수이식협회에서 이식조정에 관한 일을 맡아오고 있는 중이다. 나름대로 환자들에게 최상의 의료진료를 제공하려 노력해 왔지만 우리 의료진과 환자 또는 환자 가족간에 대등한 입장에서의 충분한 의견교환이 미흡했고 이로 인해 서로간의 신뢰가 부족한 부분이 많아 골수이식과정에서 보호자들과 여러 가지 마찰이 있어온 실정이다. 그러던 중 여기「성주명교수의 골수이식클리닉」책자를 대하며 무더운 한 여름 한줄기의 소나기를 맞은 것처럼 마음이 상쾌해짐을 느꼈다. 내가 궁금해왔던 점은 물론 그리고 환자들이 목말라하던 모든 정보가 총 망라 되어있기 때문이다.

이 책은 그 동안 골수이식에 종사해온 모든 의료진이 궁금했던 지식들이 성교수의 풍부한 현장체험을 바탕으로 명쾌하게 기술되어 있어 혈액종양학과의 전문의들은 물론 골수이식코디네이터, 전공의, 간호사, 영양사, 약사 등 모두에게 큰 도움이 되리라 믿는다. 그리고 골수이식 전처치로부터 골수이식 자체 그리고 단기 또는 장기 추적관찰에 이르는 모든 과정을 기술한 의학적인 측면의 설명과 보험문제, 환자 후원단체, 골수협회 등의 사회적, 재정적인 측면의 정보, 그리고 또 환자들의 골수이식 체험수기 등으로 엮어진 환자들의 애환에 이르기까지 엄청난 분량의 귀중한 자료가 모아져 있다.

그 동안 연구와 환자의 진료에 몰두해온 성교수가 어떻게 이렇게 많은 양을 수록한 책을 집필할 수 있었는지 가늠할 수 없지만 그의 남다른 환자에 대한 사랑과 함께 일해 오고 있는 젊은 의료진 교육에 대한 그의 열정 때문이 아닐까 생각한다.

대한 조혈모이식학회 회장 · 서울아산병원 혈액종양소아과
김태형

제 1 부
이식을 준비하며…

제 2 부
이식을 통과하며…

제 3 부
퇴원을 하며…

제 4 부
새로운 이식법의 개발

제 5 부
골수이식으로 새로운 삶을 얻은 사람들의 생생한 이야기들

제 1 부

이식을 준비하며…

- 자주 문의하는 질문들과 '의료보험'의 적용이 가능한 경우들
- 동종이식 및 자가이식에 대한 준비과정
- 이식을 위해 환자가 받는 "전처치(前處置)"에 대해
- 이식편(移植片)대 숙주반응(宿主反應)의 예방을 위한 약제들
- 골수이식 이후 발생할 수 있는 감염을 예방하기 위한 약제들

제 1 부
이식을 준비하며...

1. 자주 문의하는 질문들과 '의료보험'의 적용이 가능한 경우들

1) 자주 문의되는 질문들

(1) 자가이식과 동종이식의 차이

Q **자가이식과 동종이식이 혼동됩니다...**

A 한마디로 누가 이식을 위해 조혈(造血) 세포를 주는가에 따라 자신(환자)의 것을 자기가 받으면 자가이식, 건강한 타인의 것을 환자에게 주입하는 경우에는 동종이식이라 부르게 된다.

자가이식(自家移植)이란? 혈액세포를 만들어 내는 씨앗세포격인 조혈모세포(造血母細胞, hematopoietic stem cell)를 중심정맥을 통하여 주사 받아(이식), 그 조혈모세포가 골수(피를 만든 공장)에 정착하여 조혈기능이 정상화되기까지의 과정을 통틀어 일컫는 말이다. 90년대 들어서서 이식기법과 조혈모세포 채취 및 냉동보관 방법이 크게 발달하고 있으며 자가이식의 경우, 골수보다 말초혈액의 조혈모세포(Peripheral blood stem cell, PBSC)를 대부분 사용하고 있다. 말초 조혈모세포 이식의 경우에는 골수이식에 비해 약물치료/방사선 등의 전처치 후 백혈구와 혈소판이 빨리 회복되는 특징이 있다.

자가(조혈모세포)이식은 동종(조혈모세포)이식과는 좀 다른 의미를 가진다. 즉, 동종이식의 경우 조혈모세포가 부족하거나(예: 재생불량성빈혈), 조혈모세포가 병들었을 때(예: 백혈병), '공여자의 조혈모세포를 환자에게 공급하는 이식' 에 초점을 둔 방법이라면, 자가이식의 경우는 급성백혈병, 또는 표준 용량의 항암제에 내성인 악성림프종, 다발성골수종, 유방암, 난소암 등의 고형암에서 약제내성을 극복할 수 있는 '고용량 항암/방사선치료' 이후 미리 채취해 둔 자가 조혈모세포를 환자에게 주입하게 된다. 이는 항암제에 의한 부작용인 골수부전을 극복(rescue)하려는데 목적이 있다.

동종이식(同種移植)이란? 재생불량성빈혈과 같은 경우에서는 환자의 골수는 텅 비어 있는 상황이어서 외부에서 조직항원이 일치하는 형제 또는 타인의 골수를 주입시켜(수혈처럼) 주는(이식) 과정이다. 한편 백혈병과 같은 악성세포가 몸 안에서 증식을 할 때에는 항암제 또는 전신방사선조사(Total Body Irradiation) 등 강력한 치료를 통해 몸에

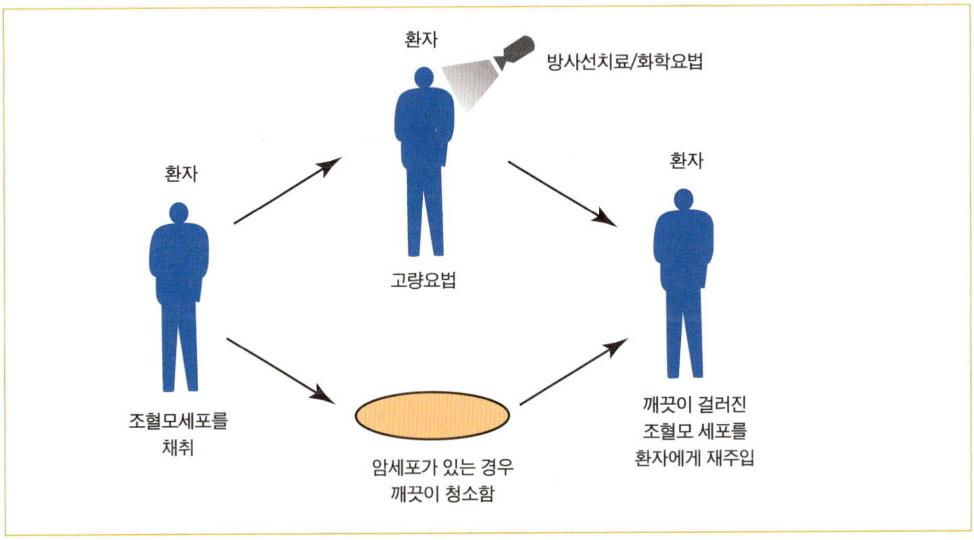

그림 1-1. 자가요법(自家療法)을 도식적으로 나타냄

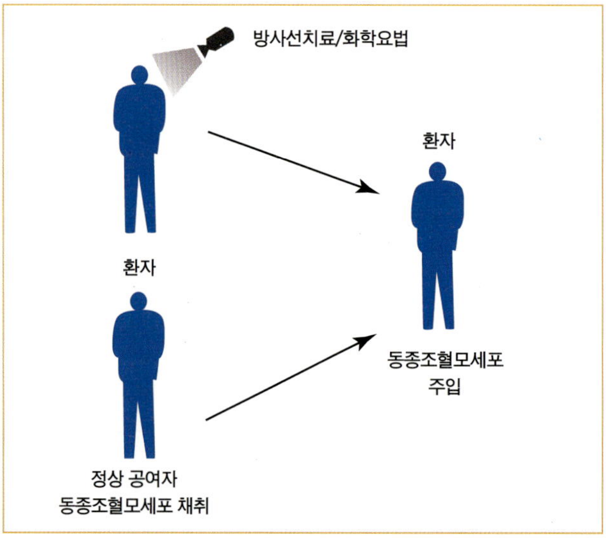

그림 1-2. 동종이식(同種移植)을 도식적으로 나타냄

있는 나쁜 세포를 박멸(撲滅)한 후, 외부에서 골수조직형이 맞는 건강한 형제 또는 타인의 골수를 주입시키는 것이다.

이러한 과정에 중요한 3가지 요소는 첫째, 조직적합항원이 환자와 공여자가 일치하여야 하며(확률적으로 4남매가 있는 경우, 서로 일치하는 형제가 1명 있을 수 있음) 둘째, 공여자가 골수를 공여하기에 부적합한 요소가 있는지를 점검한다. 또한 공여하는 과정(마취)을 잘 견딜 수 있는가를 확인해야 한다. 중요하게 점검하는 것으로는 B형 간염의 여부, 성병 등의 감염 그리고 골수채취시 빈혈이 유도될 수 있기에 빈혈은 없는가 등등을 점검한다. 셋째, 백혈병 환자의 경우 전처치(前處置)를 하게 되는데 고량(高量)의 화학요

표 1-1. 자가이식과 동종이식의 비교

내 용	자가이식(自家移植)	동종이식(同種移植)
치료중의 치사율	5% 이하	10-20%
생착이 안 되는 경우	드물다.	5-10%
이식편(移植片)대 숙주(宿主)병	없다.	있다.
재발 가능성	있다.	있지만 상대적으로 낮다.
치료비	낮다.	높다.

법이나 방사선조사를 잘 견디는 가능성을 점검한다. 또한 밖에서 들어간 골수가 자리를 잡을 때까지(생착, 生着) 견딜 수 있는가를 점검하는데, 즉 전처치(前處置)(독한 항암제 또는 전신방사선조사) 이후 바닥까지 내려간 피 수치는 동종골수이식 이후 백혈구의 절대호중구는 약 3주 후에 500개 이상이 되며, 혈소판은 약 1달 후 2만 이상이 되며 차차 정상으로 회복하게 된다. 또한 면역억제법이 들어가는 수개월 동안 환자가 그 과정을 잘 견딜 수 있는가 하는 것이다.

이러한 과정을 겪으면서, 외부에서 들어간 조혈모세포는 환자의 골수에서 자리를 잡고(생착, 生着) 정상 피를 만들어 내게 되며 2-3년이 지나면 결국 완치가 된다.

(2) 동종이식의 종류(형제, 쌍둥이, 타인)

Q **동종이식이라고 해도 여러 가지가 있는 것 같습니다... 형제간 동종이식, 쌍둥이간 이식, 타인 동종이식 등이 여전히 혼동이 됩니다.**

A 이는 한마디로 동종이식에 다 포함이 되는 것이지만, 누가 조혈모세포를 주었는가에 따라 달라진다.

① 형제간 동종이식

형제, 자매간에 주었을 경우 형제간 동종이식(대표적으로 형제라는 용어를 쓰지만, 반드시 남자 형제끼리만을 의미하지 않으며, 자매-자매끼리, 형제-자매끼리, 자매-형제끼리 다 가능)이라고 한다.

한편, 쌍둥이간에 이식은 일란성 및 이란성 쌍둥이를 다 포함한다. 백혈병 환자의 경우 소위 전처치(제1부, 3장에 보다 자세한 것이 나옴)를 해서 혹시 몸에 남아있을 백혈병 세포의 퇴치와 더불어 면역억제를 한 후, 다른 쌍둥이의 모세포를 주입시킨다. 그러나, 백혈병과 판이하게 다른 재생불량성빈혈에서도 그냥 다른 쌍둥이의 모세포를 주입해서는 충분치 않으며 전처치를 해서 면역억제 후 건강한 다른 쌍둥이의 모세포를 주입한다. 이란성 쌍둥이에서도 역시 모세포를 받았을 때는 일란성 쌍둥이에서 모세포를 받을 때와 같이 여러 조치를 시행한다.

② 타인(他人) 동종이식

점점 핵가족화되면서 형제자매가 많은 가정이 점점 드물어지고 있다. 자녀 사이의 이식은 소위 조직항원 적합성 검사(HLA)가 맞아야 하는데, 만약 5남매가 있다면 환자와 나머지 4남매 중 한 자녀가 조직적합항원이 일치할 가능성이 높다. 그러나 요즘과 같은 상황(핵가족제도)에서는 자녀 사이에 가능한 형제간(sibling) 이식이 점점 어려워지고 있다.

(3) 골수이식, 말초 조혈모세포이식 및 제대혈이식의 차이

Q 골수 조혈모세포(骨髓造血母細胞)이식, 말초 조혈모세포(末梢造血母細胞)이식 및 제대혈 조혈모세포(臍帶血造血母細胞)이식이 혼동됩니다.

A 이는 어디에 있는 조혈모세포를 사용해서 이식을 했는가에 따라 구분이 된다.

① 골수 조혈모세포이식 및 말초 조혈모세포이식

피를 만드는 조혈모세포(造血母細胞)는 원래 골수에 존재한다. 즉 모세포가 머물고 생활하기에 가장 좋은 환경은 골수라는 것이 증명되고 있다. 그러나, 이러한 모세포를 밖에서 조작할 경우 골수에서 이것을 끄집어내어 말초혈액으로, 즉 피 속으로 나오게 할 수가 있다. 이러한 조작 기술은 1994년부터는 본격화되어 자가이식의 경우에는 이제 완연하게 말초 조혈모세포를 골수보다 더 많이(90% 이상) 이용하기 시작하고 있다. 따라서 엄격히 이야기하면 골수이식이라기보다는 골수(骨髓) 조혈모세포(造血母細胞)이식 또는 말초(末梢) 조혈모세포(造血母細胞)이식이라고 해야 정확하다. 또한 흥미로운 사실은 최근 연구결과, 간(liver)에도 조혈모세포(造血母細胞)가 있는 것으로 밝혀지고 있으며 그 증거로는 간이식을 받은 사람의 피 성분이 간을 제공한 사람의 것으로 바뀐 경우가 흔히 있기 때문이다. 이 경우에는 간 조혈모세포이식이 되겠다.

② 제대혈(臍帶血, Cord Blood)이식

아기를 출산하고 탯줄을 자를 때, 그 속에 40~150㎖ 정도의 피가 있으며 그 속에는 조혈모세포(造血母細胞: 피를 만드는 원조(元朝)가 되는 세포)가 있음이 증명되었다. 따라서 타인 골수에 버금가는 이식원이 되었고 현재까지 백혈병, 재생불량성빈혈, 대사성 질환(소아)의 수 천 명에서 실시되고 있다. 한편, 제대혈 이식은 형제 사이에 이식뿐만 아니라, 타인의 제대혈을 이용해서 타인 제대혈 이식이 가능하다. 이미 타인 제대혈 이식은 타인골수이식의 15~20%를 차지할 만큼 활성화되고 있다. 초기에는 제대혈 속에 있는

모세포의 양이 많지 않아 몸무게가 적게 나가는 소아에서만 이식이 가능하였지만, 최근에는 80kg 이상의 성인에서도 이식이 점점 활성화되고 있다.

참고적으로 골수 조혈모세포와 말초 조혈모세포이식을 비교하자면 다음과 같다(표 1-2).

표 1-2. 골수 조혈모세포 이식과 말초 조혈모세포 이식, 제대혈 이식의 비교

내 용	골수 조혈모세포이식	말초 조혈모세포이식	제대혈이식
채취시 전신 마취 여부	공여자를 전신마취 한다.	공여자를 마취하지 않는다.	필요없다.
뽑는 방법	골수에 바늘로 여러번 구멍을 내어 뽑는다.	말초혈관의 혈액을 기계를 통해 걸러서 추출한다.	출산직후 탯줄 속에 있는 피를 이용한다.
모세포를 뽑는 시간	1~2시간	4시간	30분~1시간
이식 후 환자의 혈액수치 회복기간	18~25일(호중구) 29일(혈소판)	10~14일(호중구) 25일(혈소판)	3~4주(호중구) 81일(혈소판)
채취시 부작용	마취와 연관된 통증, 신경손상	혈관과 연관된 감염(드물다), 빗장뼈 밑에 주사바늘을 삽입시 폐 손상(드물다)	깨끗하게 처리되지 않는 경우에는 감염이 가능하다.

2) 의료보험의 적용이 가능한 경우

Q **어떤 환자들이 골수이식(자가 및 동종, 제대혈) 시 의료보험 혜택을 받는가?**

A 과거에 비해 골수이식 시의 의료보험 혜택 기준이 많이 완화되었는데, 우선, 자가 및 동종이식을 받는 자의 연령이 만 65세 미만으로 완화되었고 1차 이식 후 재발한 경우에도 2차 이식 시, 기준에 부합할 경우 혜택을 받을 수 있게 되었다. 제대혈이식의 경우에도 이식 받는 자의 연령이 만 19세 미만까지 완화되었고, HLA 타입에서 2개가 불일치하는 제대혈까지 사용할 수 있게 되었다. **2007년 1월에 개정**된 '조혈모세포이식의 요양급여의 대상자의 세부기준' 은 다음과 같다.

(1) 일반 기준

① 시술 예정자의 연령

가. 동종조혈모세포이식 및 자가조혈모세포이식을 받고자 하는 자는 시술일 현재 만65세 미만이어야 한다.

나. 제대혈조혈모세포이식을 받고자 하는 자는 시술일 현재 만 19세 미만이면서 총유핵세포수(TNC) 2.0×10^7/kg 또는 CD34+양성세포수 1.7×10^5/kg 이상인 경우로 한다.

② 조혈모세포 공여자와의 조직형 일치 정도

가. 조혈모세포이식을 받고자 하는 자와 조혈모세포를 공여하고자 하는 자는 조직형 검사 결과 HLA A, B, DR 형이 일치하여야 한다.

나. 제대혈조혈모세포이식은 두 자리(two loci)가 mismatch인 경우에도 실시할 수 있다.

③ 2차 이식

조혈모세포이식을 시행한 후 재발하여 시행하는 동종조혈모세포이식의 경우 [조혈모세포이식요양급여에관한기준]에 적합한 경우라면 요양급여대상자로 인정한다. 단, 급성골수성백혈병과 급성림프구성백혈병의 경우에는 재발 후 재관해된 때 인정한다.

(2) 대상 질병별 기준

① 동종 또는 제대혈조혈모세포이식

가. 급성골수성백혈병 : 골수 검사 결과 아세포(blast)의 비율이 5%이하이고 말초혈액검사 결과 정상 범위인 1차 완전관해 된 때. 다만, 염색체검사에서 t(8:21), t(15:17), inv(16) 중 하나의 소견이 있거나 15세미만 소아의 경우에는 1차 또는 2차 완전관해된 때.

나. 만성골수성백혈병 : 다음 각 호에 해당하는 가속기 또는 급성 발증의 소견이 아닌 만성기인 때

(ㄱ) 빈혈정도가 심해짐

(ㄴ) Cytogenic clonal evolution

(ㄷ) Blood or marrow blast 15~30%

(ㄹ) Blood or marrow promyelocyte 30% 이상

(ㅁ) Blood or marrow basophil 20% 이상

(ㅂ) 혈소판 100,000/㎕ 이하

다. 급성림프구성백혈병 : 골수 검사 결과 아세포(blast)의 비율이 5% 이하이고 말초혈액검사 결과 정상 범위인 1차 완전 관해된 때(15세 미만의 소아의 경우에는 다음 각 호의 1의 소견이 있는 고위험군) 또는 2차 완전 관해된 때

(ㄱ) 염색체 검사에서 다음 하나 또는 그 이상의 소견이 있음(t(9:22) 혹은 bcr/abl양성, t(4:11), t(8:14), t(2:8), t(8:22), t(8:21), t(1:19), 염색체수 44이하)

(ㄴ) 1세미만

(ㄷ) 백혈구 수 100,000/㎕ 이상

(ㄹ) 관해 유도에 실패한 경우(28~35일째 골수내 아세포 5% 이상)

(ㅁ) biphenotype 또는 mixed lineage

(ㅂ) ALL L3 또는 SmIg 양성

라. 중증재생불량성빈혈 : 골수검사결과 세포충실도가 심하게 낮으면서(celluarity가 25% 이하이거나 25~50% 이더라도 조혈관련세포가 남아있는 세포의 30% 이하), 말초혈액검사 결과 다음 중 2개 이상의 소견이 확인되는 때

(ㄱ) 절대호중구 수(ANC)가 500/㎕ 이하

(ㄴ) 교정 망상적혈구 1.0% 이하

(ㄷ) 혈소판 20,000/㎕ 이하

마. 골수이형성증후군 : 다만, 불응성 빈혈 타입(Refractory anemia type)은 다음 중 하나 이상의 소견이 확인되는 경우

(ㄱ) 말초혈액검사 결과 절대호중구수(ANC) 500/㎕이하 또는 혈소판 20,000/㎕ 이하

(ㄴ) 혈색소6.0(소아8.0)g/dl 이상을 유지하기 위하여 한달에 1회 이상의 수혈이 필요할 때.

바. 다발성골수종 : 다음의 조건에 모두 부합되어야 함.

(ㄱ) ECOG Scale 0-1

(ㄴ) 부분관해 이상의 치료반응을 보인 경우

(부분관해란 M단백이 치료 전보다 50% 이상 감소되는 것을 의미함)

(ㄷ) 만성신부전이 아닌 경우

사. 악성림프종 : 자가조혈모세포이식 후 재발된 경우로서 구제항암화학요법에 부분반응 이상의 치료반응을 보이는 경우

② 자가조혈모세포이식

가. 악성림프종

비호지킨림프종 : 다음 각 호의 1에 해당하는 1차 항암화학요법에 반응이 있는 고위험군 또는 재발 후 구제항암화학요법에 부분 반응(종양의 크기가 전체적으로 50% 이상 감소하고 2차적 병변의 악화가 없고 새로운 병변의 출현이 없는 상태가 4주 이상 지속되는 경우)이 있는 표준위험군의 경우

(ㄱ) LDH가 정상보다 높고 병기(Stage)가 Ⅲ 또는 Ⅳ인 경우

(ㄴ) High grade subtype 상병인 경우

① Lymphoblastic Lymphoma

② Immunoblastic Lymphoma

③ Mantle cell Lymphoma

④ Small noncleaved cell Lymphoma

⑤ Bulky mass(종양의 크기가 10cm이상임)

⑥ Peripheral T-cell Lymphoma

⑦ Primary mediastinal diffuse large B cell Lymphoma

⑧ NK/T cell lymphoma

⑨ Lymphoma-associated hemophagocytic syndrome

(ㄷ) 표준항암화학요법에 반응을 보이지 않는 불응성이거나 구제요법에 부분반응 이상을 보이는 경우

호지킨림프종

(ㄱ) 표준항암화학요법 후 완전관해에 도달하지 않는 경우

(ㄴ) 재발 후 구제항암화학요법에 부분 반응 이상인 경우

나. 급성골수성백혈병 : 골수 검사 결과 아세포(blast)의 비율이 5% 이하이고 말초혈액검사 결과 정상 범위인 1차 완전관해 된 때. 다만, t(15:17), 15세 미만 소아의 경우에는 1차 또는 2차 완전관해된 때.

다. 급성림프구성백혈병 : 골수 검사 결과 아세포(blast)의 비율이 5% 이하이고 말초혈액검사 결과 정상 범위인 1차 완전관해된 때(15세 미만의 소아의 경우에는 다음 각 호의 1의 소견이 있는 고위험군) 또는 2차 완전관해된 때

(ㄱ) 염색체 검사에서 다음 하나 또는 그 이상의 소견이 있음(t(9:22) 혹은 bcr/abl양성, t(4:11), t(8:14), t(2:8), t(8:22), t(8:21) t(1:19), 염색체수 44이하)

(ㄴ) 1세미만

(ㄷ) 백혈구 수 100,000/μℓ 이상

(ㄹ) 관해 유도에 실패한 경우(28~35일째 골수내 아세포 5% 이상)

(ㅁ) biphenotype 또는 mixed lineage

(ㅂ) ALL L3 또는 SmIg 양성

라. 다발성 골수종

마. 유방암 : 수술 후 재발의 위험이 높은 다음 각 호의 1에 해당하는 경우

(ㄱ) 수술후 병리조직검사에서 액와림프절 침범이 10개 이상

(ㄴ) 직경이 10cm 이상인 Bulky mass

바. 신경아세포종 : 다음 각 호의 1에 해당하는 경우

(ㄱ) 1세이상이면서 수술 또는 항암제 등으로 부분반응이상을 보이는 StageⅣ 또는 완전절제가 불가능한 StageⅢ의 종양일 때

(ㄴ) 국소적으로 재발한 경우 수술 또는 항암제 등으로 부분반응 이상을 보이는 때

사. 유윙 종양, 말초원시성신경외배엽종양 (Peripheral PNET) :

(ㄱ) 진단시 다음 각 호의 1에 해당하는 고위험군으로 수술이나 항암화학요법에 부분반응 이상인 경우

① metastatic disease at diagnosis

② bulky primary tumor (〉100 ml)

③ axial site

(ㄴ) 재발후 구제 항암화학요법에 부분반응 이상인 경우

아. Germ Cell Tumor : 재발 후 구제항암화학요법에 부분반응 이상인 경우 또는 표준항암화학요법에 반응하지 않는 불응성인 경우(refractory case) 구제항암화학요법에 부분반응 이상인 경우

자. 윌름씨 종양 : 재발후 구제항암화학요법에 부분반응 이상인 경우 또는 표준항암화학요법에 반응하지 않는 불응성인 경우(refractory case) 구제항암화학요법에 부분반응 이상인 경우

2. 동종이식 및 자가이식에 대한 준비과정

1) 동종 골수이식 및 동종 말초 조혈모세포 이식을 위한 준비작업

치료 경험례

55세의 회사 중역은 백혈병을 앓고 있는 동생(45세)의 동종골수이식을 위해 HLA(조직항원)검사를 받았으며 다행스럽게 동생의 조직항원과 일치하였다. 그러나 과거에 B형 간염을 앓은 바 있으며 최근 건강검진시 결핵이 발견되었으며 한달 전부터는 4가지 항결핵약을 복용하기 시작했다.

Q (1) 공여자가 되기 위한 나이의 제한이 있는가?

A 최근에 이화조혈모세포이식센터에서는 70세의 언니가 60세의 여동생에게 동종이식을 위해 말초 조혈모세포를 공여한 바 있다. 이는 본 센터에서만 시행한 뉴스감이 결코 아니며 나이가 많은(60세 이상) 공여자로부터의 모세포 채취는 전세계에서 널리 시행되고 있는 실정이다. 우리몸에는 10배 이상의 여분의 조혈모세포가 있기 때문에 그 일부를 공여한다해도 몸에는 무리가 없다. 따라서 나이의 제한은 비교적 드물다. 물론 60세 이상의 공여자들은 심, 폐, 간, 신장의 기능을 다른 공여자(15~60세)와 마찬가지로 점검을 받아야 한다. 원칙적으로는 10살 이하에서 공여자가 되는 것을 권장은 하지 않는다. 그러나 상황에 따라서는 4살짜리 아들이 부모를 위해 조혈모세포를 공여하는 경우도 있는데, 이것 역시 여러 이식센터에서 종종 시행하고 있으며 어린아이들이 아빠 또는 엄마를 위해 조혈모세포를 공여하는 것이 이제는 더 이상 뉴스감이 아니다.

Q (2) B형 간염을 앓은적이 있는데 공여자가 될 수 있나? 또 현재 결핵약을 투여 중인데 괜찮은가?

A 물론, 에이즈(AIDS)양성인 사람, HTLV-I 바이러스 항원 양성, CMV의 항원 양성, B형 또는 C형 간바이러스의 항원에 양성인 사람(보균자)은 공여자가 되지 못한다. 한편, 공여자가 박테리아 등에 의한 폐렴 등을 현재 앓은 상황에서는 폐렴 등이 다 완쾌가 되어야 하며 결핵의 경우에는 항 결핵약을 투여한 후 상당기간(최소 2주)이 지나면 비록 결핵으로부터 완치가 되지 않았다 하더라도 환자의 상황이 급한 경우 공여자가 될 수 있다.

(1) 공여자의 경우(형제간 또는 타인사이)

① 공여자를 찾는 과정(누가 공여자가 될 수 있나?)

골수를 제공해 줄 정상 공여자는 환자와 조직적합항원(HLA)(다음 장에 자세한 설명이 나옴)이 일치하여야 하는데 이는 한 부모에게서 태어난 형제, 자매 중에서 일치할 확률이 가장 높다. 대략 형제 1명당 조직항원이 가족내의 환자와 맞을 확률은 25% 정도이다. 그러나 엄격히 말하자면 $1-(0.75)^n$으로 n은 형제들의 수이다. 즉 형제가 많을수록 1에 가까워지며 결국 맞을 확률은 100%에 접근한다. 그러나, 환자와 일치하는 공여자가 형제, 자매 중에 없어서 부모를 조직적합항원검사를 해 볼 경우 환자와 일치할 확률은 대략 5%이다. 이러한 경향은 환자인 부모가 골수기증자를 자녀에게서 찾으려 할 때에도 적용된다. 한편, 어머니, 아버지가 서로 가까운 고향 사람이라든지, 우연히 서로 비슷한 조직적합항원 유전자를 공유(公有)할 경우 또는 두 부모님이 한국에서 무척 흔한 타입의 조직항원을 갖고 있는 경우에는 일치할 확률이 10% 또는 그 이상의 확률이 되기도 한다. 그러나 4촌, 8촌 등 그 이상의 친척 중에 조직적합항원이 일치할 확률은 인척관계가 없는 타인과 같이 맞을 확률이 없다고 봐야 한다.

만약, 가족 중에서 적합한 공여자를 찾지 못할 경우에는 타인간의 일치하는 공여자를 찾아야 한다. 우리나라의 경우, 2006년 12월부터 골수 기증희망자의 정보를 국립장기이식관리센터(KONOS)에서 통합하여 운영하므로, 이식기관에서 일치자가 있는지를 직접 검색할 수 있다. 그러나, 검색할 수 있는 HLA타입은 2자리(low resolution) 정도이므로, 이식조정기관(한국조혈모세포은행협회나 가톨릭조혈모세포은행협회)을 통해 기증의사를 확인하고 정밀한 피검사를 통해 HLA타입의 일치 정도를 알아봐야 한다. 국내에서 일치자를 찾지 못하는 경우 역시, 이식조정기관을 통하여 미국, 중국, 대만, 일본, 독일, 영국 등 다른 나라의 골수은행협회를 검색할 수 있다.

〈공여자를 찾기 위한 우선권(Priority)〉

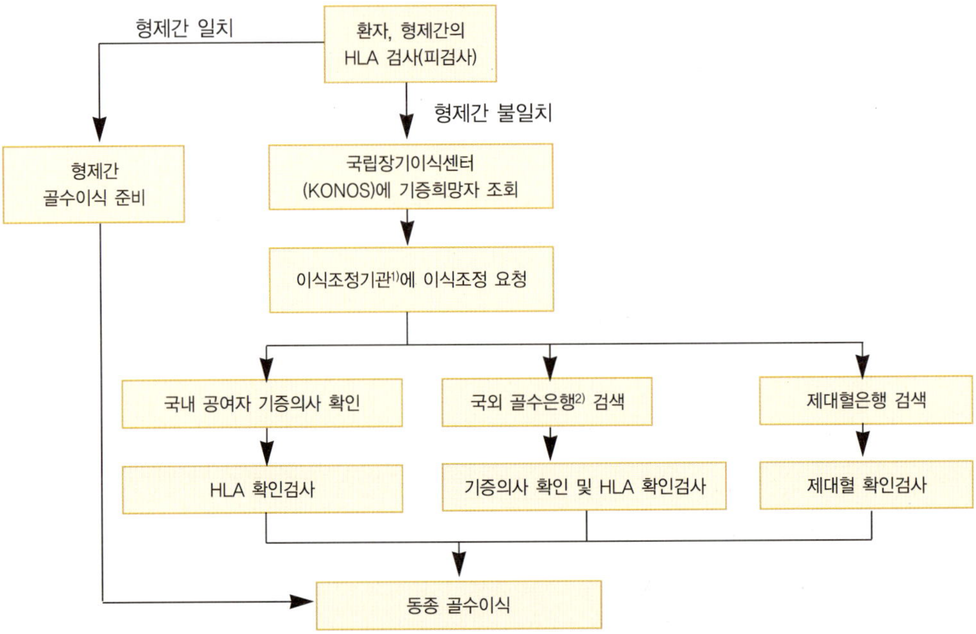

1) 한국조혈모세포은행협회, 가톨릭조혈모세포은행협회

2) 미국, 일본, 대만, 중국, 독일, 영국 등의 희망 국가의 골수은행

표 1-3. 비 혈연간 공여자를 찾기 위한 소요비용 및 소요시간

진행단계	국내 기증자 이식조정비용	대만골수은행협회/ 중국골수은행협회	일본골수은행협회	미국골수은행협회
검색	무료		10만원 4개국 검색)	
조정료	32만원	무료	¥100,000	무료
혈액검사	이식기관에서 시행(혈액채취료: 10만원) 또는 검사기관에 의뢰	혈액채취/운송 및 감염질환검사료 $400(1명당)	감염질환검사료 ¥60,000	혈액채취/운송 및 감염질환검사료 $590
골수채취비	690만원	$11,300 (취소비용 있음)	¥2,100,000 (단계별 취소비용 있음.)	골수채취:$24,500 말초조혈모세포 채집:$25,100 (단계별 취소비용 있음.)
운송료	지방인 경우, 실비 정산	대만:$2,300 중국:$1,900	¥260,000	$4,690
소요시간	2~3개월	3~4개월	3~4개월	3~4개월

(2007년 7월 현재)

② 공여자의 적합성(HLA typing test)을 알아보는 검사

피를 만드는 조혈모세포(造血母細胞)를 포함한 대부분의 핵(核)을 가진 세포들이 세포표면에 HLA(조직적합성항원)를 발현한다. HLA검사는 동종이식을 하기 위한 검사로, 4남매가 있는 경우 한 사람이 일치할 확률이 높다. 이는 부모로부터 유전이 되며 HLA-A, HLA-B 및 HLA-DR 등을 중요시 여긴다. 따라서, HLA-A, B, DR은 각각 2쌍이 되며(한 쌍은 어머니로부터, 한쌍은 아버지로부터) 결과적으로 6개(3×2)의 항원을 맞춰 보게 된다.

"완전일치"란, 이 6개의 항원이 다 맞는 것을 말하며, 6개 중 1개가 틀린 경우는 '1개 항원 불일치(mismatch)', 2개가 틀린 경우는 '2개 항원 불일치(mismatch)' 라고 부른다. 원칙적으로는, 형제이건 타인이건 6개 항원이 다 맞는 완전일치시에만 골수이식을 하지만, 간혹 예외적인 경우 형제간 HLA가 1개 틀릴 경우에도 상황에 따라(즉, 환자가 이식을 하지 않는 경우, 아주 높은 재발의 위험이 있을 경우라던지 또는 기존 항암치료에 도저히 백혈병이 관해가 오지않는 경우) 이식을 진행시키는 경우가 많다. 한편 치료의 성적이 점차 향상됨에 따라 형제간의 공여자와 1개 항원 mismatch시에는 6개가 다 맞는 경우에 접근하는 data들이 나오고 있다.

한편, HLA(조직항원)을 결정하는 유전자는 부모(어머니, 아버지)로부터 "묶음"으로 유전되는 과정에 "서로 교차하는 항원", "cross-reactive antigen group(CREG)"이 생기게 된다.(아래의 예*를 보시오) 따라서 HLA검사상 숫자가 다르기 때문에 겉으로는 완전히 달라 보이지만 사실상은 경미하게 조직항원이 다른 경우가 된다. 이경우의 mismatch(불일치)는 minor-mismatch(경비한 불일치)라고 부르며 CREG가 아닌 상황에서의 불일치(mismatch)를 major-mismatch(주요 불일치)라 부른다. 타인이식시 1개의 minor-mismatch(경미한 불일치)는 여전히 이식이 가능하다. 그러나 타인이식시 1개라도 major-mismatch(주요 불일치)시에는 원칙적으로 타인이식을 권하지 않는다.

* CREG(Cross-Reactive Antigen Group)의 예

HLA-A	HLA-B	HLA-DR
A1, A3, A11, A36	B5, B18, B35, B51, B52, B53, B70, B71, B72	DRB1 0101, 0102, 0103, 0104

가. 검사방법: 말초혈액에서 약 10cc 정도 채혈

나. 비용: 약 40만원 정도

다. 결과: 약 1주일 후, 환자와의 완전일치여부 확인

③ HLA(조직적합항원)에 관한 흔한 질문들(부모, 자녀, 친척, 타인의 일치 확률)

가. 부모가 자녀에게 골수를 줄 수 있나? 그 확률은? 5% 내외

나. 자녀가 부모에게 골수를 줄 수 있나? 그 확률은? 5% 내외

다. 사촌들이 환자에게 골수를 줄 수 있나? 그 확률은? 타인과 같다.

라. HLA(조직항원검사)시 2자리 또는 4자리 숫자 검사란?

이는 혈청학적 검사 또는 분자생물학적 검사에 따라 달라진다. 즉 혈청학적 검사는 대부분 두자리(예: A03, A30, B08, B14, DR03, DR04)이지만 분자생물학적 검사는 그 유전자의 염기서열을 분석할 때 중등도의 예민도를 갖은 분자생물학적 검사를 할 경우는 2자리 숫자(예: DR03, DR04)로 분석할 수 있고, 또한 아주 예민한 분자생물학적 검사로 염기서열을 4자리 숫자로 분석(예: DR3011, DR0404 등으로)할 수 있다.

형제간이식 시는 두자리 분석만으로 HLA(조직항원)의 일치를 충분히 판단이 가능하며 이식 이후 부작용이 적지만, 반면에 타인이식 시에 두자리 분석으로 이식할 경우 이식 이후 이식편대 숙주반응이 심하게 생길 수 있다. 따라서 최근의 경향은 타인이식의 경

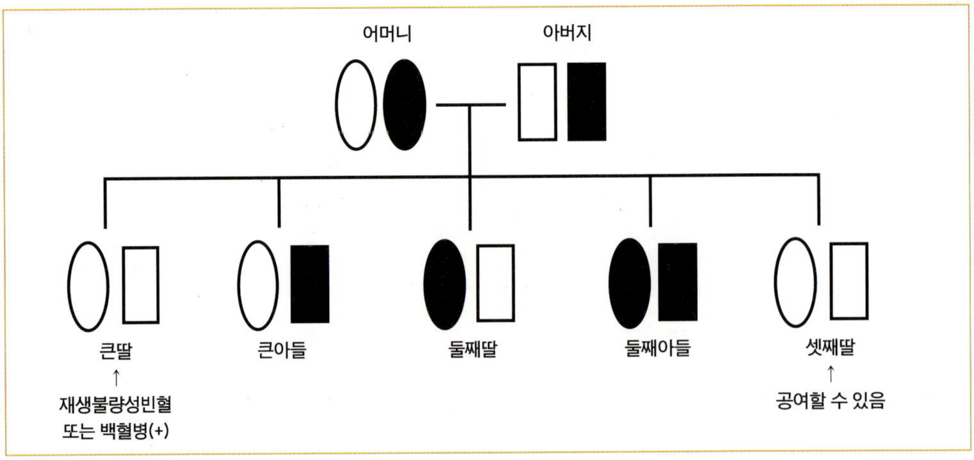

그림 1-3. 5 남매를 둔 가정이 있다면 이론상으로 병에 걸린 자녀와 한 명의 다른 자녀가 조직항원이 일치할 확률이 높다.

우 A, B, DR이 모두(즉 A, B, DR이 각각 짝으로 이루어졌기에 6개 항목 모두) 4자리 분자생물학(DNA) 검사로 일치할 때 타인이식을 시행하는 것을 추천하고 있다.

한편 최근에는 HLA-A, B, DR 이외에 HCA-C 및 HLA-DQ까지도 그 중요성이 서서히 밝혀지고 있다. 즉 타인이식시 HLA-A, B, C, DR, DQ의 5자리에 각각 쌍으로 유전자가 있으니, 결국 10개 자리가 다 맞을 경우 이식편대숙주반응이 적어들고 따라서 생존율이 높아지는 보고를 하고 있다.

마. 타인간에 일치할 확률은?

이는 타인의 data를 갖고 있는 그 프로그램의 크기(예; KMDP의 경우 3만 명, 일치확률은 30% 정도)에 달려 있다.

타인이식을 위해 국내외 골수은행에 일치자를 조회할 경우, 첫 단계로는 두 자리숫자(A03, A30, B08, B14 등)로 표현되는 혈청학적 검사법의 결과로 검색하지만, 확인검사의 단계에서는 분자생물학적 방법(DNA 검사법)에 의해 네 자리숫자(A0302, A3004, B0801, B1401 등)로 분석된 결과로 그 일치 여부를 점검하게 된다.

즉 다음으로 그 과정이 요약된다.

바. 형제간이식을 계획할 때:

1단계: A, B, C: 혈청검사[이는 대개 2자리 숫자임(예: A03, A30)]로, 환자와 형제들을 검사함. 대략 24시간 안에 완결됨.

↓

일치함

↓

2단계: 분자생물학적 분석[두자리 숫자 검사(예: DR*03, DR*04)]
(DNA검사법)

↓

일치함

↓

완결(형제간 이식가능)

사. 타인이식을 계획할 때:

1단계: A, B, DR(두자리 검사로 환자 및 골수은행의 데이터를 맞춰봄. 예: A03, A30, B08, B14, DR03, DR04)

↓

일치함

↓

2단계: 분자생물학적 분석[4자리 검사(예: A*0302, A*3004, B*0801, B*1401, DR*3011, DR*0404)]

↓

일치함

↓

완결

아. 조직적합항원검사의 실제 예

HLA TYPING

Name : 홍길동 연령 / 성별 : 39 / F 등록번호 : ********

Clinical diagnosis : AML(M2)

Result : Final

성 명	홍길동	이철수
환자와의 관계	본 인	타인 공여자
연령 / 성별	39세 / 여	Unknown / 남
HLA - A	A*0302 (A03)	A*0302 (A03)
	A*3004 (A30)	A*3004 (A30)
HLA - B	B*0801 (B08)	B*0801 (B08)
	B*1401 (B14)	B*1401 (B14)
HLA - C	Cw*0702 (Cw07)	Cw*0702 (Cw07)
	Cw*0802 (Cw08)	Cw*0802 (Cw08)
HLA -DR	DR*0301(DR03)	DR*0301(DR03)
	DR*0404 (DR04)	DR*0404 (DR04)
Date of test	2001. 5. 15	2001. 5. 15

Remark: 상기결과에서 A, B, C의( )은 각각의 대립유전자에 상응되는 혈청학적 형별임

HLA A, B, C, DR typing : 분자생물학적 방법(DNA 검사법)

④ 타인이식을 위한 골수은행 및 제대혈은행(한국 및 해외)의 현황

가. 국내 골수은행협회(한국조혈모세포은행협회 및 가톨릭조혈모세포은행)

Home page: www.kmdp.or.kr, www.cbscb.org

과거에는 한국조혈모세포은행협회와 가톨릭조혈모세포은행이 각각 기증자를 모집하고 관리하였으나, 2006년 후반부터는 국립장기이식관리센터(KONOS)에서 기증자 정보를 통합하여 관리하고 있으며, 두 은행은 이식조정기관으로서, 일치자 검색, 골수이식 조정업무, 상담업무와 제대혈이식 및 국외 골수이식 조정업무 등을 담당하고 있다. 현재, 국립장기이식관리센터에 등록된 기증자는 13만2천여 명에 이른다.

나. 일본골수은행(Japan Marrow Donor Program)

Home page: www.jmdp.or.jp

JMDP는 일본의 재단법인 골수이식추진재단에 의해 1991년 12월에 설립되어 운영되는 공공기관이다. 지방정부와 일본 적십자사와 협력하여 추진하고 있으며, 일본 후생성(The Ministry of Health and Welfare)에 의해 지원을 받고 있다. 2007년 현재 28만 여명의 데이터가 축척되어 있으며 한국과 일본골수은행은 긴밀하게 자료를 공유를 공조하고 있다. 한국의 환자가 일본 골수은행에 조회할 경우 맞을 확률은 대략 30~40%이며, 1996년도부터 현재까지 일본공여자를 통해 골수이식을 받은 수혜자는 125명이다.

다. 대만골수은행(Tzu Chi Taiwan Marrow Donor Registry)

Home page: www.tzuchi.org

1993년 10월에 Tzu-Chi Foundation은 Tzu-Chi Taiwan Marrow Donor Registry를 설립하였다. 대만은 2007년 현재, 기증자의 수는 약 28만 여명으로 세계에서 인구 당 기증자 비율이 매우 높으며, 아시아에서도 큰 골수등록기관이다. 한국과 대만골수은행은 2000년 4월부터 긴밀하게 협조하고 있으며, 대만의 골수 기증자를 통하여 활발하게 타인간 이식이 시행되고 있다.

라. 중국골수은행(National Marrow Donor Program)

Home page: www.cmdp.com.cn

2001년 12월에 설립된 CMDP는 31개의 모집기관을 통해, 2007년 현재, 648천 여

명의 기증자가 등록되어 있으며, 709건의 이식이 시행되었다. 2010년, 100만 명의 기증희망자 등록과 80% 이상의 일치율을 목표로 활발하게 모집사업을 전개하고 있으며 국내의 이식조정기관을 통하여 기증자 검색 및 이식조정업무가 활발하게 이루어지고 있다.

마. 미국골수은행(National Marrow Donor Program)

Home page: www.marrow.org

1986년 10월부터 시작된 미국의 골수기증사업은 연방정부가 운영하는 등록사업이 주된 기관으로, NMDP의 독립적인 The American Bone Marrow Donor Registry도 있다. NMDP는 2007년 6월 현재 659만 여명의 기증희망자가 등록되어 있고, 28,030건의 골수이식이 이루어져 왔다. 2006년 말부터는 한국과도 국제적인 협력관계가 이루어져 이식조정기관을 통하여 NMDP에 정식으로 등록하여 기증자를 검색하고 이식에 관한 업무를 협력하여 진행할 수 있게 되었다.

바. Bone Marrow Donors Worldwide(BMDW)

Home page: www.bmdw.org

BMDW는 1988년에 설립되어 미국(NMDP)를 포함한 전 세계 43개국(58개의 registry)의 기증자 HLA 데이터(2007년 7월말, 11,471,339명) 및 21개국의 제대혈은행의 데이터를 공유할 수 있도록 세계 각국에 흩어져 있는 이식대상자와 기증희망자를 코디네이션 하는 역할을 하고 있다. 국내의 이식조정기관을 통하여 무료로 검색할 수 있다.

사. 중앙제대혈데이터센터

제대혈이란, 아기의 출산 후 분출되는 태반과 탯줄에 남아있는 혈액을 '탯줄혈액', 또는 '제대혈' 이라고 한다. 지금까지는 대개 버려졌으나 제대혈 속에는 적혈구, 백혈구, 혈소판 등 다양한 혈액세포들의 근원이 되는 조혈모세포가 풍부하여 이것을 이용하여 시술할 경우 거부반응, 합병증이 비교적 적고 필요한 환자에게 곧바로 시술할 수 있는 장점이 있다. 또한, 출산된 아기로부터 분리된 탯줄에서 혈액을 얻는 것이므로 산모와 아기에도 전혀 해가 없다. 한국조혈모세포은행협회는 (주)메디포스트 제대혈은행, 삼성서울병원 제대혈은행, 부산 · 경남 지역 제대혈은행 등 3개 개별 제대혈은행과 비혈연 제대혈기증사업에 관한 협약서에 서명하는 조인식 행사를 개최하고 "중앙제대혈데이터센터"를 정식으로 출범시켰다.

ㄱ. 제대혈 이용방법

a. 제대혈조혈모세포를 이용하기 위해서는 치료받고 있는 병원의 담당의사와 상의한 후 담당의사(또는 코디네이터)가 검색 및 모든 과정을 협회의 코디네이터와 연락한다.

b. 비혈연골수이식과 마찬가지로 적절한 제대혈이 있는 경우에는 확인검사를 시행한다. (비용-환자부담)

c. 제대혈조혈모세포를 이용하기 위해서는 이식예정환자가 정해진 비용을 부담한다.

ㄴ. 제대혈을 기증하고 싶을 때

a. 분만예정인 건강한 산모는 각 산과에 비치된 제대혈기증홍보지나 아래의 협회로 직접 문의하고 배우자와 기증에 대하여 충분히 상의한 후 동의서를 작성하면, 출산일에 맞추어 모든 진행절차에 대하여 제대혈은행 코디네이터가 상세히 안내한다. 타인간 조혈모세포이식을 위해 제대혈을 기증하는 경우, 제대혈 기증 및 보관에 관한 어떠한 비용도 청구하지 않는다.

b. 문의처

· (사)한국조혈모세포은행협회 (02) 752-6961
· 삼성서울병원 제대혈은행 (02) 3410-2674
· 메디포스트 제대혈은행 (031) 264-6677
· 부산, 경남지역 제대혈은행 (051) 240-5553
· 가톨릭 제대혈은행 (02) 590-1149~50

⑤ 주치의가 공여자를 만나 외래에서 점검하는 사항들

가. 문진시 보는 사항들

ㄱ. 심한 빈혈 증상 여부

ㄴ. 황달이 있었던 과거력

ㄷ. 신장이 나쁘다고 들었는가?

ㄹ. 고혈압의 내력(來歷)과 항고혈압약을 복용하는가?

ㅁ. 최근 심경색 증상 및 뇌졸중(腦猝重)이 있었는가?

ㅂ. 당뇨환자인가, 조절이 잘 되고 있는가?

ㅅ. 결핵 등이 활동성인가, 최근에 폐렴을 앓았는가?

나. 진찰시 보는 사항들

ㄱ. 심, 폐 기능-청진(聽診)

ㄴ. 간, 비장, 림프선 부종여부-촉진(觸診)

ㄷ. 피부(황달 여부)-시진(視診)

⑥ 동종이식시 공여자로서 '합격'이 되기 위한 검사들

가. 가슴사진(Chest X-Ray, CXR)

폐렴이나 심한 결핵 등을 점검, 이때 심장의 크기가 커져있는지 여부도 확인

나. 심전도검사(EKG): 최근에 심근 경색을 앓았는지 확인

다. 일반혈액검사(Complete Blood Count, CBC)

빈혈이 있는지의 여부(남자 14g/dℓ, 여자 12g/dℓ 이상), 백혈구(3천~1만/dℓ 사이), 혈소판(15만~45만/μℓ 사이) 수치 확인

라. 혈청생화학검사(SMA)

콩팥기능, 간기능, 공복혈당의 검사로 신장 부전, 간기능 부전, 당뇨의 여부를 점검

마. ABO 혈액형검사: Blood 타입이 무엇인가를 확인

바. B형 간염 여부

과거에 앓고 지나간 것은 괜찮지만(anti-B 간염항체가 있는 경우) 현재 B형 간염 virus의 항원(Hepatitis B surface Antigen)이 양성인 경우는 공여자로 부적합하다. 이 경우 다른 형제를 더 조사하여 조직적합항원(HLA)이 환자와 맞는지 검사해야 한다.

사. 기타 면역검사

C형 간염, 거대세포 바이러스에 관한 검사, VDRL(매독에 관한 검사), AIDS검사

아. 임신 여부(여자 공여자에 해당)

임신시에는 원칙적으로 공여자가 될 수 없음.

⑦ 골수는 어떻게 채취하나?

공여자는 수술실에서 엎드리는 자세를 취한 후 전신마취(全身痲醉)하에 골수 뽑는 바늘을 엉덩이뼈에 반복적으로 약 100여 번 찌르며 이때 매번 약 15~20㎖ 정도의 골수를 채취한다. 따라서 100여 번 채취한 결과 약 1~1.5 Liter의 골수가 모이게 된다. 전체 소요시간은 약 2시간 정도면 충분하다.

골수 채취 전에 마취과팀은 공여자와의 면담과 검진 및 검사를 통해 수술시의 부작용을 설명하게 된다. 주로 검진시는 공여자의 구강검사(의치 여부), 심장기능, 폐기능 검진이 이루어지며 간기능 및 빈혈 여부도 점검한다.

여유를 두고 골수 채취가 될 경우에는 공여자가 1~2달 전부터 2 unit 정도 미리 자기 적혈구를 뽑아 4℃에 보관하게 된다. 보관된 자신의 적혈구는 골수 채취 날 자신에게 주입하게 된다.

골수채취 이후 공여자는 즉시 회복실로 옮겨지고 그 후 일반 병실로 옮겨진다.

물론 마취가 깨어나면 엉덩이뼈에 통증이 있지만 이 경우 진통제 등으로 통증조절은 무난히 잘 된다. 일반병실로 온 후 3-4시간 후에는 당일로 진통제(먹는)와 함께 퇴원이 가능하다.

⑧ 골수 채취 이후에 오는 부작용들

가. 뽑은 부위(엉덩이뼈, 골반골)의 통증

주로 채취가 끝나 마취가 깨고 3~4시간이 심하나 몰핀 등의 통증약으로 잘 조절이 된다. 1~2일 후에는 엉덩이뼈를 감싸는 테입(드레싱)을 떼어낸 후 샤워도 가능하다. 이 통증은 대개 수일까지 가나 드물게 1주일까지 가기도 한다.

나. 빈혈

이는 1.0~1.5 Liter의 골수가 뽑히는 과정에 생긴다. 매번 채취시 골수가 농축되어 있는 15~20㎖만 뽑으며 계속 새로운 골수 부위에 진입하지만 이 과정에 피도 뽑혀 나오게 된다. 이 결과 빈혈이 생기게 된다. 골수 공여 이전에 1~2unit의 본인의 적혈구를 한달 여 전에 뽑아 모아둘 수도 있다. 그러나 급하게 골수를 공여할 경우에는 타인의 피를 골수 채취 이후 수혈 받으면 된다. 한편 젊은 사람의 경우에는 수분만 공급시켜주며 수혈을 하지 않는 경우가 대부분이다.

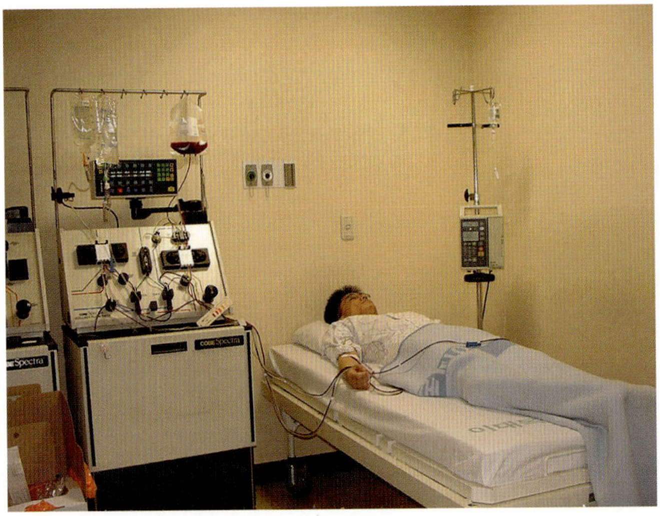

그림 1-4. (동종 및 자가) 조혈모세포의 채취와 성분헌혈을 위한 혈소판 및 백혈구 채취가 COBE SPECTRA와 같은 기계를 이용하여(마취나 통증없이) 가능하다.

다. 마취와 연관된 부작용들

골수채취는 전신마취 하에 진행되며 약 1~2시간이 소요된다. 다른 마취가 필요한 외과적 수술과 마찬가지로 마취가 시작되며 드물게 혈압이 떨어진다든지 심박동이 불규칙해질 수 있다. 또한 마취에 필요한 호흡기 삽관시 치아의 손상 등이 드물게 올 수 있다. 그러나 전세계에서 해마다 기만건의 골수이식이 시행되지만 골수 채취 시 마취나 채취 자체에 의한 치명적인 사고는 거의 없다.

⑨ 동종 말초 조혈모세포는 어떻게 채취하나?

대부분 조혈모세포(造血母細胞)는 원래 골수에 거의 다 자리잡고 있다. 그러나 특수한 성장 촉진제(예, G-CSF, 필그라스팀)을 3-4일 피하에 투여하면 골수의 조혈모세포는 말초(末梢)로 튀어나올 수 있게 된다. 사람은 약 5 Liter 정도의 피를 갖고 있는데 이 피를 일시에 걸러 낼 경우에는 혈압이 떨어지며 위험할 수 있지만 분(分)당 100cc 정도씩 뽑아내어 특수 장비(널리 쓰이는 장비는 Cobe Spectra 등이 있음)를 통해 걸러 낸 경우 위험하지 않게 조혈모세포를 추출할 수 있다.

이렇게 조혈모세포를 모을 경우 대개 3~4시간이 소요되며 최종 뽑히는 양은 약 250㎖ 정도이다. 최종 양(250㎖)은 골수이식 때 쓰이는 골수의 양(1.5Liter)에 비해 1/5~1/6 정도이다. 그러나 그 안에 있는 조혈모세포의 양은 골수 채취시와 비교해서 약 10배 정도가 더 풍부하다. 이러한 이유로 동종 말초조혈모세포 이식시 회복기간이 골수에 비해 약 1주 가량 빠르다(14일 대 21일).

⑩ 동종 말초 조혈모세포 채취에 연관된 부작용들

가. 혈관 파열

팔꿈치 앞에 있는 혈관에 16게이지 바늘(상당히 두꺼운 바늘)을 꽂아서 피를 흘리게 하며 다른 쪽 팔꿈치 앞에 있는 혈관에는 같은 두께의 16게이지 바늘을 꽂아서 피를 다시 몸에 집어넣어 준다. 이 경우(큰 바늘을 삽관하는) 혈관이 일시적으로 파열될 수가 있다.

나. 출혈 및 기흉

또한 팔꿈치 앞의 혈관이 너무 빈약하여 16번 게이지 바늘이 들어가지 못하는 경우에는(특히, 일부 여성의 경우) 오른쪽 빗장뼈 아래에 있는 큰 정맥, 쇄골하(소위 subclavian vein)에 주사 바늘을 꽂는 수가 있다. 이 경우 바늘을 큰 정맥에 삽관하는 과정에 출혈이 생길 수 있으며 또한 공기가 폐와 흉벽 사이에 찰 수 있다(기흉). 이 경우(기흉이 심한 경우)에는 불필요한 공기를 빼기 위해 상당한 크기의 튜브를 외부에서 흉강에 삽입해야 한다.

⑪ 골수 및 말초 조혈모세포를 얼리는 과정

골수이식 하는 날에 골수 또는 말초조혈모세포가 정확히 뽑히는 경우도 있지만 그렇지 않은 경우도 흔히 생긴다. 따라서 이러한 경우가 예상될 때에는 미리 뽑아서 얼리게 된다.

가. 골수

대개는 적혈구 성분을 기계에 돌려 제거한 후 소위 모세포가 있는 부분만 걸러서 DMSO라는 화학 성분(이는 모세포가 얼리고 녹이는 과정에 세포 손상이 없도록 하는 약품)을 약 10% 가량 첨가한 후 전산화 프로그램에 맞추어 매분 1℃ 씩 낮추게 된다. 결국 영하 −150℃까지 낮추며 그 후 액체질소 탱크에 가지런히 넣게 된다. 일단 이 곳에 보관이 시작되면 수개월, 심지어 수년이 지나도 안전하다. 개인적으로는 10년 된 골수를 녹여서 필요한 환자에게 이식한 기억이 있다(물론 이 환자는 잘 생착이 되었다).

나. 말초 조혈모세포

이 경우에는 이미 모세포 부분만 농축되어 뽑혔기 때문에 얼리는 과정에 적혈구를 제거하는 절차가 생략된다. 따라서 조혈모세포 채취 기계에서 얻는 250cc 정도의 모세포는 4-5개 백(bag)에 나뉘어져 DMSO을 첨가한 후 영하 -150℃에 얼려져 액체 질소 탱크에 보관된다.

(2) 환자의 경우

① "환자가 동종이식을 잘 견딜 수 있을까?"를 미리 점검하는 검사들

가. 폐(肺)기능검사

특히, DLCO라고 하는 검사는 이식 이후에 폐에서 이산화탄소를 산소와 잘 교환하는 기능을 유지할지를 점검하는 검사로 이 수치가 50% 이상이 되어야만 동종이식의 전처치(항암제 및 전신방사선 조사)를 환자가 견딜 수 있다.

나. 심장(心腸)기능검사

EF(Ejection Fraction)라는 검사는 혈압유지를 위한 심장의 펌프작용이 얼마나 잘 유지되는가를 검사하는 것으로, 이것 역시 50% 이상이 되어야만 이식을 위한 전처치에도 환자가 잘 견딜 수 있다. 이외에도 심전도검사를 통해 최근에 심경색이 없었는가를 확인한다.

다. 신장(腎臟)기능검사

소위 크레아티닌 제거율(creatinine clearance)이라는 검사는 신장이 얼마나 독소물 등을 잘 대사, 배출하는가를 평가하는 것이다. 한편, creatinine 수치는 2.0 이하가 되어야 독한 전처치에 잘 견딜 수가 있다.

라. 간(肝)기능검사

전처치시 사용되는 대부분의 화학요법은 간에서 대사, 배출되는 것이 통례이다. 따라서, SGOT/SGPT(AST/ ALT), 등을 점검하게 된다. 이 수치들은 정상수치의 3배 이하, bilirubin은 2 이하가 되어야만 전처치 등에 들어가도 환자가 무난히 견

될 수 있다. 이외에도 B형 간염의 여부를 점검하는데 소위 B형 간염 바이러스 표면 항원(HBS Ag: B Virus Surface Antigen)이 양성인 경우에는 원칙적으로 골수이식을 권하지 않는다. 그 이유는 이식 이후 2~3개월간 심한 면역억제요법이 투여되는데 그 기간에 B형 간염이 심해져서 생명을 위협할 수 있기 때문이다. 또한 B형 간염 바이러스 표면 항원 양성인 사람은 B형 간염 바이러스 항원이 음성인 환자에 비해 이식 이후 약 1개월 내지 1개월 반 사이에 정맥폐쇄질환(VOD, Veno-Occlusive Disease)이 잘 올 수 있기 때문이다. 정맥폐쇄질환이 심한 경우에는 그 치사율이 70%가 넘을 수도 있다.

마. 기타 검사들

ㄱ. 환자의 ABO식 혈액형검사

ㄴ. 임신 여부(여자의 경우): 골수이식을 통과하는 여환(女煥)은 반 드시 임신의 상태이어서는 안 된다.

② 정자은행의 도움이 필요한 경우

정자은행이란 정자를 채취한 뒤 냉동 보존액을 혼합해 용기에 넣고 섭씨 영하 196도의 액체질소에 보관했다가 필요할 때 녹여 인공수정에 이용할 수 있도록 하는 보관시설 및 시설기관을 말한다.

가. 정자은행의 역사

정자를 얼려서 보관하는 기술은 1776년 스필린차니로부터 시작되었는데 그는 눈 속에서도 사람의 정자가 살아있음을 관찰해 처음으로 정자의 냉동보관 가능성을 제시

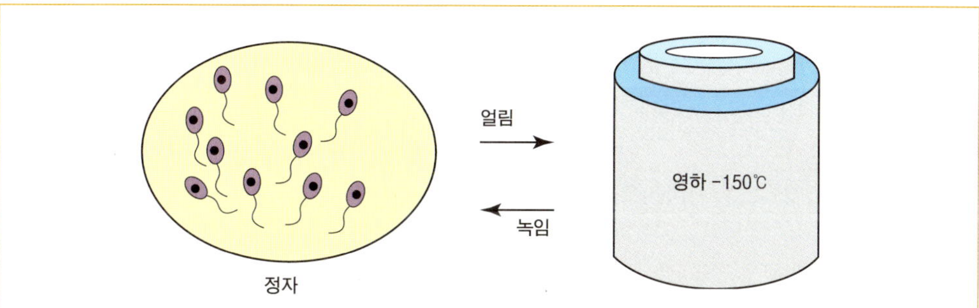

그림 1-5. 이식 이전에 미리 정자를 뽑아두는 원리

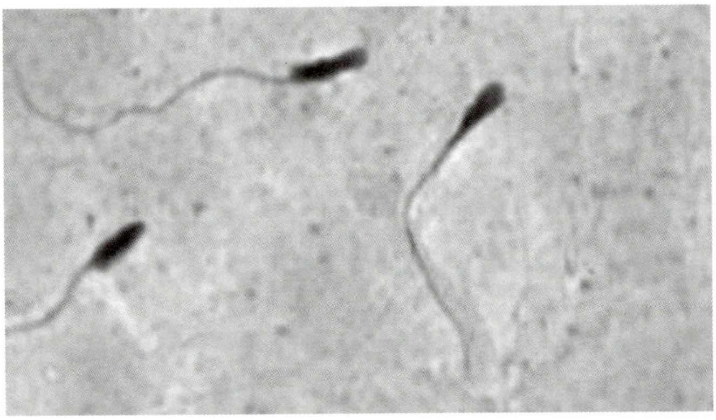

그림 1-6. 얼리기 전의 정자

하였다. 그 후 약 1세기가 지난 뒤 종우를 보존하려는 목적으로 전쟁에서 사망한 남편의 아이를 수태하기 위해 정자은행의 필요성이 처음으로 소개되었다. 하지만, 당시에는 방법상의 문제점으로 인하여 동결된 정자의 생존율은 10% 정도에 불과했다가 1946년 글리세롤이라는 물질이 냉동으로 인한 손상에 대하여 괄목할 만한 보호효과가 있다는 것이 확인된 뒤로 글리세롤을 이용한 정자의 동결이 처음으로 시도되었다. 그리고 1953년 인간의 동결정자를 이용한 최초의 임신이 보고되었다.

나. 정자은행의 목적

정자은행의 목적은 나중에 배우자와 수정하기 위하여 자신의 정자를 보관해 두는 자가 정자 동결과 비배우자와 수정하기 위한 공여자 정자동결로 나눌 수 있다.

ㄱ. 자가 정자동결

주로 항암치료를 받기 전에 사용되는데 항암치료에 사용되는 항암제들이나 방사선 등은 고환의 정자생산기능에 치명적인 장애를 초래할 수 있다. 최근 젊은 연령층에서도 암환자가 증가하고 있어 항암요법, 방사선요법, 골수이식술 등이 많이 시행되고 있다. 이에 따라 암치료 시작 전에 건강한 정자의 보존이 필요하며 실제로 자신의 정자를 보존하려는 사람들이 늘고 있다. 이 밖에도 정관수술과 같은 불임시술 전에 만약의 사태에 대비하여 정자를 동결 보관하기도 한다. 동결 보관된 정자는 나중에 수정이 필요한 경우 녹여서 사용하면 된다.

녹이는 방법은 동결 보존액을 제거하고 비교적 운동성이 좋은 정자를 선택해서 배란기에 접어든 배우자의 자궁 내에 직접 주입하게 된다.

ㄴ. 공여자 정자동결

고환의 정자생산 기능이 완전 소실된 남성불임 환자의 경우 정자은행에 동결 보관되어 있던 비배우자인 공여자의 정자를 사용하게 된다. 비배우자간 인공수정은 건강한 공여자의 정자를 이용하여 수정을 시도하는 것이며, 이 방법을 통하여 입양에 비하여 모계의 유전을 물려받을 수 있다.

다. 정자은행의 현실

인간정자의 동결보존은 1970년부터 널리 이용되고 있다. 미국에서는 현재 150개 이상에 이르고 있으며 프랑스에서는 정부가 관리하는 15개의 정자은행이 있으며 이들은 중앙정자은행에서 총괄을 한다. 유럽에서는 주로 정부기관에 의한 정자은행이, 미국에서는 상업적 정자은행 혹은 대학 등이 연구개관 내에 정자은행이 설립, 운영되고 있다. 우리 나라에서는 불임을 전문으로 치료하는 병원들에서 정자은행을 운영하고 있다. 정자은행이 있는 의료기관은 다음과 같다. 미즈메디병원, 삼성제일병원, 차병원, 서울대병원, 부산대병원, 함춘여성클리닉, 미래와 희망산부인과 등이다.

라. 정자은행 방문 전 주의사항

항암치료를 받기 전에 가능하면 많은 수의 정자를 확보해 두는 것이 중요하다. 항암치료 계획이 잡히면 치료하기 적어도 2주 전에 정자은행에 방문하여 3~4차례 이상의 정액을 채취하여 보관한다. 정자은행을 운영하는 의료기관에 따라 조금씩 다르지만 보관된 정자는 보관을 계속 할 것인지에 대하여 1년마다 계약을 하게 된다.

③ 난자의 보관이 필요한 경우

가. 난소조직이식(Ovarian tissue transplantation)

신뢰할 만한 난소배양 기술이 상용될 수 있을 때까지는 환자의 fertility를 복원시키는 가장 좋은 방법은 냉동보존된 인간 난소 조직을 자가이식 하는 것이다. 냉동기술의 발전으로 냉동된 난소조직을 혈관문합 없이 단순한 이식만 시행해도 주기적으로 배란하는 기능을 회복하는 것이 확실시되었다. 난소는 면역적으로 면제된 것이 아니기 때문에 이들 모델에서의 성공의 여부는 주로 동종이식이나 면역 억제된 숙주에게 이종이식을 함으로써 공여자와 수여자 간의 유전적 동종성을 갖는 것에 좌우된다. 난소조직을 냉동 보존하는 것은 복강경 시술시에 많은 수의 난포를 얻을 수 있다는 이점이 있으며 난포를 포함하는 난소 조직 절편을 냉동 보존하고 항암 치료가 끝난 후, 이식할 수 있다.

최근 여성들에게 냉동-해동된 인간 난소조직을 복강경을 이용하여 자가 이식한 사례가 있었다. 양측 난소 절제술을 시행한 후, 난소 피질 조직을 만들어 DMSO에 냉동보존 하였다. 그 중 한 개의 난소조직을 해동시켜 Surgecell 프레임에 고정시킨 후, 골반벽을 박리해 만은 포켓에 봉합하고 human menopausal gonadotropin(HMG)으로 난소를 자극하였더니 3개월 후에 배란이 되는 것을 확인할 수 있었다.

결과적으로 난소 조직을 냉동보존하는 방법은 난자 뱅킹에 있어 가장 효과적인 기술이며, 초경전의 여성 환자에서는 선택할 수 있는 유일한 방법이 된다. 난포를 성공적으로 배양할 수 있는 기술이 확립되기 전까지는 냉동 저장된 난소 피질을 이용하여 자가난소 조직 이식을 하는 것이 가장 유망한 방법이며 암환자에게 암을 재이식하는 위험성을 피하기 위해서 면역 결핍시킨 숙주에게 이종이식을 하는 방법을 사용할 수 있다. 그래서 난소 조직을 냉동 보존하는 방법은 조기 난소부전이 될 여성 환자들에게 새로운 희망이 되고 있다.

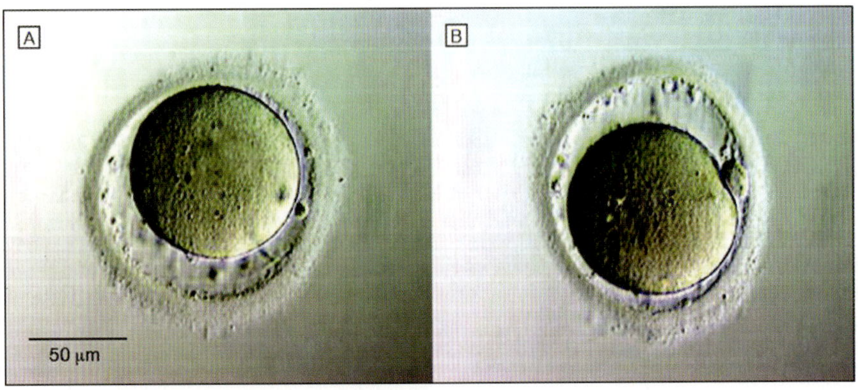

그림 1-7. 피하조직에 이식한 난소에서 난자를 채취한 것

나. 난소조직배양(Ovarian tissue culture)

난소 내에서 난자가 저장되는 형태가 바로 primordial follicle(원시난포)이라고 생각되고 있고, 인간 난소에서 난포의 90%이상이 primordial follicle 시기에 있기 때문에 임상적 목적으로 사용되는 난자의 재료로 사용되고 있다. primordial follicle은 감수분열 제1기의 전기에 정체되어 있으며, primordial follicle의 난자들은 완전히 성숙된 것 보다는 훨씬 크기도 작고 분화가 덜 되었으며 포함하고 있는 소기관의 수도 적고 투명대와 피질과립들이 없다는 특징들이 밝혀져 있다. primordial follicle을 저장하려면 효소처리법 또는 기계적 방법으로 분리, 저장하는 방법과 난소 조직을 얇게 잘라 내어 냉동 저장하는 방법이 있다. 그러나, 인간 난포를 체외에서 발달시키는 것의 성공율이 낮은 이유는 아마도 상대적으로 인간 난포의 성장 주기가 긴 것과 primordial follicle의 발달과정에 관여하는 어떤 factor들에 대한 지식이 부족한 것을 들 수 있겠다.

다. 난자냉동보관(Oocyte cryopreservation

성숙 난포를 냉동 보존하는 방법이 최근 다시금 조명을 받게 된 두 가지 발전계기가 있었는데, 첫째는 냉동과정이 난자 구조에 미치는 영향을 재검토한 결과 좀더 낙관적인 전망을 할 수 있었기 때문인데 즉, 살아남은 난자의 적어도 60%가 정상 방추체와 염색체 형상을 가지고 있었으며 형광법과 세포유전학 방법 등으로 검사한 결과, 냉동과정으로 인해 이배수체의 빈도가 증가하지는 않는다는 것이 밝혀진 것이다. 둘째는 냉동보존된 난자와 일반 난자에서 성공율이 동일한 세포질내 정자주입법(ICSI)이 도입되었다는 것이다. 1997년에 Porcu 등은 냉동보존한 난자를 ICSI하여 첫 아기의 출생을 발표했고, 최근에 이들은 많은 여성에서 체외수정 주기를 시행하여 얻은 2000개의 냉동보존된 성숙난자를 이용하여 9명의 아기를 추가 탄생시킨 것을 보고하였다. 이때 난자의 생존율은 54%였고 ICSI 수정율은 56%, 분할율은 91.2%였다. 또한 Yang 등은 냉동 보존된 난자와 냉동 배아에서 생존율과 임신율이 비슷하다고 보고하였다.

그러나 비록 인간 난자의 이배수체에 대한 우려가 너무 과장된 감이 있기는 하지만, 현재까지의 데이터만을 가지고 난자 은행을 설립하기에는 너무 이른 감이 있으며, 아직까지는 냉동 프로토콜이 재생산할, 임상적으로 유용한 신뢰할 수 있는 기술이 계속 발전해야 하는 실정이다.

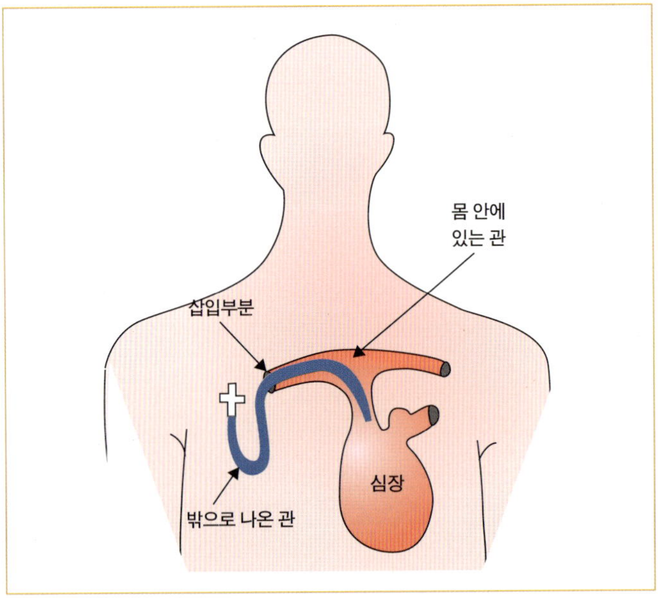

그림 1-8. 중심 정맥관(진한부분)을 도식적으로 나타냄

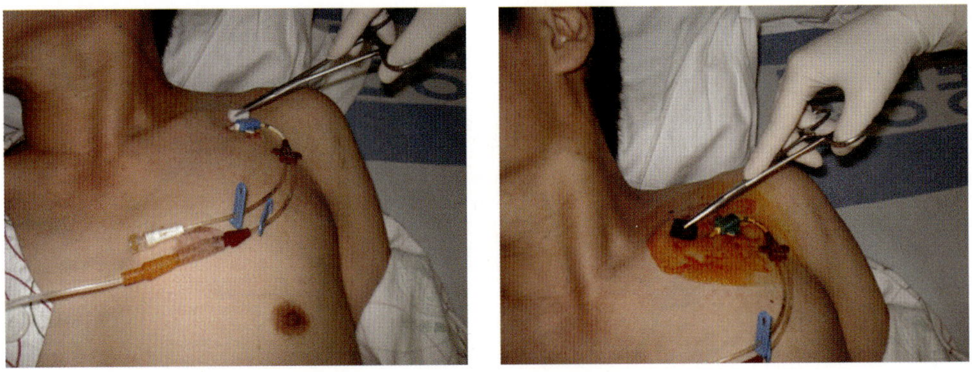

그림 1-9. 중심정맥관: 관은 빗장 뼈 아래로부터 들어가서 심장 가까이 있는 상정맥동(Sup. Vena cava)라는 곳에 이르게 되며, 이 관을 이용하여 성분헌혈, 항생제 및 항암제가 주입된다.

④ 이식 전에 필요한 중심정맥관(中心靜脈管, central venous catheter) 삽입

이는 빗장뼈(쇄골, clavicle) 아래의 정맥관에 관을 삽입(揷入)하는 것을 말하며 그림(그림 1-8)과 같다고 생각하면 된다.

독(毒)한 항백혈병약이 들어가기 때문에 말초로 약을 투여했을 시에 혈관 밖으로 새는 경우에는 조직이 부식(腐植)될 수 있다. 심한 경우에는 감염 및 괴사가 생기며 통증도 동

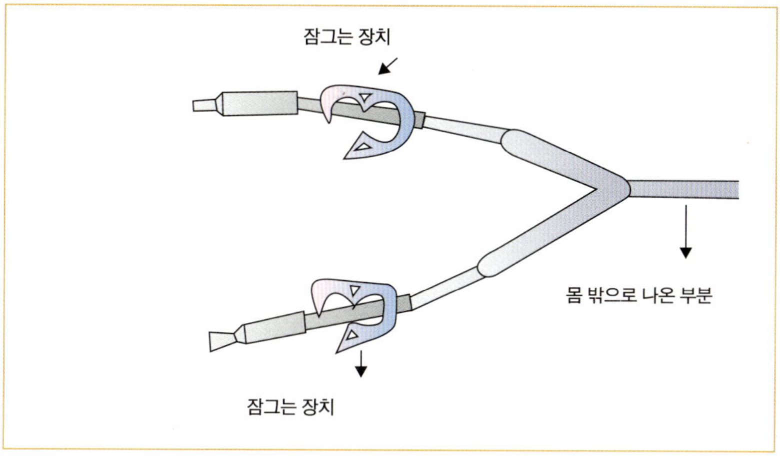

그림 1-10. Double-lumen(관 두개가 연결) 중심 정맥관

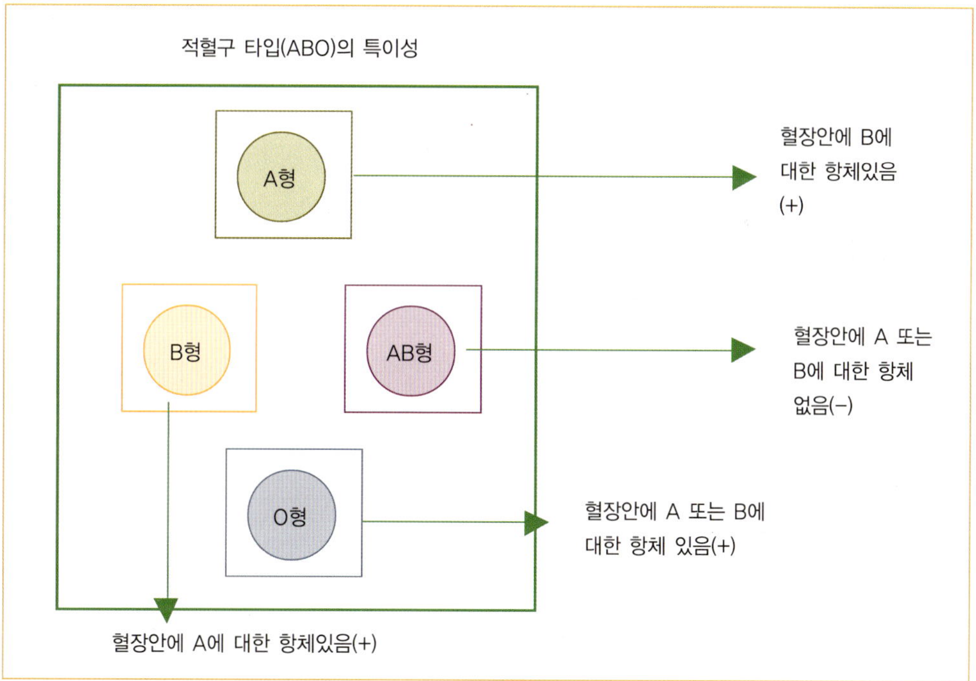

그림 1-11. 적혈구 타입(ABO)의 특이성

반된다. 따라서, 거의 모든 경우에는 빗장뼈 아래 중심정맥 line을 넣어서 항백혈병약도 투여하며, 또 이를 통해 혈소판, 적혈구 등도 쉽게 투여할 수 있다. 또한 자주 피를 뽑아 검사하는 경우에도 중심정맥의 관(catheter)을 이용할 수 있는 장점이 있다.

중심정맥관이 미생물에 의해 오염되는 것을 예방하고 삽입 부위를 건조하게 유지시키기 위해 중심정맥관의 소독이 필요하다. 소독은 매일 식염수와 헤파린(Heparin)을 이용해서 한다. 이렇게 함으로써 관이 막히지 않게 된다.

중심정맥관이 혈전에 의해 막히지 않도록 헤파린 용액을 주입해 주어야 하며 사용되는 헤파린은 각 병원 지침(1:10~1:1000 U)에 따르며 그 빈도는 병원마다 다소 차이가 있지만 가급적이면 매일 헤파린과 정상식염수를 주입해서 막히지 않게 한다.

헤파린 주입 시 주사기를 완전히 비우기 전 카테터를 잠그고 작은 주사기일수록 압력이 커지므로 1cc 주사기는 사용하지 않는다.

⑤ 환자 및 공여자의 혈액형(ABO 타입)이 다른 경우 주의할 점; 세가지 type의 불일치(incompatibility)

가. Major(심각한) ABO 불일치(표 1-4)

나. Minor(덜 심각한) ABO 불일치(표 1-5)

다. 복합(Major와 Minor가 섞여있는 경우) ABO 불일치(표 1-6)

표 1-4. Major(심각한) ABO 불일치

*환자의 isohemagglutinin이 공여자 RBC-항원에 관한 불일치(incompatibility) 때문에 생김

환자 타입	공여자 타입	수혈 원칙
O	A	• 적혈구: 이식을 위한 전처치 및 이식이 진행되며 공여자에 대한 항체가 사라질 때까지는 O형 적혈구 수혈(대개 이식 이후 3~4주까지). 그 이후에는 공여자의 type을 주입 • 혈소판 및 혈장(plasma): 이식을 위한 전처치(대개 day-7)에 들어가면서 공여자 타입의 것을 수혈
O	B	
O	AB	
A	AB	
B	AB	

표 1-5. Minor(덜 심각한) ABO 불일치

*공여자의 isohemagglutinin이 환자의 RBC-항원에 관한 불일치(incompatibility) 때문에 생김

환자 타입	공여자 타입	수혈 원칙
AB	A	• 적혈구: 이식을 위한 전처치에 들어가면서(대개 day-7) 공여자 타입의 적혈구 수혈 • 혈소판 및 혈장(plasma): 이식 이후 생착이 되면서 환자의 적혈구가 사라질 때까지는 환자 ABO 타입 것을 수혈
AB	B	
AB	O	
A	O	
B	O	

표 1-6. 복합(Major와 Minor가 섞여있는 경우) ABO 불일치

환자 타입	공여자 타입	수혈 원칙
B	A	• 적혈구: 전처치가 시작되면서 O혈을 수혈하지만 생착이 되며 환자 내에 공여자 타입의 적혈구에 대한 항체가 사라지면서(대개 3-4주) 공여자 타입의 적혈구 수혈
A	B	• 혈소판: 전처치가 시작되면서 AB형의 혈소판을 수혈하지만 환자의 적혈구가 사라지면서(대개 3-6주) 공여자타입의 혈소판 수혈

표 1-7. 이식 이후 시간이 지나면서 지켜야 할 적혈구 및 혈소판 수혈의 지침

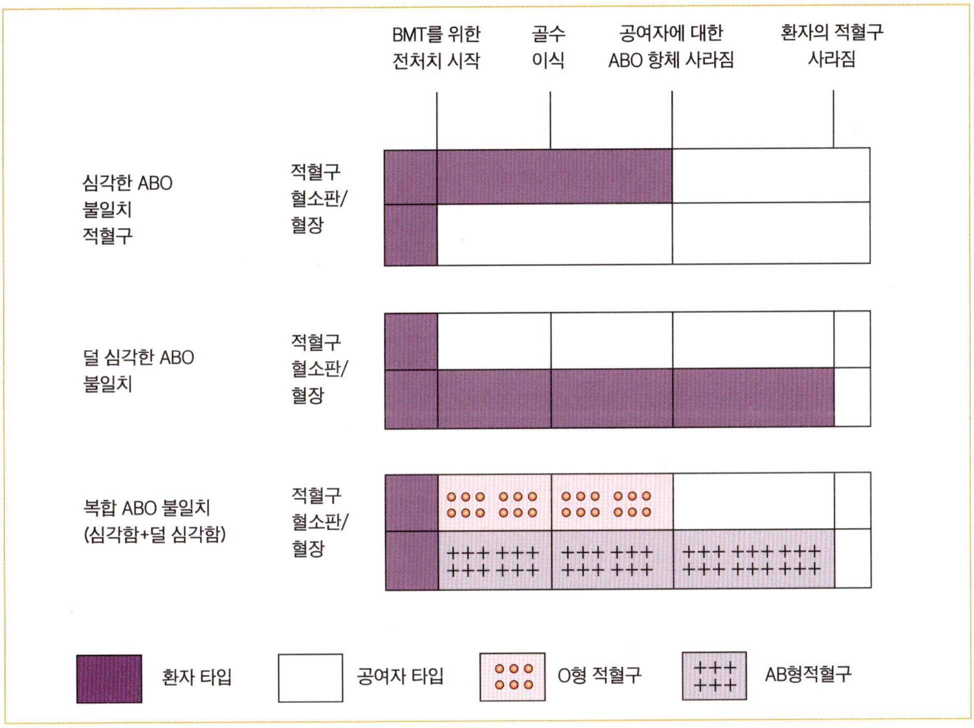

2) 자가 골수이식(자가 말초 조혈모세포 이식)을 하기 위한 준비작업

치료 경험례

J환자는P 6개월전 제4기의 악성림프선 종양으로 8차에 걸쳐 항암제 치료를 받았으며 이제 자가이식을 준비하고 있다. 특히 8차 치료를 받는 과정에 심장기능이 떨어지는 경향이 있었다. 또한, 30년 동안 하루에 1갑씩 담배를 핀 과거력이 있다.

Q **J환자가 자가이식을 받기 위한 심폐기능은?**

A 8차에 결쳐 치료를 받으며 소위 anthracyclin약제에 의해 심근(心筋, 심장의 근육)이 손상을 입게 되며 따라서 ejection fraction(심장의 펌프기능 지표)이 50% 이하로 떨어질 수도 있다. 이 경우에는 심장 전문내과 의사의 협조 하에 초음파 심장검사 등을 받아야 하며 호흡기내과 전문 team의 도움 속에 이산화탄소와 산소의 교환능력(DLCO)을 평가 받아야 한다. 즉 ejection fraction 및 DLCO가 각각 50% 이상이 되어야 자가이식시 안전하게 수행이 된다.

(1) "환자가 자가이식을 잘 견딜 수 있을까"를 미리 점검하는 검사들

자가이식 경우에는 자동적으로 골수 공여자는 문제가 되지 않는다. 왜냐하면, 자신의 자가(自家)말초조혈모세포(末梢造血母細胞)나 자가골수(自家骨髓)를 미리 뽑아둔 후, 전처치 이후 자신의 것을 주입하기 때문이다.

① 폐(肺)기능검사

특히, DLCO라고 하는 검사는 이식 이후에 폐에서 이산화탄소를 산소와 잘 교환하는 기능을 유지할지를 점검한다. 이 수치가 50% (need to check) 이상이 되어야만 자가이식의 전처치(항암제 및 전신방사)를 환자가 견딜 수 있다.

② 심장(心腸)기능검사

EF(Ejection Fraction)라는 검사는 혈압유지를 위한 심장의 펌프작용이 얼마나 잘 유지되는가를 검사하는 것으로, 이것 역시 50% 이상이 되어야만 이식을 위한 전처치에도 환자가 잘 견딜 수 있다. 이외에도 심전도검사를 통해 최근에 심경색이 없었는가를 확인한다.

③ 신장(腎臟)기능검사

소위 크레아티닌 제거율(creatinine clearance)이라는 검사는 신장이 얼마나 독소물 등을 잘 대사, 배출하는가를 평가하는 것이다. 한편, creatinine 수치는 2.0 이하가 되어야 독한 전처치에 잘 견딜 수가 있다.

④ 간(肝)기능검사

전처치시 사용되는 대부분의 화학요법은 간에서 대사, 배출되는 것이 통례이다. 따라서, SGOT/SGPT (AST/ALT), bilirubin 등을 점검하게 된다. 이 수치들은 정상수치의 〈3배 이하가 되어야 하며, bilirubin은 〈2가 되어야 전처치 등에 들어가도 환자가 무난히 견딜 수 있다. 이외에도 B형 간염의 여부를 점검하는데 소위 B형 간염 바이러스 표면 항원(HBS Ag: B Virus Surface Antigen)이 양성인 경우에는 원칙적으로 골수이식을 권하지 않는다. 그 이유는 이식 이후 첫 1달 쯤에 B형 간염이 심해져서 생명을 위협할 수 있기 때문이다. 또한 정맥폐쇄질환, VOD(Veno-Occlusive Disease)는 이식 이후 약 1개월 내지 1개월 반 사이에 B형 간염 바이러스 표면 항원 양성인 사람이 B형 간염 바이러스 항원이 음성인 환자에 비해 잘 올 수 있기 때문이다. 정맥폐쇄질환이 심한 경우에는 그 치사율이 70%가 넘을 수도 있다.

⑤ 기타 검사들

임신 여부(여자의 경우): 골수이식을 통과하는 여환(女煥)은 반드시 임신의 상태이어서는 안 된다.

(2) 정자은행의 도움이 필요한 경우(동종이식과 동일)

(3) 난자은행의 보관이 필요한 경우(동종이식과 동일)

(4) 중심정맥관(동종이식과 동일)

(5) 자가 골수 채취 및 부작용은 어떠한가?(동종이식과 동일)

(6) 자가 말초 조혈모세포 채취 및 부작용은 어떠한가?(동종이식과 동일)

3) 동종 또는 자가이식을 통과하는 환자 및 보호자가 수혈에 대해 알아야 할 점

(1) 헌혈자가 수혈할 수 있는 필요충분조건들

다음 사항에 해당되는 사람은 부적합 공여자로 혈소판 및 백혈구 성분 채집을 시행할 수 없다. 몸무게가 유지되어야 하며 전염성 질환이 없으며 심장, 폐, 간이 건강해야 한다.

① 채혈금지대상자(혈액관리법 시행규칙, 2005. 1. 29 개정)

공통기준

가. 전염병예방법 제2조 제1항의 규정에 의한 전염병 환자(간염 및 크로이츠펠트-야콥 환자를 포함)

나. 체중이 남자에 있어서는 50kg 미만, 여자는 45kg 미만인 자

다. 구강체온이 섭씨 37.5도 초과하는 자

라. 수축기혈압이 90mmHg 이하 또는 180 mmHg 이상인 자와 이완기혈압이 100mmHg 이상인 자

마. 맥박이 1분간에 50회 이하 또는 100회를 초과하는 자

바. 임신중인 자 또는 분만 후 6개월 이내인 자. 다만, 본인이 출산한 신생아에게 수혈하고자 하는 경우에는 그러하지 아니하다.

사. 수혈 후 1년이 경과하지 아니한 자

아. 광견병 예방접종 후 1년이 경과하지 아니한 자

자. 콜레라, 장티프스 또는 렙토스피라증의 예방접종 후 24시간이 경과하지 아니한 자

차. 말라리아 병력자로 치유 후 3년이 경과하지 아니한 자

카. 호흡기질환자, 심장병환자, 당뇨병환자, 경련환자, 알콜중독자, 마약중독자 및 혈액 관련 질환자

타. 심신상실자

파. 문진결과 헌혈불가로 판정된 자

하. 의사의 진단에 의하여 건강상태가 불량하거나 채혈이 부적당하다고 인정되는 자

② 혈소판성분채혈 개별 금지기준

가. 17세 미만인자 또는 60세 이상인 자

나. 혈액의 비중이 1.052 미만 또는 혈액 100ml 당 혈색소량이 12 g/dℓ 미만인 자

다. 혈소판수가 150×109/㎖ 미만인 자

라. 전혈채혈일로부터 2개월 경과하지 아니한 자 또는 혈소판 성분채혈일로부터 72시간이 경과하지 아니한 자

마. 과거 1년 이내에 성분채혈횟수가 24회 이상인 자

③ 혈액검사에서 부적격기준에 해당되는 혈액

가. 환자와 혈액형이 다른 공여자

나. ALT 검사 〉65 IU/L

다. B형 간염검사(HBs Ag) 양성

라. C형 간염검사(anti-HCV Ab) 양성

마. 후천성면역결핍증 검사(anti-HIV Ab) 양성

바. 매독검사 양성

(2) 혈소판 공여자 확보

골수이식을 통과하며 충분한 혈소판 공여자가 미리 준비하면 좋겠지만, 최소 10명 정도 확보하는 것을 권장한다.

① 혈소판성분채집(Platelet apheresis)

혈액종양환자들에서 혈소판감소증이나 혈소판 기능장애를 가지고 있는 경우 출혈을 예방하거나 치료하는데 혈소판 수혈이 필요하다. 혈소판성분채집은 혈액성분채집기라는 장비를 이용하여 혈소판 성분만을 선택적으로 채집하고 나머지 성분은 다시 공여자에게 되돌려주는 헌혈이다. 한 명의 헌혈자로부터 농축혈소판의 약 6단위에 해당하는 많은 양을 채집할 수 있으므로 혈소판 감소증 환자에게 큰 도움이 된다.

혈소판성분채집을 하기 위해서는 먼저 문진과 혈액검사를 시행하여 적합한 공여자로 판정을 받게되면 혈소판 성분채집을 시행하게 되는데 헌혈 전에 적어도 72시간 동안은 아스피린이나 아스피린이 포함된 감기약을 복용하지 않도록 해야 한다(아스피린으로 인

해 혈소판 기능이 저하되기 때문). 채집에 소요되는 총 예정시간은 2시간 30분-3시간이며, 혈액량이나 혈장은 24시간 내 완전히 회복되고 혈소판도 3일 이내에 회복되므로 공여자의 건강에는 큰 지장이 없다. 따라서, 혈소판 헌혈 후, 4일째부터 다시 성분헌혈이 가능하다.

(3) 백혈구 공여자 확보

① 백혈구성분채집(Leukapheresis)

혈액종양환자들에서 강력한 백혈병 치료를 받거나 골수 이식을 위해 전처치를 받을 경우 백혈구 수치가 심하게 감소된다. 이때 심한 폐렴 등이 올 수 있는데 적절한 항생제 치료에 감염이 호전되지 않을 경우 백혈구 수혈이 필요하다. 백혈구성분채집도 혈소판성분채집과 마찬가지로 혈액성분채집기라는 장비를 이용하여 백혈구 성분만을 선택적으로 채집하고 나머지 성분은 다시 공여자에게 되돌려주는 헌혈이다. 백혈구 회수량을 높이기 위해 공여자는 백혈구성분채집술 시행 17시간, 12시간, 2시간 전에 스테로이드(prednisolone 20mg씩)을 복용하거나 또는 G-CSF를 투여하게 되며 채집에 소요되는 시간은 3시간~3시간 30분 정도이다.

경우에 따라 급하게 당일 날 백혈구를 뽑아서 환자에게 투여해야 하는 경우가 있는데, 이때에는 정맥으로 Dexamethasone(덱싸메타존)을 주입하고 수 시간 후 백혈구 성분 채집을 시행할 수 있다. 뽑힌 백혈구는 방사선조사를 마친 후 일반 피처럼 환자에게 정맥을 통해 주입된다. 방사선조사를 하는 이유는 뽑힌 백혈구 속에 T-림프구가 있을 경우 심한 이식편대 숙주반응을 일으킬 수 있기 때문이다.

한편 백혈구 성분 채집시 뽑히는 백혈구의 숫자 또한 중요하며 대략 1회 채집시 10^{10}개의 백혈구가 뽑히는 것을 목표로 하며 일단 백혈구 주입을 시작하면 3~4일 간은 지속적으로 투여하는 것이 효과적이다.

백혈구의 수명은 대략 수 시간에서 반나절로 보면 되는데 그 정도의 시간이라도 외부에서 들어간 백혈구는 외부의 균들과 싸울 수 있는 시간을 버는 것이다. 또 하나는 백혈구 주입의 중요한 장점은 백혈병 치료 이후 또는 골수 이식을 위한 전처치 이후에 패혈증이 동반이 되면 골수 기능(즉, 조혈 생성)의 회복을 더 늦추게 한다. 따라서 외부에서 뽑은 백혈구 주입을 통해 패혈증 및 폐렴과 싸우게 되며 억눌려 있는 골수 기능을 덜어주게 된다.

② 다음 사항에 해당되는 사람은 부적합 공여자로 백혈구성분채집을 시행할 수 없다.

가. 공통기준

혈소판성분채집술 기준과 동일

나. 혈액검사에서 부적격기준에 해당되는 혈액

혈소판성분채집술 기준과 동일

다. 백혈구성분채혈 개별 금지기준

ㄱ. 백혈구수가 4×10^9/㎖ 미만인 자 10×10^9/㎖ 초과하는 자

ㄴ. 전혈채혈일로부터 2개월이 경과하지 아니한 자

ㄷ. 백혈구성분 채혈일부터 2주일이 경과하지 아니한 자

(4) 헌혈증이란?

성분채집을 마친 후에는 헌혈증을 교부받게 되는데 헌혈증을 소지한 사람이 의료기관에서 수혈을 받을 경우 이 증서를 의료기관에 제출하면 헌혈자가 헌혈한 양에 해당하는 혈액을 무상으로 수혈을 받을 수 있다. 또한 총 진료비중 수혈자가 부담하여야 할 진료비용에서 무상수혈량에 해당하는 금액을 공제 받을 수 있다. 헌혈증을 많은 양의 피를 수혈받아야 하는 환자들에게 기증할 경우 환자들에게 경제적으로 도움이 될 수 있다.

(5) 성분헌혈(혈소판 및 백혈구)시 자주 문의해 오는 질문들

Q (1) 백혈병 치료시 반드시 혈수판 공여자를 기십명 확보해야 하나?

A 그렇지 않다. 가급적이면 지정 공여자(designated donor) 또는 단독 공여자(single donor)를 통해 혈소판성분헌혈을 통해 농축된 혈소판을 권장하지만 친척, 친지 또는 주변에 아는 사람이 많지 않은 경우에는 이러한 혈소판성분헌혈이 여의치 않게 된다. 이런 경우 혈액은행에서 얼마든지 필요한 혈소판을 구입해서 찾아 올 수 있다(이 경우에는 소위 Random Doner라고 해서 여러 공여자의 것을 모아서 섞은 것을 말함).

또한, 전반적으로는 성분헌혈에 의한 혈소판이 혈액원에서 가져오는 혈소판(몇몇 공여자의 것을 섞은 것)에 비해 우수하다. 그러나 성분헌혈에 의한 혈소판을 받는다 하더라도 백혈병치료를 진행시키다 보면 자연히 많은 양의 혈소판(수백 units)을 맞게 되며, 따라

서 혈소판 항체가 생기면서 수혈 이후 잠시 올라가지만 곧 소모가 된다. 한편, 최근에 혈액원에서도 경우에 따라, 성분헌혈을 통해서 채취를 해 올 수 있다. 따라서 보다 양질의 혈소판을 구해 올 수 있다.

Q (2) 친지나 식구들이 헌혈할 경우 혈액원에서 가져오는 것 보다 경비면에서 훨씬 저렴한가?

A 그렇지 않다. 성분헌혈시 사용하는 장비 및 항응고제 등의 경비 때문에 혈액원에서 사서 가져오는 피(소위, Random Doner)와 비교해 볼 때 거의 비슷하다. 즉 1명이 성분헌혈을 통해 혈소판을 뽑는 것이나 혈액원에서 4~6 units를 사오는 것이나 그 경비는 비슷하다.

Q (3) 성분헌혈시 반드시 남자들만 공여자가 될 수 있나?

A 그렇지 않다. 혈관이 좋은 여성분일 경우 전혀 문제가 되지 않는다.

Q (4) 혈소판, 백혈구 등에는 ABO 혈액형 타입이 없다고 하는데 왜 혈소판 또는 백혈구 성분헌혈시 ABO 타입이 맞아야 하는가?

A 그렇다. 혈소판 또는 백혈구에는 적혈구처럼 ABO 타입이 적용되지 않지만 각각의 성분을 채취할 때 자연히 약간의 적혈구가 끼어들어 오기 때문에 이들 성분 채취시 ABO 타입이 맞는 것을 권장한다.

Q (5) 수혈을 할 때 공여자중 가족들은 가급적 피하라고 합니다. 그 이유는?

A 첫째는, 백혈병이나 재생불량성빈혈 환자에서 골수 공여 예정자나 직계가족의 수혈을 할 경우는 환자의 몸에 들어간 혈액에 의해 HLA 혹은 비-HLA 항원에 대한 항체가 생기게 되어, 동종골수이식을 하게될 경우 성공률이 저하되기 때문이다. 재생불량성빈혈 환자에서 골수이식 성공률이 수혈받은 경우 27~45%인 반면에 수혈받지 않은 경우 90%이었다는 보고도 있다.

둘째로는, 동종이식 후에 경험하는 이식편대 숙주병이 드물게는 수혈 후 발생할 수 있고 이런 경우는 치명적이기 때문이다. 이는 특히 두 종류의 HLA 일배체형(haplotype) 중 한 종류만을 갖는 동형접합체(homozygote)인 헌혈자의 혈액을 수혈할 때 나타나는데, 비혈연간의 수혈에 비해 가족간 수혈에서 10배 전후의 높은 위험도를 보인다. 그러므로 혈연간의 수혈을 해야 하는 경우는 이를 예방하기 위해 반드시 방사선조사 혈액을 수혈해야 된다.

셋째로는, 가임기에 있는 부인이나 신생아용혈성 질환의 아기에게 아빠의 혈액을 수혈하는 것을 피해야 한다. 이는 남편이 아내에게 헌혈하면 남편의 혈액 속에 포함된 여러 가지 혈액형 항원들이 수혈 후 아내에게 노출되어 항체가 생기고, 아내가 임신하면 이 항체가 아기에게로 가서 신생아용혈성 질환을 일으키는 경우가 종종 있으며, 신생아용혈성 질환의 아기에게 아빠의 혈액을 수혈하면 이를 더 악화시킬 수 있다.

3. 이식을 위해 환자가 받는 "전처치(前處置)"에 대해

1) 동종이식의 경우

전처치(前處置, conditioning regimen)란? 대개는 동종이식에 더 적용이 되는 용어로, 외부에서 건강한 골수조혈모세포 또는 말초 조혈모세포를 이식하기 전에 환자에서 항암화학요법(chemotherapy)이나 전신방사선조사(Total Body Irradiation)를 함으로써 외부에서 들어오는건강한조혈모세포가잘자리를잡도록(생착(生着),engraftment)해주는 것을 말한다. 자가이식시에는 이러한 전처치라는 용어를 사용할 수는 있지만 대개 고량(高量)항암화학요법이라고도 한다.

(1) 백혈병 치료시 왜 전처치가 필요한가?

첫째, 대부분 관해(觀解)가 왔을 경우 동종이식을 하게 되는데, 이 경우 육안에는 나쁜 백혈병세포가 보이지는 않지만 더 정밀한 분자생물학적 검사를 할 경우 나쁜 백혈병 세포가 숨어 있는 수가 더러 있다. 따라서 이 경우 전처치때 쓰는 항암제(대표적인 것: 부설판(Busulfan)) 또는 TBI(Total Body Irradiation: 전신방사선조사)를 통해 남아있는 나쁜 백혈병 세포들을 말끔히 청소를 하게 된다.

둘째, 동종이식이란 건강한 형제의 골수가 환자의 골수에 들어가서 주인(主人)의 조혈기관을 바꿔치기하는 것이다. 이 때 자연적으로 환자는 외부에서 들어온 공여자 것(골수)을 거부하게 되는 것은 당연하다. 이때 싸이톡산이나 전신방사선조사는 환자의 면역력을 낮추어 줌으로써 밖에서 들어온 공여자 것이 환자 안에서 자리를 잡도록 하는 것이다.

(2) 골수제거 전처치법

★고용량 화학요법(high-dose chemotherapy)

① 부설판, 부설펙스(Busulfan, busulfex®)

가. 효능

알킬화제(alkylating agent)의 항백혈병약제로 이전에는 경구제재로 개발되었으며 현재 주사제가 개발되어 사용되고 있다.

나. 용법

대개 부설판과 싸이클로포스파미드제재를 병합하여 부설판을 체중(kg)당 3.2mg씩 4일간 사용하고 싸이클로포스파미드를 체중당 60mg씩 2일간 투여한다.

다. 부작용

ㄱ.지연성 골수기능 억제, 골수 섬유화(fibrosis)

ㄴ.오심, 구토, 설사, 식욕감퇴

ㄷ. 간 정맥폐쇄증(veno-occlusive disease, VOD)

ㄹ. 부설판폐(Busulfan Lung) : 폐섬유화 동반, 흉부 X선 검사상 마치 폐렴이 발생한 것 같은 모양을 나타냄

ㅁ. 발작, 의식불명

ㅂ. 성장 지연

ㅅ. 무월경증

ㅇ. 발진(erythema)

ㅈ. 백내장(cataract)

② 싸이클로포스파미드, 엔독산(Cyclophosphamide, alkyroxan®, endoxan®)

가. 효능

알킬화제(Alkylating agent)로 항암, 또는 항백혈병 효과가 있지만, 이보다 더 중요한 역할은 면역억제의 효과이다.

나. 용법

정맥을 통하여 대개 체중(kg)당 60mg씩 이틀에 걸쳐 투여한다.

다. 부작용

ㄱ. 구역, 구토, 황달, 출혈성 대장염

ㄴ. 급성 심근 괴사, 심부전

ㄷ.신장 독성

ㄹ. 간질성 폐섬유증

ㅁ. 출혈성 방광염, 이차적인 방광암

ㅂ. 수주 이후(대개 2-3주) 탈모증, 피부반점

ㅅ. 불임, 무월경, 정자수 감소, 무정자증 : 비가역적일 수 있다.

③ 티오테파(Thiotepa)

가. 효능

알킬화제(alkylating agnet)로 항백혈병약제이며, 생명현상 유지의 기본인 DNA 및 RNA의 생성을 억제한다. 다른 약제와 함께 병용요법에 많이 이용되고 있다.

나. 부작용

ㄱ. 오심, 구토, 식욕부진

ㄴ. 두통, 현기증

ㄷ. 혈뇨

ㄹ. 탈모

④ 에토포사이드(Etoposide)

가. 효능

식물에서 추출한 알칼로이드제(alkaloid)로 항백혈병기능이 있다. 주로 간과 신장에서 대사 되므로 간기능과 신장기능을 판단하여야 한다

나. 부작용

ㄱ. 탈모

ㄴ. 오심, 구토, 식욕부진, 설사, 복부통증

ㄷ. 간기능 장애

ㄹ. 과민작용에 의한 저혈압, 무호흡

표 1-8. 골수이식을 위한 전처치(前處置, Conditioning Regimen)시 올 수 있는 독성들(요약)

	첫 몇 일부터 수개월 내에 올 수 있는 부작용들	몇 달 혹은 수 년 후에 올 수 있는 부작용들
전신방사선조사(TBI)	오심, 구토, 장염, 점막염	백내장(안과질환), 불임
싸이톡산 (Cyclophosphamide)	오심, 구토, 출혈성방광염 심장독성	불임
에토포싸이드 (Etoposide)	피부발진, 저혈압, 점막염	
비씨엔유(BCNU)	경기(驚氣), 오심, 구토, 두통	
부설판(Busulfan)	경기(驚氣), 오심, 구토 정맥폐쇄증	폐렴
씨스프라틴(Cisplatin)	신장(腎臟)의 손상, 청력감소, 이명(耳鳴)	청력손실, 이명(耳鳴), 말초신경염
티오테파(Thiotepa)	오심, 구토, 중추신경장애, 정맥폐쇄증	
텍솔(Paclitaxel)	알러지현상	말초신경염

⑤ 멜파란, 알케란(Mephalan, alkeran®)

가. 효능

알킬화(alkylating agent)제재의 항암제로 주로 다발성 골수종(multiple myeloma)에 잘 듣는 약제이다.

나. 용법

정맥용과 경구약의 2가지가 있으며 동종이식시에는 주로 2일에 나누어서 정맥으로 투여한다.

다. 부작용

골수기능이 억제되어 백혈구, 혈소판 등이 낮아지나 심한 감소가 나타나지 않는 것이 장점이다. 보통 동종이식에서는 약 3주까지 혈액 수치가 낮아 계속 수혈을 받아야 하나 경한 동종이식에서는 수일 내지 10일 정도에 회복한다. 오심, 구토, 설사, 구강궤양, 탈모증, 무월경증, 출혈성 방광염, 폐렴 등이 올 수 있다.

(3) 전신 방사선 조사(Total body irradiation, TBI)와 그 부작용들

① 전신방사선조사의 목적

방사선치료는 골수이식을 돕기 위한 보조치료로 사용된다. 즉, 골수이식을 시행하기 전 방사선을 조사하면 백혈병세포가 제거되고 또한 환자의 면역기능을 억제하여 이식편의 거부반응을 예방하고 이식된 조혈모세포가 생착하기 위한 공간조성이 가능하게 된다.

전신방사선조사의 장점은 고환과 같은 백혈병이 잘 숨어들어 있을 수 있는 부위 치료가 가능하고 화학요법제에 저항하는 광범위한 종양에 대한 항암효과가 있고, 체내 혈류분포에 상관없이 균일하게 방사선 치료가 이루어질 수 있는 점이다. 또한 방사선 치료 시 정상조직을 보호하여 부작용을 막을 수 있다.

② 전신방사선조사의 방법

방사선치료는 보통 찍는 X-선과 같은 성질을 이용하며 치료 중에 환자가 뜨겁거나 아픔을 느끼지는 않는다. 진단 목적의 방사선과는 달리 높은 에너지를 이용하게 되며 치료부위에 수월하게 미치도록 되어 있다. 백혈병에서는 전신에 있는 골수조직을 포함하여야 하기 때문에 국소적 암과는 달리 전신방사선조사가 시행될 수밖에 없으며 적은 방사선량을 전신에 골고루 조사되도록 하되 일부 중요하다고 생각되는 부위는 납으로 보호하여 노출을 최소화시킨다.

백혈병 환자의 경우 항암제(대부분 싸이클로포스파미드)를 정맥주사 후 1000cGy의 전신방사선 조사를 한 번 받거나 또는 1200cGy-1300cGy를 수회로 나누어 조사하는 방법을 주로 시행하고 있다.

③ 전신방사선조사 후의 부작용

전신방사선조사 후 급성으로는 멀미, 구토, 구강염, 탈모, 설사, 타액선염, 구강건조증, 피곤증 등이 발생할 수 있다. 만성부작용으로 백내장, 간질성 폐렴, 성장장애, 갑상서 기능저하 등이 있다. 특히 성장 장애는 사춘기 이전에 치료받은 경우에 발생하고 생식기능이 저하되어 불임을 유발하기도 한다. 간질성 폐렴은 치명적일 부작용으로 대개 치료 후 90일 이내에 발생하는데 최근에는 이러한 부작용을 줄이기 위해 폐를 차폐한 후 방사선 조사를 시행한다. 일반적으로 방사사선조사로 인한 부작용들은 방사선 분할조사 및 적절한 차폐기술의 도입으로 많이 감소되고 있다.

(4) 미니(mini)동종이식에 사용되는 항암제와 그 부작용들

고령의 악성질환자, 비악성 질환자 등과 같은 환자에게 면역억제력이 강하면서 골수제

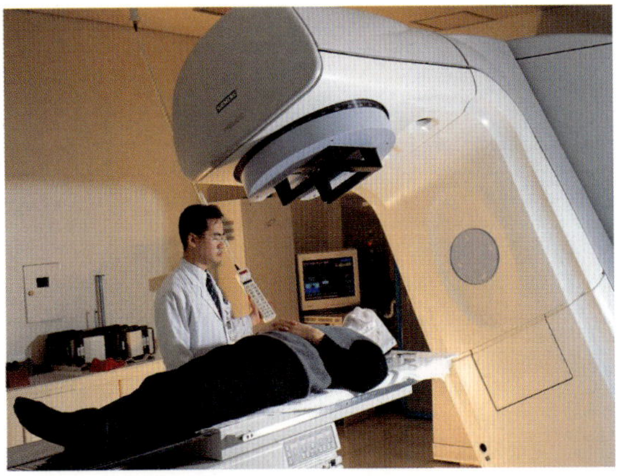

그림 1-12. 전신 방사선을 위해 적절한 양과 횟수 등을 세심히 검토하고 있음.

거력이 약한 저강도 전처치법(reduced-intenity conditioning), 미니이식(Minitransplantation), 비골수제거이식(Non-myeloablative transplants)으로 불리며 이용되고 있다.

이러한 미니 동종이식의 특징은 첫 번째, 조혈세포의 도움 없이 골수억제가 돌아올 수 있으며(대개 28일 내에), 두 번째 처음 검사상에서 환자와 공여자의 골수가 동시에 존재하고, 세 번째 혈액학적 독성이 더 적게 나타나는 점이다.

① 플루다라빈, 플루다라(Fludarabine, fludara®)

가. 효능

항대사성 계통의 항암제로서 생명현상을 유지하기 위한 DNA의 생성을 막아서 항백혈병, 항림프종, 항암효과를 나타낸다. 그러나 가장 중요한 기능은 동종골수이식 시 환자의 면역을 억제시킴으로써 외부에서 주입하는 골수가 생착하도록 하는 역할이다.

나. 용법

5-6일 정도에 걸쳐 정맥주사하며 다른 항암제(싸이클로포스파미드, 부설판, 멜팔란 등)와 병용하여 사용한다.

다. 부작용

골수기능 억제로 혈액 수치감소, 용혈성 빈혈, 오심, 구토, 설사, 중추계의 기능저하, 시력감소, 일시적인 혀가 둔해지는 증상, 일시적 마비증상, 신장독성, 감염 등(특히 곰팡이 및 바이러스) 등이 올 수 있다.

② 저용량 전신방사선조사(500cGY이하로 사용한다)

③ 표적치료제재(targeted therapy)

: 맙테라(rituximab, mabthera®), 글리벡(imatinib, gleevec®), 오조가마이신(gemtuzumab, ozogamicin®) 등을 병용하여 사용하는 것이 연구되고 있다.

(5) 재생불량성 빈혈시의 전처치에 대하여

재생불량성빈혈에서는 이미 토양(골수의 환경)과 씨앗(조혈모세포)이 모두 망가져 있는 상황이지만 여전히 환자의 면역 체계는 유지되어지고 있다. 따라서 전처치를 통해 충분히 환자의 면역을 억눌러야만 밖에서 들어간 건강한 조혈모세포가 자리를 잡게 되며 결국 이식이 성공하게 된다.

전처치에 사용되는 약제는 다음과 같다.

- 싸이톡산 + ATG(이는 조직적합항원이 일치하는 형제간 이식 시 사용)
- 싸이톡산 + 전신방사선 조사 ± ATG(이는 조직적합항원이 일치하는 타인이식시 널리 사용 : 보다 강력한 면역억제가 필요한 경우)
- 싸이톡산 + ATG + 플루다라빈(조직적합항원이 맞는 타인이식시, 그러나 전신방사선조사를 피해보고 싶을 때)

① 아트감(Anti-Lymphocyte-Globulin, ATG)

가. 효능

재생불량성빈혈의 기전으로 밝혀지고 있는 것은 각종 피의 성분을 만드는 조혈모세포 중에서 우리 몸의 면역 조절에 중심 역할을 하고 있는 림프구의 장애이다. 따라서 망가져 있는 림프구들은 비정상적인 성장인자(growth factor)를 분비하게 된다. 이처럼 망가진 림프구를 ATG을 통해 없애거나 감소시켜서 병을 치료할 수 있다.

나. 부작용

오한, 발열, 심한 알레르기 반응(혈압이 떨어지며 일시적으로 호흡부전이 올 수 있다), 피부발진이 있으며 특히 피부 발진의 경우 투약 후 7-10일 경과 후에도 생긴다. 심한 경우 관절통과 관절에 물이 차는 증세도 올 수 있다. 그러나 대부분 해열제 투여 등으로 호전된다. 또한 백혈구 및 혈소판 감소가 발생할 수 있으므로 주기적인 혈액 수치 검사가 필요하다.

2) 자가이식의 경우

(1) 자가이식시 전처치의 원리

골수이식의 경우, 강력한(보통 항암제 치료시의 4~6배의 고량치료) 전처치를 함으로써 완치가 가능하다. 한편 백혈병 치료 또는 항암치료의 경우, 4~6차례의 보통용량의 공고요법 및 항암요법을 투여하여 백혈병 또는 림프종 등 암 치료에 진전이 있게 되나 충분치 않은 경우 종종 재발이 된다.

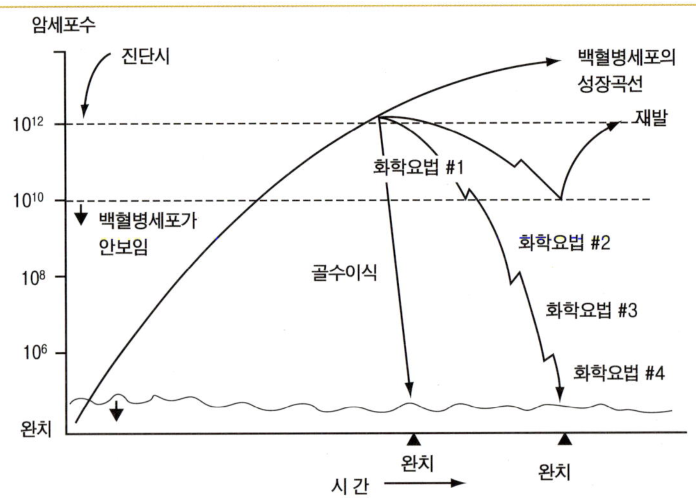

그림 1-13. 1차 화학요법 이후 백혈병세포는 육안에 보이지 않게 되지만 여전히 상당수의 백혈병세포가 남아있게 된다. 따라서 후속 치료(3~4차례 더 화학요법을 하던지, 골수이식을 하던지)가 필요하다. 물론 치료 중에 재발되는 경우도 있게 된다.

(2) 외부에서 뽑힌 골수 또는 말초 조혈모세포의 청소(Purging)

백혈병 또는 암세포 오염을 방지하기 위해 4-hydroperoxy- cyclophosphamide (4-HC) 등 항암제나 면역학적 방법 그리고 물리적인 방법을 이용한 purging(골수청소)을 하기도 하는데 실험실(in vitro)에서는 백혈병 세포 및 암세포의 제거가 확인되고 있으나 이러한 방법으로 이식한 경우 혈구회복기간이 길고, 6개월 내의 조기재발이 관찰된다. 또한 항B림프구 단일클론항체로 purging한 골수를 이용한 자가이식으로 재발율에서 큰 감소가 관찰되지 않고 있다. 실제로 자가조혈모세포이식에서 골수청소가 필수요소가 아니라는 의견들이 있으며 동종골수이식 후에도 재발이 가능하다는 것이 위의 이론을 뒷받침하고 있다. 또한 최근에 대부분은 조혈모세포원으로 가동화된 말초 조혈모세포를 이용하는데 이 경우 과거의 골수조혈모세포의 비해 암세포의 오염이 적은 장점이 보고된 바 있으나, 이는 더 많은 환자에 있어 더 장기간의 임상 추적이 필요하다.

4. 이식편(移植片)대 숙주반응(宿主反應)의 예방을 위한 약제들

비록 골수세포들이 나타내는 조직적합성항원(HLA)이 공여자와 환자가 일치한다하더라도 밖에서 들어간 동종(조혈모세포)세포가 자리를 잡으려면 상당 기간 면역억제요법이 필요하다. 그 대표적인 것들은 다음의 4가지 즉, 싸이클로스포린, FK506, 메토트렉세이트, 스테로이로이다. 각각의 약제들은 ① 환자와 공여자의 조직항원의 일치 정도(즉, 완전일치인가 여부) ② 환자의 나이 ③ 이식 당시 백혈병의 관해인가, 관해가 아닌가 ④ 이식 당시 T-림프구를 포함해서 주입을 했는가 또는 T-림프구를 제외시키고 주입했는가 등에 따라 이식편대 숙주반응을 방지하기 위한 면역억제제의 종류 및 투여기간이 다르게 된다. 즉 조직항원이 일치하지 않는 경우, 나이가 많을수록 이식편대 숙주반응의 빈도는 높아지게 된다.

한편 면역억제 투여기간에 대한 전반적인 원칙은 다음과 같다.

① 환자와 공여자의 조직항원이 완전일치가 아닐 경우: 이식편대 숙주반응의 예방약제를 퇴원 후에 오래 투여하며(대개 6개월까지) 그 이후 9~12개월까지 시간을 들여서 줄여나간다.

② ①의 원리는(완벽히 조직항원이 맞는) 타인이식시에도 적용이 된다.

(1) 이식편대 숙주반응이란?

이는 3부 6장 (1)에서 자세히 다루고 있음.

(2) 이식편대 숙주반응을 예방하기 위해 사용되는 약제들

① 싸이클로스포린(Cyclosporin A, 산디문, 사이폴)

가. 용법

대개 동종이식 하루나 이틀 전부터 정맥으로 3mg/kg(몸무게 1kg 당 3mg) 24시간 동안 주입 펌프를 이용해서 연속 주입을 하게 되며 이식 이후 2~3주 후 생착이(백혈구가 증가)될 때까지 계속된다. 한편, 생착 이후 헐었던 입안이 아물면서 경구 싸이클로스포린으로 바꾸게 된다. 이는 대개 1:3의 비율로(정맥 투여시 양의 3배) 올려서 경구(입)로 투여된다. 대개 400~800mg 정도로 시작한다.

나. 줄여나가는 절차

대개는(형제간 이식을 첫 번 관해시 시행했을 경우) 이식 이후 60~90일 정도에 1주에 약 10~20%씩 먹는 약을 줄여 나간다. 따라서 5~10주 후에는 완전히 끊게 된다. 단, 타인이식시는 6개월까지 계속 유지하다가 7개월 째부터 매주 10%씩 서서히 끊어나간다.

다. 부작용

ㄱ. 고혈압: 흔하게 경험함.

ㄴ. 신장기능부전: 흔하게 경험, 경우에 따라 용량을 줄여야 함.

ㄷ. 몸에 털이 많아짐: 비교적 자주 옴.

ㄹ. 잇몸이 부어 오름: 비교적 자주 옴.

ㅁ. 면역억제에 따라 일반인들에게는 잘 오지 않는 희귀한 폐렴(소위 PCP, 뉴머시스티스성 폐렴)이 올 수 있음. 특히 스테로이드와 병용해서 쓰는 경우 발생할 수 있음.

② FK506(프로그라프, Tacrolimus)

가. 용법

기전은 싸이클로스포린과 비슷하나 그 약의 강도는 싸이클로스포린에 비해 약 100

배 정도 강력한 면역작용을 한다. 따라서 정맥주사시 그 용량은 0.05~0.1mg/kg을 24시간 동안 지속적으로 투입하여 경구약으로 바꿀 때는 그 용량이 0.15~0.3mg/kg을 하루에 투여한다.

나. 줄여나가는 절차

싸이클로스포린과 동일

다. 부작용

전반적으로 싸이클로스포린(사이폴, 산디문)과 비슷하다고 보면 된다.

그 이외에도 올 수 있는 부작용들은 다음과 같다.

ㄱ. 두통

ㄴ. 떨림

ㄷ. 설사/복통

ㄹ. 오심

ㅁ. 고혈압

ㅂ. 빈혈

③ 메토트렉세이트(Methotrexate)

가. 용법

대개 투여하는 때는 이식 후 하루가 지난 후(이를 day 1이라고 함), 3일이 지난 후(day 3), 6일이 지난 후(day 6) 그리고 11일이 지난 후(day 11)이다. 정맥을 통해 투여되며 그 용량은 첫 번(day 1까지)은 15mg/m^2(체표면 면적당 15mg)이지만 나머지 세 번(day 3, 6, 11)은 10mg/m^{2}로 줄여 투여하며 이때 너무 입에 심한 점막염이 발생한 경우에는 day 11의 주입은 생략하기도 한다.

나. 부작용

ㄱ. 피수치 저하

ㄴ. 점막염

ㄷ. 설사

ㄹ. 피부발진

④ 스테로이드(Steroid)

가. 용법

이는 대부분 싸이클로스포린이나 FK506과 함께 투여되며 이식이 준비되면서, 이식일 하루 전부터(day-1) 몸무게 kg 당 0.5mg을 12시간 간격으로 정맥으로 투여가 계속된다.

요약을 하자면;

ㄱ. d-1~ d+27(이식 전날부터, 이식 이후 27일까지): 0.5mg/kg 12시간마다

ㄴ. d+28~d+34(이식 이후 28일부터 34일까지: 0.3mg/kg, 12시간마다

ㄷ. d+35~d+41(이식 이후 35일부터 41일까지): 0.2mg/kg, 12시간마다

ㄹ. d+42~d+48(이식 이후 42일부터 48일까지): 0.2mg/kg, 24시간마다

ㅁ. d+49~d+55(이식 이후 49일부터 55일까지): 0.1mg/kg, 24시간마다

ㅂ. 그 이후는 끊는다.

⑤ 라파마이신(시롤리무스, rapamycin)

가. 용법

cyclosporin이나 taclorimus, methotrexate와 같이 병행하여 쓰기도 하며, 단독으로 사용하기도 한다.

나. 부작용

Cyclosporin과 관계된 신경독성과 신장독성은 나타나지 않고 MTX, cyclosporin사용하는 경우보다 neutropenia기간을 줄이고 idiopathic pneumonia syndrome, VOD(Veno-Occlusive disease, 정맥폐쇄증), mucositis를 줄이는 것으로 나타났다. 그러나 미세혈관혈전승(thrombotic microgangiopathy)의 발생위험이 높으며 고지혈증(hypercholesterolemia, hypertriglyceridemia)가 보고되어 있다.

⑥ MMF(mycophenolate mofetil)

가. 용법

DNA합성을 저해함으로써 면역억제를 나타내는 약제로 cyclosporine이나 methorexate, steroid와 같이 병행하여 쓰는 연구결과가 있다.

나 .부작용

ㄱ.설사, 구토

ㄴ. 호중구감소

ㄷ. 감염: 특히 결핵, 거대세포바이러스, 비정형마이코박테리움(atypical mycobacterial infection), 드물게 뇌수막염, 심내막염이 발생할 수 있다.

5. 골수이식 이후 발생할 수 있는 감염을 예방하기 위한 약제들

골수이식으로 인해 면역기능이 억제되고 회복되는 과정에서 각각의 기간에 따라 다른 종류의 감염이 발생할 수 있게 된다.

(1) 레보플록싸신, 크라비트(levofloxacin, cravit®)

이식 초기 호중구 감소기간 동안 사용하는 광범위 항생제로 대개 막대기 모양의 박테리아 활성화를 막기 위해 사용한다. 부작용으로는 때때로 쇽, 간기능 장애, 황달, 구역,구토, 대장염, 급성 신부전등이 발생할 수 있다.

(2) 플루코나졸, 원플루(fluconazole, oneflu®)

이식 후 약 75일정도까지 진균의 활성화를 막으려고 사용한다. 가장 흔한 부작용은 간기능장애이다. 이외에도 구투, 피부 발진, 투통, 설사 등이 발생할 수 있고 아주 드물게 무과립구증이 발생할 수 있다.

(3) 박트림(Sulfamethoxazol/trimethoprim, septrin®)

뉴머시스티스성 감염(Pneumocysis carini, PCP)은 골수이식 이후 면역기능이 낮아진 기간 동안 올 수 있는 감염으로, 주로 폐렴으로 발현하여 문제를 일으킨다. 이러한 문제를 예방하기 위하여 박트림을 토요일과 일요일 두 알씩 하루 두 번 투여한다. 이 약제에 대한 부작용으로는 오심, 구토, 피부발진, 햇빛에 대한 과미 반응 등이 나타날 수 있다.

(4) 에이싸이클로비르, 조비락스(Acyclovir, zovirax®)

허피스 바이러스(Herpes virus)의 활성화를 막아주는 약제로 전처치부터 생착이 될 때까지 사용되며 생착이 된 다음부터는 약 100일까지 거대세포 바이러스(Cytomeglao virus, CMV)의 방지 목적으로 사용된다.

(5) 겐싸이클로비르, 싸이메빈(Ganciclovir, cymevene®)

거대세포 바이러스(CMV) 혈청 양성인 이식 수혜자에게 초기 예방을 목적으로 사용하기도 한다. 부작용으로는 백혈구, 혈소판, 적혈구 수치의 감소, 발열, 오심, 구토, 설사, 복통, 두통, 발작이 드물게 나타날 수 있으며 신장애가 발생할 수 있다.

표 1-9. 골수이식 이후 각종 균에 대한 예방을 위해 사용되는 약제(정리)

병원균	약 제	투여법
박테리아(Bacteria)	레보플록싸신(크라비트)	하루에 100㎎ 세번
곰팡이(Fungus)	플루코나졸(Fluconazole)	하루에 400㎎ 한번(이식 이후 약 2~3개월)
뉴머시스티스성 감염 (Pneumocystis carinii)	박트림(Bactrim)	2개를 두 번(토, 일 마다) 6개월까지 또는 이식편대 숙주반응이 생겨 스테로이드 치료를 하게 되는 그 기간에 투여해야 함.
바이러스(Virus)		
허피스(Herpes simplex)	조비락스(Acyclovir)	800㎎ 하루 두 번, 이식 30일까지
대상포진 (Varicella zoster)	조비락스(Acyclovir)	800㎎ 하루 두 번 1년까지
거대세포 바이러스 (Cytomegalovirus, CMV)	겐싸이클로비르 (Ganciclovir)	1주에 5 ㎎/㎏ 한 번, 이식 이후 100일까지 (이는 매일 맞아야하는 정맥주사의 불편함 때문에 조비락스로 바꾸어 사용되어지고 있음.)

* 위에서 기술한 것들은 100% 지켜야 하는 원칙이기보다는 전반적으로 추천하는 경향을 기술한 것임(이 약제들의 사용법은 계속 발전하고 있으며 보다 나은 방법으로 바뀌고 있음)

제 2 부

이식을 통과하며…

- 무균실 입원을 위한 준비 및 이식을 시행하는 날("Day Zero") 일어나는 일들
- 무균실에서 생착(生着)을 기다리는 기간동안 생길 수 있는 일들 (이식 이후 약 30~40일까지)
- 자가이식

제 2 부
이식을 통과하며…

1. 무균실 입원을 위한 준비 및 이식을 시행하는 날("Day Zero") 일어나는 일들

1) 무균실로 들어가기 전에 해야 할 일들

다음은 자가 및 동종 이식에 공히 적용이 됨.

(1) 입실(入室) 전 교육

골수이식과 무균실의 입실이 결정되면, 환자와 보호자는 무균실의 간호사로부터 입실 생활에 대한 전반적인 설명 및 주의사항에 대한 교육을 받는다.

무균실 입실은 감염 등의 손상으로부터 환자를 보호하기 위한 격리이므로 환자와 보호자의 적극적인 협조가 필요하다.

표 2-1. 무균실 생활을 위한 준비물품

번호	품 명	규격	필요수량
1	일회용 모자	box(100매)	20매
2	휴지(킴와이프스)	통(100매)	5통
3	일회용 걸레(크루우)	팩(50매)	4팩
4	아이오다인 케이스	box(100개)	50개
5	소독포(Y-wrap) 50 × 50 cm	장	30장
6	소독포(Y-wrap) 75 × 75 cm	장	15장
7	비닐봉지(크린벡)	큰 것	1box
8	치과용 칫솔	부드러운 모	3개
9	치약		1개
10	세수비누	무자극성	1개
11	비누곽		1개
12	전자체온계		1개
13	면팬티(넓은 것)	삶아서	10장
14	수건(큰 것, 작은 것)	삶아서	각각 10장
15	면양말(필요시 준비)	삶아서	10켤레
16	로션	무자극성	1개
17	손톱깍이		1개
18	사기그릇	전자렌지가능, 중간크기	2개
19	보리차(티백용)	box	1box
20	종이컵	묶음(20개)	4묶음
21	물통(열에 강한 것)	열에 강한 것, 1L	2개
22	패드	여성, 필요시 준비	2통

(2) 물품준비

다음은 입실 전 필수 준비 물품 목록이며 무균실에 반입되는 모든 물품은 소독을 하게 되며, 항목에 따라 3일 정도의 소독기간이 소요된다. 소독이 불가능하거나 불필요한 물품의 경우 치료적 환경을 유지하기 위하여 반입을 금한다.

2) 동종이식

(1) 골수 채취/주입

골수 공여가 허락된 공여자의 경우 골수 채취 전날 병원에 입원하게 된다(공여자의 사정에 따라 전날 입원이 불가능한 경우에는 주치의의 허락하에 골수채취 당일 새벽에 수

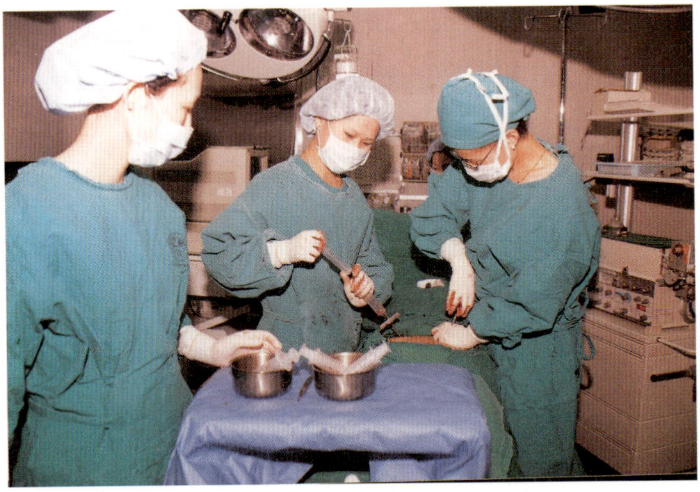

그림 2-1. 골수채취: 두 명의 의사가 엉치뼈에서 전신마취하에 100여 번의 골수천자를 통해 골수를 1Liter 정도 뽑는다.

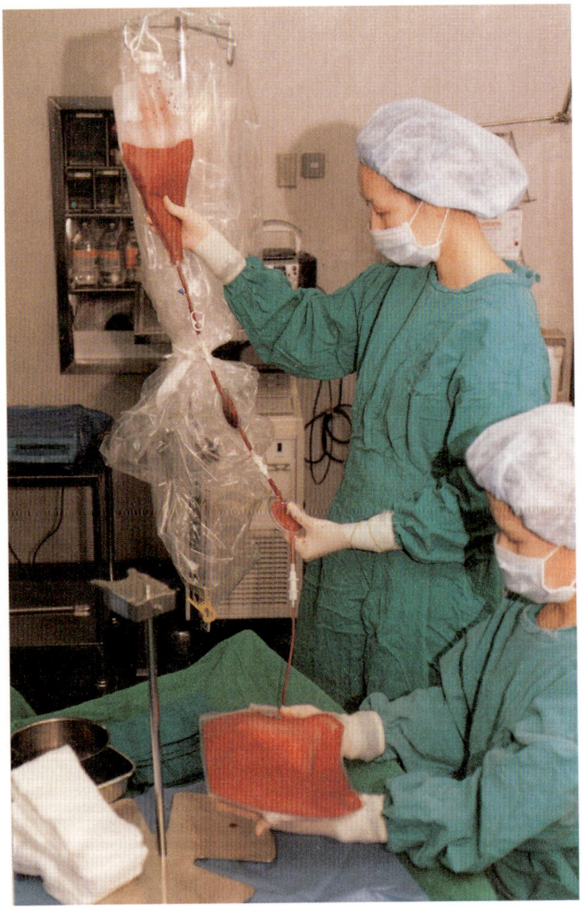

그림 2-2. 골수채취 처리과정: 뽑힌 골수는 뼈의 잔류물 등을 걸러낸 후 환자에게 주입된다. 이 과정에서 환자의 ABO형이 공여자의 ABO형과 다를 경우에는 채취한 골수에서 적혈구(RBC) 성분을 제거하고 난 뒤 환자에게 정맥을 통해 주입하게 된다.

술실 준비실에 오면 된다). 입원 후 마취과팀은 구강을 검진하며 이때 의치는 미리 빼어 둔다. 또한 간호부에서는 털이 많은 사람의 경우 골반부위를 면도한다. 또한 약간의 수면제 및 신경 안정제를 잠자기 전 투여한다.

이식 당일 아침 약간의 신경안정제를 투여하며, 이어 수술실로 내려간다. 전신마취를 하게 되며 약 2시간에 걸쳐 두 명의 의사가 골수천자(骨髓穿刺)용 바늘을 엉치뼈 뒤쪽에 여러 차례 삽입하여 약 1.2~1.5ℓ 를 뽑는다.

골수채취가 진행되는 동안 공여자가 1~2달 전 미리 뽑아서 보관하고 있던 자신의 적혈구를 재주입할 수 있다. 피 손실이 상당히 되는데 젊은 공여자의 경우에는 적색소(헤모글로빈)가 1~2그람 저하된다하더라도 수액으로 피의 부족을 메꾸어 주며 혈압을 유지시켜 줄 경우 큰 문제는 없다.

이렇게 뽑아진 골수는 수술방에서 필터를 이용해 골수에 있는 지방분이나 뼈조각 등을 제거한 후 ABO 혈액형이 환자와 공여자가 같은 경우 그대로 병실로 가져다 주입한다. 그러나 ABO 혈액형이 다른 경우에는 적혈구의 대부분을 골수에서 제거해야 한다(이 과정은 말초 조혈모세포를 뽑는 과정과 동일한 스펙트라와 같은 성분 채취기계를 사용한다).

골수의 주입시에는 일반 피(예, 적혈구, 혈소판)와 같이 정맥을 통해 주입하되 대부분 빗장뼈 아래 있는 중심정맥을 이용하게 된다. 이때 환자에게 스테로이드와 타이레놀 등으로 전처치하여 생길 수 있는 알러지 현상을 막아준다. 1.2~1.5ℓ 의 골수의 주입시간은 30분에서 1시간이 소요된다. 이때 통증 등은 전혀 없다.

표 2-2. 공여자의 나이에 따른 골수의 변화

나이	골수의 양(㎖/㎏)	세포 수(×10^8/㎏)	농도(×10^7/㎖)
〈 10	13	4.5	3.2
10-19	11	2.8	2.6
20-60	10	2.2	2.4
〉 60	9	2.0	2.2

※ 위에서 보는 바와 같이 공여자의 나이가 많아질수록 골수의 모세포수가 떨어지는 경향이 있다. 그러나 이식할 때 2.0 ×10^8/㎏이면 충분하기 때문에 60세 이상의 공여자라도 충분하다.

(2) 말초 조혈모세포 채취/주입

① 조혈 성장 인자를 이용한 방법

조혈성장인자인 G-CSF(필그라스팀, 레노그라스팀)를 몸무게당(kg) 10~12㎍을 공여자에게 매일 피하로 투여하면(마치 당뇨병 치료시 인슐린을 매일 피하에 주사하는 것과 유사) 4~5일째 되는 날 골수에 자리잡고 있었던 조혈모세포가 말초(피)로 튀어나오게 된다. 이때 팔꿈치 앞에 지나는 혈관에서 피를 나오게 하며 Spectra라는 성분채취 기계를 통해 몸 안에 있는 피(대략 5ℓ)를 3번(결국은 15ℓ에 해당) 회전시킨다. 이때 소요되는 전체 시간은 약 4시간이 걸린다. 이렇게 하여 모여진 조혈모세포는 약 250㎖ 정도 된다. 비록 부피는 골수(대개 1.2~1.5ℓ)에 비해 1/5~1/6에 해당하지만 조혈모세포의 양은 골수에 비해서 3~10배에 해당한다.

대개 70%는 한 번 채취하여 하루에 완결되지만, 완결이 안 된 경우에는 두 번째 날, 혹은 세 번째 날까지 연장되는 수가 있다. 이 경우 물론 계속해서 G-CSF를 피하로 맞아야 한다. 이때 전날 뽑힌 조혈모세포는 전산화된 냉동장치를 이용하여 영하 -150℃까지 냉각시킨 후 주입이 필요한 날까지 질소탱크에 보관하게 된다. 골수의 주입과 마찬가지로 조혈모세포는 그대로 환자에게 정맥으로 피처럼 주입된다. 한편 골수와 대조가 되는 것은 말초 조혈모세포의 경우에는 비록 ABO혈액형이 다를 경우에도 따로 적혈구를 추출

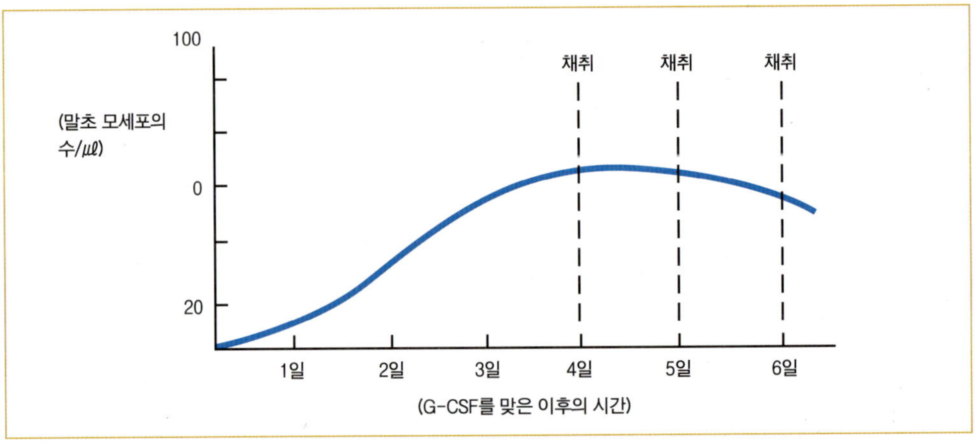

그림 2-3. *G-CSF를 피하주사로 맞기 전에는 조혈모세포의 수가 피(말초) 속에 고작 1-2개/ul가 존재하지만 G-CSF 주사를 4일 동안 맞은 후에는 60개/ul 이상까지 상승하게 된다. 결국 이 시점에서 성분헌혈기계(예, 스펙트라)에 연결시켜 말초혈액(피)에서 모세포를 채집하게 된다.

하지 않고 그대로 주입하는 점이다. 그 이유는 골수와는 달리 뽑혀진 말초 조혈모세포에는 적색소가 약 1/10 가량 밖에 없기 때문이다.

주입시는 일반 피(예, 적혈구, 혈소판)와 같이 주입하되 대부분 빗장뼈 아래 있는 중심정맥을 이용하게 된다. 대부분 스테로이드와 타이레놀 등으로 전처치하여 알러지 현상을 막아준다. 250㎖의 조혈모세포 주입시간은 10~30분이 소요된다.

② 가동화(Mobilization:골수에 있는 조혈모세포가 말초 혈액으로 튀어나오는 과정)의 도식

조혈모세포는 골수 안에 있는 적합한 환경(microenvironment)에 잘 머무르고 있다가 촉진제 또는 화학용법 등의 큰 외부 자극이 오면 더 이상 골수에 붙어있지 않게 되며 내피세포 사이를 빠져나와 말초혈액(末梢血液)으로 나오게 되는데 이 과정을 가동화(可動化, mobilization)라 한다.

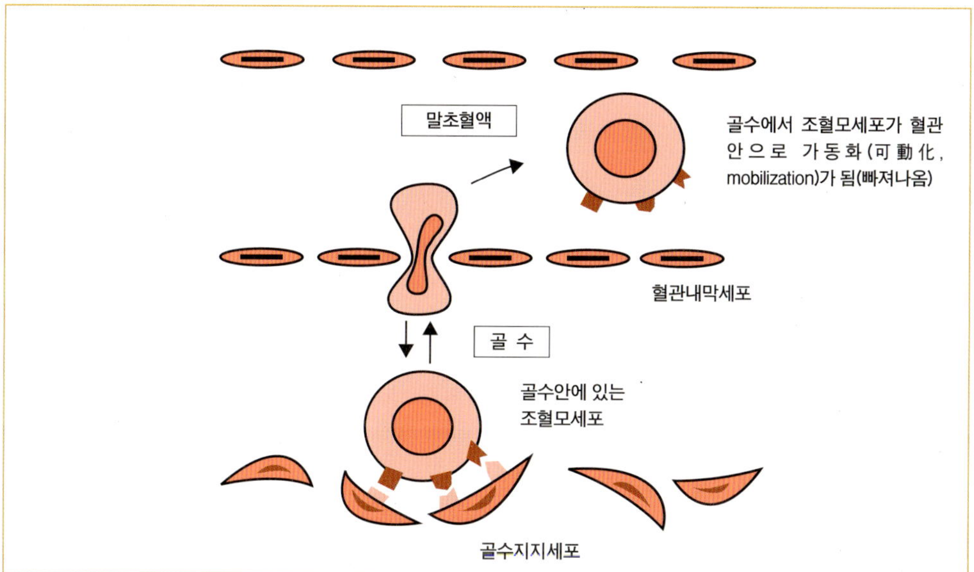

그림 2-4. 골수 속에 있는 CD34+ 인 조혈모세포가 싸이토카인 등의 외부자극에 의해 내피세포를 통과해서 말초혈액으로 나오는 현상의 도식화

(3) 동종 말초 조혈모세포 채취를 위한 G-CSF(조혈 성장 인자)주사의 부작용/말초 조혈모세포 채취시 공여자가 될 수 없는 경우들

주사를 맞은 이후 뼈의 통증 등 나른한 느낌이 마치 감기몸살에 걸린 것 같으며 또한 열이 날 수 있다. 조혈성장인자 피하주사를 수일 맞으면서 백혈구 수가 대개 2~4만/dℓ까지 올라가지만, 드물게는 10만/dℓ 이상 올라가기도 한다. 또한 간기능이 일시적으로 올라가거나 알카라인 포스파테이즈(ALP)가 올라가기도 하지만 촉진주사를 멈추면서 신속하게 정상으로 돌아온다. 또한 아주 드물게 뇌졸증, 뇌출혈 및 정맥폐쇄증이 생길 수 있는데 이는 치명적일 수 있다.

따라서 다음의 사람들은 G-CSF(조혈성장인자)를 맞으며 말초 조혈모세포를 공여하려는 시도를 해서는 안 된다.

① 최근 심장마비를 경험한 사람

② 조절이 되지 않는 심한 고혈압

③ 최근 뇌졸증이나, 뇌출혈을 경험한 사람

④ 최근 정맥폐쇄증을 경험한 사람

3) 자가이식

(1) 골수 채취/주입

동종이식과 동일

(2) 말초 조혈모세포 채취/주입

① 조혈 성장 인자를 이용한 방법

동종이식과 동일

② 항암제 및 조혈 성장 인자를 이용한 방법

연구결과 밝혀진 것은 강도(보통 항암제 투여의 3~5배 정도)있는 항암제(가장 대표적인 싸이톡산이 주로 사용되었지만 최근에는 텍솔, 아드리아마이신, VP-16(에토포사이드), 시스플라틴 등도 가동화에 사용된다)를 투여한 후에는 일단 피의 수치가 상당히 낮아지게 된다(백혈구 〈 500-1000/dℓ). 그러나 약 10~12일이 지나면서 피의 백혈구 수치

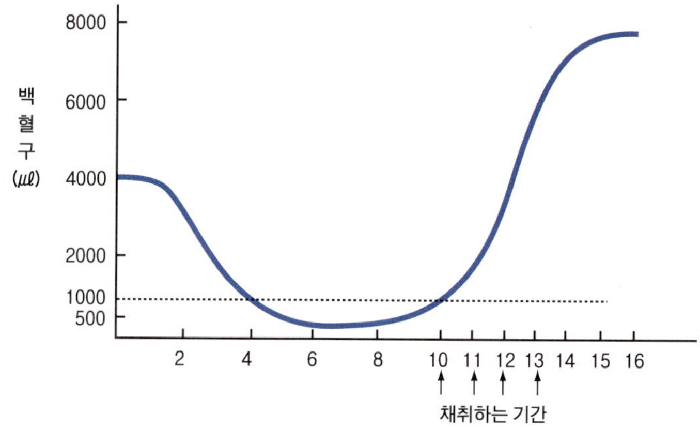

그림 2-5. *싸이톡산 등 항암제를 소위 day 0에 주사한 후 day 4-5(싸이톡산을 투여한 후 4-5일 이후)부터 조혈성장인자를 주사하게 된다. 또한 백혈구수치가 1000개 이상되는 시점인 day 10-12부터는 말초에서 조혈모세포를 뽑게 된다.

가 1000개/㎗ 이상 올라가게 되는데 이때 골수에 있던 조혈모세포는 붙어있는 결합을 끊고 말초로 튀어나오게 된다. 이때 환자의 정맥에 채집기계를 연결하여 위에서 기술한 조혈성장인자를 이용해서 조혈모세포를 채취한 것과 동일한 방법으로 채취하게 된다.

말초 조혈모세포의 주입시에는 일반 피(예: 적혈구, 혈소판)와 같이 정맥을 통해 주입하되 대부분 빗장뼈 아래 있는 중심정맥을 이용하게 된다. 대부분 스테로이드와 타이레놀 등을 전처치하여 알러지 현상을 막아준다. 약 250㎖의 조혈모세포 주입시간은 10~30분이 소요된다.

(3) 항암제 및 조혈 성장 인자를 이용한 자가 말초 조혈모세포 채취시의 부작용 및 유의점

항암제를 강도 있게(보통 화학요법의 5배정도) 투여한 결과, 빠른 속도로 백혈구 수치가 1000개/㎕ 이하로 떨어져서 입이 헐고, 열을 동반한 폐렴, 패혈증, 방광염/신우염 등이 올 수 있다. 또한 혈소판 수치가 2만개/㎕ 이하로 떨어짐으로 인해 폐, 장, 뇌출혈 등이 올 수 있다. 따라서 백혈구가 낮으면서 열(38℃ 이상)이 날 경우(소위 "neutropenic fever")에는 즉시 주치의에게 알려야 함은 물론, 응급실로 수 시간 내에 방문하여 주치의의 진찰을 받아야 한다. 예외적인 경우가 있지만 대개는 입원을 한 후 효과적인 항생제를 신속히(정맥으로) 투여 받아야 하며, 폐, 장, 뇌출혈시에도 즉시 응급실로 들어와서 혈소판 공급을 응급으로 받아야 한다(이 경우 역시, 대부분 입원이 권장된다).

4) 얼린 골수(동종 · 자가) 또는 조혈모세포의 주입(동종 · 자가)

한편 대부분의 동종(형제간이건 타인이건) 이식은 대개 뽑히는 즉시(Day 0, 이식 당일날) 그대로 환자에게 주입하는 것이 통례이지만 간혹 얼렸다가 주입하는 수도 있다. 자가이식을 하기 전 대부분의 경우에는 우선 환자(자가)의 골수나 말초 조혈모세포를 뽑아 DMSO라는 화학성분(5~10%)을 첨가하여 1분에 1℃씩 온도가 내려가게 해서 결국은 -150℃에 도달하게 하여 액체질소 탱크에 보관하게 된다.

환자의 전처치가 다 끝난 뒤 이식 당일(day 0)이 되면, 얼렸던 모세포 백(bag, 주머니)

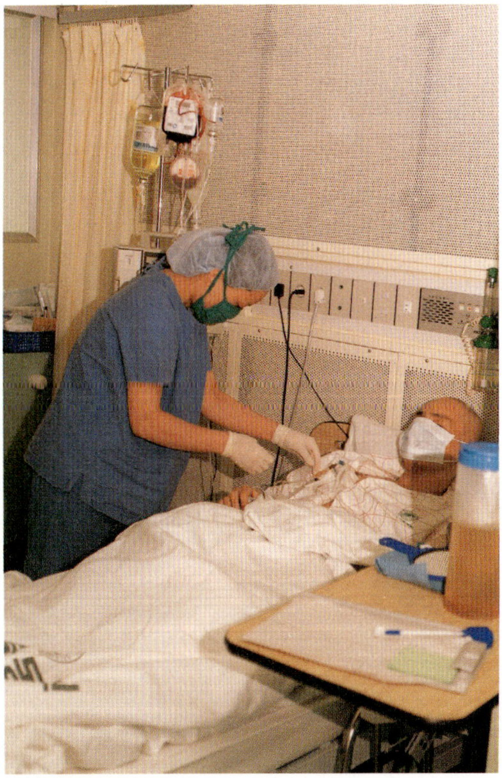

그림 2-6. 동종 또는 자가골수(말초 조혈모세포)주입: 준비된 골수(또는 말초 조혈모세포)는 피를 수혈할 때처럼 정맥이나 중심정맥관을 통해 주입된다.

을 (골수이건 말초 조혈모세포이건) 37℃ 물탱크에 집어넣어 녹이게 된다. 녹이는데 소요되는 시간은 불과 5분 정도이며 녹는 대로 즉시 격리실로 가져오게 된다.

주입 시는 일반 피(예, 적혈구, 혈소판)와 같이 주입하되 대부분 빗장뼈 아래 있는 중심정맥을 이용하게 된다. 대부분 스테로이드와 타이레놀 등을 전처치하여 알러지 현상을 막아준다. 1.2~1.5ℓ의 골수의 주입시간은 30분에서 1시간이 소요된다. 한편 250ml의 말초조혈모세포는 10~30분 정도 걸려서 주입이 완결된다.

2. 무균실에서 생착(生着)을 기다리는 기간동안 생길 수 있는 일들(이식 이후 약 30~40일까지)

이 기간 동안 벌어질 수 있는 일은 아래와 같이 크게 두 가지로 요약이 된다(표 2-3).

표 2-3. 이식 이후 30~40일 지나면서 생길 수 있는 일들

내 용		빈 도
Ⅰ. 점막 및 피부 손상 및 호중구 감소증 (Neutopenia)에 의한 감염들	박테리아균: 그람양성구균들: 특히 Coagulase Negative Staphylococcus, Streptococcus Viridans 그람음성간균 곰팡이류: 캔디다(Candida) 몰드(Mold)(아스퍼질루스, Aspergillus) 바이러스: 허피스(Herpes Simplex) 호흡기계통 바이러스 (RSV: Respiratory Syncytial Virus)	모든 균(박테리아, 곰팡이, 바이러스등)에 의한 감염을 합친 경우 50-70%까지 올 수 있음
Ⅱ. 전처치로 인한 독성들	1. 복합화학 약제들에 의한 부작용	흔함
	2. 점막염	60-75%
	3. 정맥폐쇄증	5-40%
	4. 폐렴	10-20%
	5. 폐출혈	5-10%
	6. 출혈성 방광염	10%
	7. 생착실패	3-10%
	8. 싸이톡산/전신방사선조사에 의한 심부전	드뭄

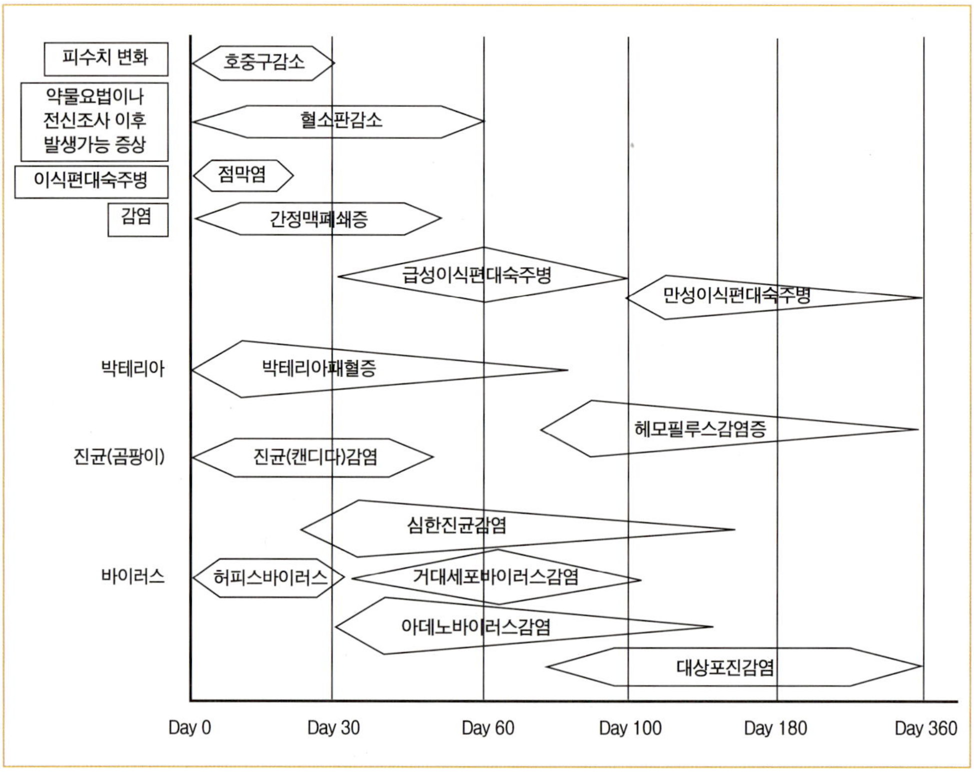

그림 2-7. 골수이식(Day 0) 이후 시간(360일까지)이 경과하면서 발생할 수 있는 부작용들의 요약

1) 생착에 관하여

치료 경험례

42세 여자환우(급성골수성백혈병)는 한국조혈모세포은행을 통해 남자공여자로부터 골수이식을 받았다. 전처치를 시작하며 무균실에 들어갔으며 골수를 부어준 후 이제 14일이 지난 상황이다. 아직 백혈구는 400/ul, 혈소판은 1만/ul 이다.

Q (1) 언제 착상(着想, engraftment)을 판정할 수 있나?

A 아래 (1)을 보시오.

Q (2) 착상을 판정할 수 있는 방법이란?

A 아래 (2)를 보시오.

Q (3) 생착실패란? 생착거부란?

A 아래 (3), (4)를 보시오.

(1) 생착 성공

생착(生着, engraftment) 성공이란 밖에서 들어간 골수 또는 말초 조혈모세포가 환자의 몸 안(골수)에서 뿌리를 내리고 자리를 잡은 그 결과를 말한다. 전형적인 전처치(예; 부설판+싸이톡산) 이후 골수를 주입하고 나서 대개 3주(3일 이상 지속적으로 호중구 >500/μl 이상)가 지나야 생착의 증거들이 보이며, 말초 조혈모세포인 경우에는 2주(호중

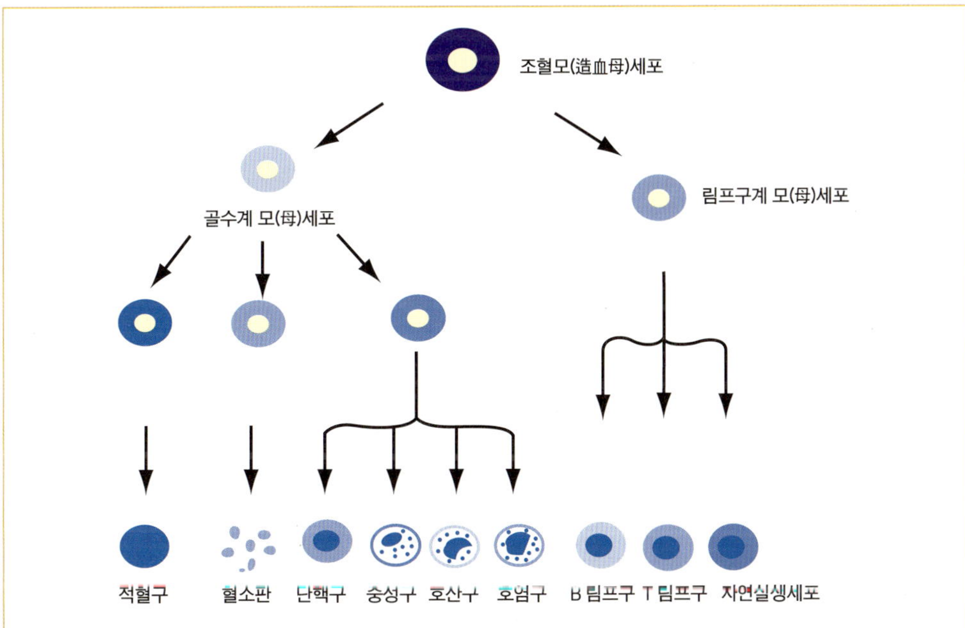

그림 2-8. 골수에 생착한 조혈모세포가 만드는 다양한 피세포들

구>500/㎕)가 지나면서 생착의 증거들이 보인다. 한편 혈소판의 회복은 전형적인 전처치(예; 부설판+싸이톡산) 이후에 시행한 골수이식 이후에는 대개 4주가 지나야 2만 이상(1주간 수혈하지 않고 자체적으로)이 되며 말초조혈모이식인 경우에는 대략 3주 정도 지난 후 2만 이상이 유지된다. 물론 전치치의 종류에 따라 생착의 속도는 달라지게 되지만 환자의 골수를 다 완전히 비우게 하는 myeloablative(골수-완전제거)한 전처치들(예; 부설판 + 싸이톡산, 전신방사선조사(Total Body Irradiation) + 싸이톡산)보다 경한 몇 가지 새로운 전처치 제제(예; 플루다라빈, 아이다루비신, 멜파란, 싸이톡산)의 경우(미니 골수 또는 미니 조혈모세포이식)에는 생착의 속도가 수일 정도 단축될 수는 있다.

밖에서 들어간 조혈모세포는 결국 환자의 골수에 자리를 잡게되며(생착) 다음과 같은 다양한 피세포들을 만든다.

(2) 생착 성공을 확인하는 방법들

① RFLP

모든 사람들에 있어서 DNA가 일정 효소들에 의해 잘라지는 양상이 각기 다르다는 것을 이용하여 구분하는 방법이다.

② VNTR

사람의 손에 지문이 각기 다르듯이 사람마다 특이한 DNA가 반복되는 양상이 다른 점을 이용하여 추적하는 방법이다(최근에는 ①보다 ②를 더 선호함).

③ XY-FISH

이는 남자 환자에게 여자가 골수를 공여한 경우 또는 여자 환자에게 남자가 골수를 공여한 경우, 생착이 성공되면 공여자의 성(性)으로 바뀌게 된다. 이때 형광물질을 성염색체에 붙여서 검사해서 구분하는 세포유전학적 방법이다.

(3) 생착실패

동종이식의 경우 최고 10%의 환자에서 발생할 수 있다. 자가이식의 경우에는 거의(1~3%) 생기지 않는다.

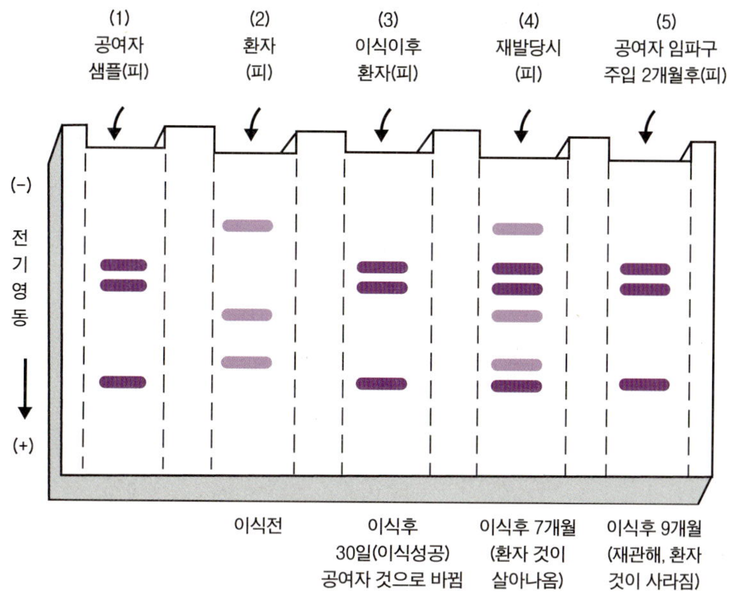

그림 2-9. VNTR의 예. 환자에서 볼 수 있는 이식 전의 양상(2)은 이식 이후(3), 공여자의 양상(1)으로 바뀌게 된다. 한편 재발이 되면서(4), 다시 환자의 것(2)이 살아나게 되지만, 공여자 림프구를 주입한 후 다시 공여자(1)의 양상으로 되돌아오게 된다(5).

① 백혈구 계통의 생착실패

가. 일차 생착실패

이식후 28일까지 호중구 100/$\mu\ell$ 미만에서 회복이 안되는 경우

〈가능한 원인들〉

ㄱ. 전처치가 충분치 않았을 때

ㄴ. 조직항원(HLA)이 일치하지 않았을 때

ㄷ. 이식시 골수(대개 단핵구세포 2×10^8/kg) 또는 말초 조혈모세포의 양(대개 CD34 양성세포 4×10^6/kg)이 충분하지 않았을 때

ㄹ. 환자의 골수(씨앗이 뿌려져 잘 땅에 뿌리는 내릴 때를 비유한다 면 그 토양이 좋지 않을 경우)가 너무 그간의 고강도 치료에 의해 망가져 있을 경우(이는 드문 경우임)

나. 이차 생착실패

처음 생착 이후에 한동안(예, 수개월) 그 수치가 잘 유지되다가 어떤 시점에서 호중구 수치가 감소하여 7일 이상 500/㎕ 미만이 되는 경우

② 혈소판 계통의 생착실패

가. 일차 생착실패

이식후 100일까지 수혈 없이 7일간 50,000/㎕ 이상 유지하지 못한 경우

나. 이차 생착실패

처음 생착 이후에 혈소판 수가 연속적으로 7일 이상 동안 20,000/㎕ 이하로 떨어지는 경우

(4) 생착거부(또는 "2차성 생착실패")에 관해

이는 이식 이후 생착은 잘 되었지만 그 상황이 오래가지 않고 수개월 이후 또는 드물게는 수년 이후에 밖에서 들어간 골수 또는 조혈모세포가 떨어져 나가는 것을 말한다(조직항원이 맞아 시행한 전체 이식의 5% 이하). 그러나 왜 이런 일이 생기는가는 잘 연구가 되어 있지 않다. 다만 가능한 상황으로는

① 백혈병 등 환자(본인)의 병이 재발: 이 경우는 그 지독한 전처치를 했다하더라도 병(백혈병)이 숨어 있다가 고개를 서서히 드는 경우

② 아직도 잘 밝혀지지 않은 면역학적인 이유로 전처치 이후에도 남아있는 환자의 세포(특히 T-림프구)가 외부에서 들어온 골수 혹은 말초 조혈모세포를 밀어내 버리는 것. 이런 현상은 재생불량성빈혈 등에서 볼 수 있다.

③ 골수이식 이후 극심한 바이러스 감염 이후(특히 HHSV6 등) 골수의 조혈모세포가 심한 타격을 받는 수가 있다. 이러한 감염은 대부분 수주 또는 수개월에 걸쳐 회복이 되는 것이 보통이지만, 그렇지 않은 경우에는 치명적일 수 있다.

2) 조혈 성장 인자(造血成長因子) 또는 촉진제(促進劑)에 대하여

골수에 있는 조혈모세포는 여러 조혈성장인자(造血成長因子, growth factor)의 자극

이후 결국 말초혈액으로 튀어나오게 된다. 그 중 세가지 혈구들 즉, 산소를 공급하는 적혈구는 적혈구 조혈성장인자(Erythropoietin, EPO)에 의해서, 출혈시 피를 멈추게 하는 혈소판은 혈소판 조혈성장인자(TPO: Thrombopoietin, IL-11)에 의해서 그리고 감염시 균들과 싸울 수 있는 백혈구는 백혈구 조혈성장인자(GM- CSF, G-CSF)에 의해서 영향을 받으며 또 성숙하게 된다.

아직 임상에서 이식 이후 EPO 혹은 TPO를 쓰는 경우는 그리 흔하지 않으나 감염과 가장 긴밀하게 연관되어 있는 백혈구의 증식, 성숙 및 생착을 위해서 G-CSF(필그라스팀; 그라신, 레노그라스팀; 뉴트로젠)가 널리 사용된다.

(1) G-CSF(필그라스팀; 그라신, 레노그라스팀; 뉴트로젠)의 유용성

그림에서 보는 바와 같이 전통적인 골수이식을 했을 경우 이식 이후, 약 3주가 지나야 백혈구(그 중, 특히 호중구)가 500개/μl 이상 회복을 하며 감염 등의 위험으로부터 안전하게 된다. 한편 전통적인 골수이식 이후 G-CSF를 주사하게 되는 경우에는 백혈구의

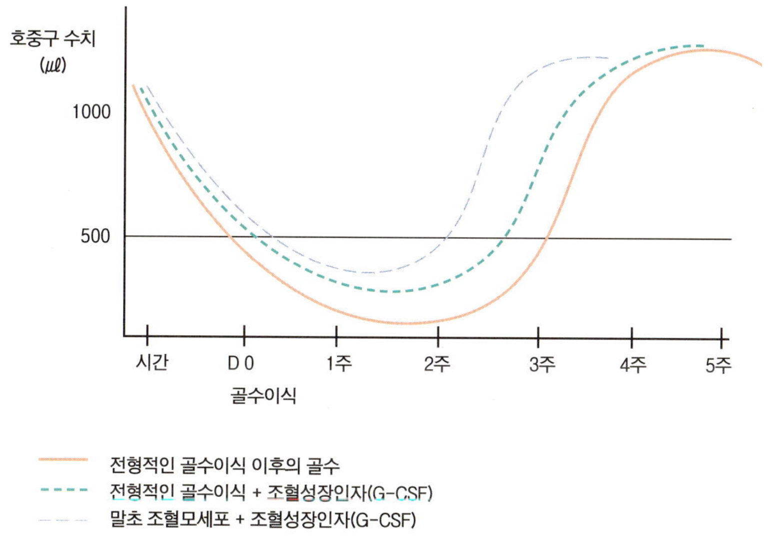

그림 2-10. 골수 또는 말초 조혈모세포이식 이후 조혈성장인자(G-CSF)를 사용한 경우의 백혈구 회복을 도식적으로 나타냄

회복기간을 4~5일 앞당길 수 있게 된다.

또한, 아래 그림에서 보는 바와 같이 골수에 조혈성장인자를 겸해서 투여하는 경우에 그 회복이 단축되며, 말초 조혈모세포를 사용하는 경우에는 골수이식보다 1주 가량 그 회복은 단축될 수 있게 된다.

(2) G-CSF(필그라스팀; 그라신, 레노그라스팀; 뉴트로젠)의 부작용과 그 대처방안

흔히 나타나는 것은 근육통과 피곤한 느낌이며 마치 감기 몸살에 걸렸다는 느낌을 호소한다. 또한 뼈의 통증과 열감이 있으며 또 몸과 얼굴이 붓기도 한다. 드물게 간기능이 손상되는 수도 있다. 이러한 부작용들은 대부분 강도가 심하게 나타나지는 않지만 때로는 심하게 나타날 수도 있다. 이 경우에는 타이레놀(혈소판에 심각한 피해를 줄 수 있는 아스피린은 피해야 함)을 1-2알을 4-6시간마다 복용하면 훨씬 편하게 지낼 수 있다.

표 2-4. G-CSF 주입과 관련된 부작용들

구토 / 오심	57%	숨이 찬 느낌	7%
뼈통증	22%	두통	7%
머리가 빠짐	18%	피부발진	6%
설사	14%	변비	5%
열감	12%		
피곤함	11%		

(3) 조혈 성장 인자(G-CSF)의 의료보험 인정기준

① 골수이식후의 호중구 수 증가촉진(대개 이식 시행 다음날에서 5일후부터)

② 비골수성 악성종양에 대한 항암화학요법을 받고 있는 환자의 호중구 감소증

* 절대호중구 수 500 미만에 투여 시작하여 1000까지 14일 정도 투여

③ 골수이형성 증후군시 호중구 감소증

④ 재생불량성빈혈에 따른 호중구 감소증

⑤ 선천성, 특발성 호중구 감소증

⑥ HIV 감염증 치료에 따른 호중구 감소증

⑦ 말초혈액 중 조혈모세포 채집을 시행하고 있는 환자(현재 자가이식의 경우에만 적용)

3) 실제적으로 생길 수 있는 일들

치료 경험례

50세 남자 환우(만성골수성백혈병)는 56세 누이로부터 동종골수이식을 받았다. 전처치 기간 중에는 심한 구토로 고생하더니 전처치가 끝나면서는 급격하게 수치가 떨어졌다. 때를 맞추어 동종이식(Day0)을 받았지만, 골수이식 제7일(Day7)에 심한 구강 점막염으로 인해 심한 구강통증이 생겼다. 몇가지 구토 억제약(진토제鎭吐劑)으로 구토가 조절되었으며 통증약으로 구강통증이 조절은 되었지만 이번에는 이식 이후 10일(Day10)지나면서 간 주변에 통증, 체중의 10% 이상 증가, 황달 발생 및 복수가 차오르기 시작했으며 소위 간 정맥폐쇄증(Veno-Occlussive Diseare, VOD)이 생겼다.

Q (1) 모든 전처치를 위한 항암제는 반드시 구토를 일으키는가?

A 2부의 표 2-5를 보시오.

Q (2) 구강염/통증, 식도염/통증, 위염/장염 및 항문이 헐었을 때의 대처법은?

A 2부의 표 2-6을 보시오.

Q (3) 간정맥폐쇄증이 생길 경우의 회복과정과 회복율은?

A 그 심한 정도를 몸무게 증가의 정도, 황달, 복수의 정도 및 혈소판의 요구량으로써 상, 중, 하로 나누게 되며「하」인 경우에는 대부분 부작용을 남기지 않은 채 회복이 되지만「중」과「상」의 경우에는 그 치사율이 20%~80%까지 갈 수 있다(2부의 표 2-7을 보시오).

(1) 소화기(消化器)계통의 부작용들

각 약제에 따라 구토의 정도가 다를 수 있으며 다음과 같다.

① 구토를 유발시키는 항암제들

표 2-5. 구토를 일으키는 항암제들

구토의 가능성	약 제
90% 이상	싸이톡산(고용량, 1500㎎/㎡) BCNU 나이트로젠 머스타드 DTIC
비교적 높은 확률 60-90%	싸이타라빈(아라씨, 고용량〉1,000㎎/㎡) 독쏘루비신(〉60㎎/㎡) 메토트렉세이트(〉1,000㎎/㎡) 푸로카비진
중간 확률 30-60%	싸이톡산(보통용량 〈750㎎/㎡) 싸이타라빈(〈1,000㎎/㎡) 독쏘루비신(〈60㎎/㎡) 아이다루비신 마이토잔드론 메토트렉세이트(〈1,000㎎/㎡)
낮은 확률 10-30%	아스파지네이즈 에토포싸이드(VP16) 멜파란 티오테파
낮은 확률 10% 이하	부설판 푸르다라빈 하이드록씨유리아 인터페론 메토트렉세이트(〈50㎎/㎡) 빈크리스틴

* 각각의 화학요법에 사용되는 약제는 그 구토의 빈도가 다름

② 오심/구토(惡心/嘔吐, Nausea/Vomiting)

그 원인으로는 전신방사선조사 또는 항암제로 인한 소화기 장기의 손상, 대뇌부의 자극, 촉각과 후각의 변화 등이 복합적으로 작용한다고 보고 있다.

이에 대한 치료(항구토제)로는 그라니세트론(이는 오래 약효가 지속되어 하루 1번 투여), 온단세트론(하루 두 세 번) 또는 스페로이드로 대개 조절할 수 있다. 특히 그 약효가 지속적으로 오래 유지되는 약제의 개발로 환자에게 훨씬 수월해진 상황이다. 한편, 이에

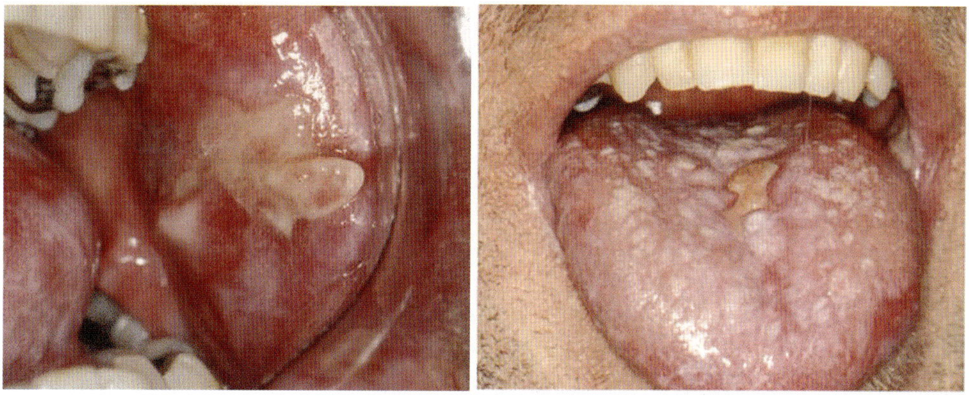

그림 2-11. **구강점막염:망가진 점막을 통해 구강에 있는 각종 균들이 침입하기가 용이하며, 동시에 통증을 동반하게 됨**

조절이 안 될 경우에는 메토클로프라마이드, 디펜하이드라민 및 로라제팜이 첨가됨으로써 대부분 구토의 조절이 가능하다.

③ 점막염(粘膜炎, mucositis)

이식을 위한 전처치 이후 백혈구 수치가 낮아지게 되면서 여러 세포들이 피해를 보게 되는데, 그 중에서도 빠르게 분화하는 세포들이 가장 피해를 본다. 그 대표적인 예가 입, 식도, 위, 장에 이르는 점막이며 결과적으로 점막염(粘膜炎, mucositis)이 발생한다. 이것이 발생할 경우 가장 흔한 증상이란 구강(口腔)점막통증, 입 주위의 부종(붓는 것), 식도에 오는 통증, 위가 헐어서 오는 복부통증, 장점막이 수분과 양분을 흡수하지 못해서 오는 설사/출혈 또한 점막의 방어기능이 심각히 떨어짐으로 오는 장 염증/감염(厭症/感染)이다. 입, 식도, 위, 장 등에 상주하는 많은 균들은 결국 패혈증(피에 균이 들어와 일으키는 심한 감염)을 유발시킬 수 있으며, 심한 경우에는 생명을 위협할 수도 있다.

구강, 식도, 장, 항문의 염증 및 통증에 대한 증상과 치료를 정리하면 다음의 표 2-6과 같다.

표 2-6. 각 장기에 발생하는 염증/통증에 대한 증상과 치료

증 상	대처법
1) 구강염/통증	· 가글(하루 8번 이상) · 성장인자(GM-CSF)를 포함한 가글 : 입안 점막을 신속히 회생시키는데 도움 · 정맥으로 통증약(몰핀) 주입
2) 식도염/통증	· 정맥을 통해 통증약 주입 · 주기적으로 내시경을 실시하여 곰팡이 또는 바이러스의 감염 여부를 구별지어 주어야 함(감염이 있을 경우에는 항곰팡이 및 항바이러스 치료가 필요).
3) 위염/장염	· 정맥을 통해 영양분(하루에 1000-2000 칼로리 정도) 공급 · 헤모글로빈 등이 떨어지는 경우는 위 또는 장 내시경을 통해 출혈의 장소를 조사 · 특히 장염이 심한 경우 설사에 의해 탈수가 심해질 때는 충분한 수분 및 양분 공급
4) 항문이 허는 것/ 통증/감염	· 잦은 설사로 인해 항문이 짓무르는 것을 방지하는 노력이 필요. 따라서 청결하게 해 주어야 함(항문이 짓무를 경우 균이 혈류를 타고 패혈증을 일으킬 수 있음). · 좌욕을 통해 항문 주변의 혈액순환을 향상시킴. · 항문의 통증은 정맥 주사로 몰핀 등을 주입함.

④ 간 정맥 폐쇄증(靜脈閉鎖繪, Veno-Occlussive-Disease(VOD))

정맥 폐쇄증의 심각성을 경함, 중간, 심각함으로 나누게 되며 다음이 그 내용이다(표 2-7).

표 2-7. 간 정맥 폐쇄증(VOD)의 정도

	몸무게 증가	황달(빌리루빈)	복수	혈소판요구량	치사율
경함	7%	5.0	5%	50 units	3%
중간	10%	8.0	16%	80 units	20%
심각함	15%	25.0	50%	100 units	80%

이는 진통적인 동종이식을 통과하는 경우 생길 수 있으며 많게는 50%까지도 생길 수 있다. 대개 이식 이후(Day 0) 1달 이내(대부분 전처치 이후 3주가 지나면서 생착이 될 때까지)에 발생한다. 그러나 드물게는 전처치를 투여하는 중에 즉, 아주 초반에 올 수도 있다.

생기는 이유로는 전처치 약제나 전신방사선조사의 부작용으로 간에 있는 작은 정맥혈관의 내막에 손상이 오게 된다. 따라서 2차적으로 작은 혈관들이 막혀서 그러하다. 한편 동시에 작은 혈관들을 막히게 하는 혈액 응고 체계가 더 활성화되어 악순환이 가중된다.

대표적인 증상으로는 몸무게 증가(종전의 몸무게의 10% 이상), 황달, 복수 및 간 부위의 통증이다. 더불어서 올 수 있는 증상으로서는 신장부전, 폐부전이 오며 나중에는 심장

을 포함한 여러 장기가 동시에 망가지게 된다. 이 경우는 치명적일 수도 있다.

그러나 간 정맥 폐쇄증은 동종이식을 지나면서 사용하는 다른 약제에 의한 부작용과 구분해 주어야 한다. 즉, 사이클로스포린, 메토트렉세이트 등에 의해서 몸무게가 늘며, 황달이 생길 수 있기 때문이다.

한편, 다음의 요소들이 있는 사람의 경우 특히 정맥 폐쇄증이 잘 동반될 수가 있으니 유의해야 한다.

가. 이식 전에 B형 간염을 앓았던 사람

나. 전통적인 이식을 위한 전처치를 할 경우, 즉 부설판(Busulfan), 특히 전신방사선조사가 사용된 경우(또한 림프선 종양환자의 경우 간 부위에 방사선조사를 이식 이전에 받았던 사람은 더욱 유의해야 한다)

다. 형제간이지만 조직항원이 완벽하게 맞지 않을 경우와 조직항원이 완벽하게 맞는 상황에서 시행된 타인이식의 경우

일단 VOD가 형성이 되면 효과적인 치료는 아직 이렇다 할 것이 없어서 안타까운 실정이다. 중요한 것은 보조요법, 즉 너무 몸에 수분이 축적되지 않도록 이뇨제를 사용하며 패혈증을 막는 항생제, 항곰팡이제 및 혈소판 수혈 등이 주종이다. 한편 완벽하게 검증이 되지는 않았지만 다음의 치료를 시도해 보기도 한다.

- 낮은 용량의 헤파린(Low Dose Heparin)
- 프로스타글란딘(PG-E)
- 혈전용해제(tPA, tissue Plasminogen Activator)
- 간정맥 우회술(Hepatic vein shunt)

(2) 각종 감염들

이식 후 생착이 될 때까지 감염의 위험이 증가하므로 환자나 의료진은 감염의 예방이나 발생에 신경을 많이 쓰게 된다. 이식 후 감염을 유도하는 가장 중요한 요소들로서는 전처치 약제들에 의한 구강 및 위장관 점막과 피부의 손상, 그리고 백혈구감소(백혈구 1000개/㎕ 이하, 특히 호중구 500개/㎕)이다. 이식 후 포도알균(staphylococcus)과 사슬알균(streptococcus)과 같은 그람양성균, 그람음성의 간균(bacilli), 곰팡이류(특히 캔디다와 몰드(아스퍼질러스)) 및 바이러스(단순포진 바이러스, RSV 바이러스, 인플루엔자 바이러

스) 등이 감염의 주된 원인균이다.

결국 정상인에게는 문제가 되지 않는 것이지만 이식을 통과하는 환자의 경우에는 전처치 등으로 심하게 혈구 수치(특히 백혈구 및 호중구)가 낮아져 있다. 또 외부에서 들어간 골수(또는 말초 조혈모세포)가 나중에 갈등(이식편대 숙주반응)을 일으키지 않게 방지하는 면역억제제가 들어가기 때문에 위에서 언급한 여러 균들이 각종 감염 및 패혈증(피에 균들이 돌아다니는 상황)이 잘 올 수 있다.

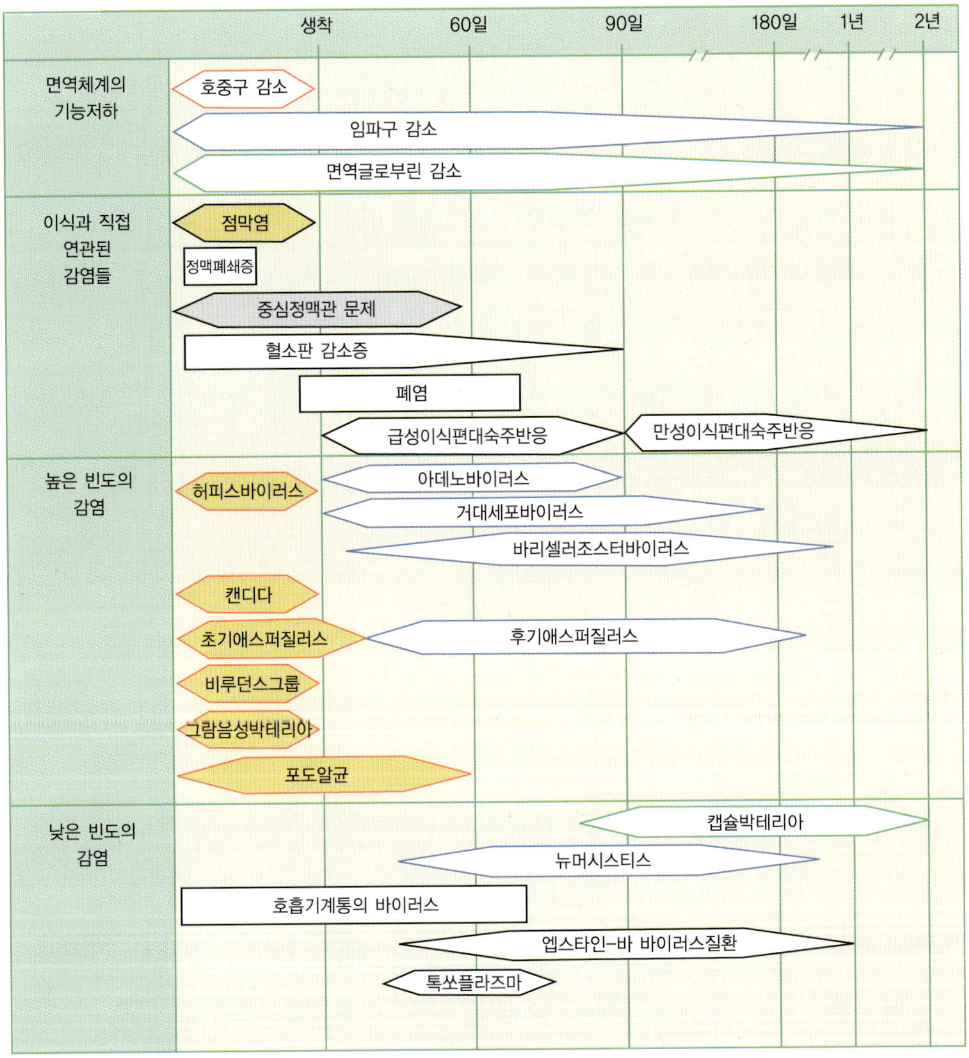

그림 2-12. 조혈모세포이식 후 환자에서 시기별로 발생할 수 있는 기회감염

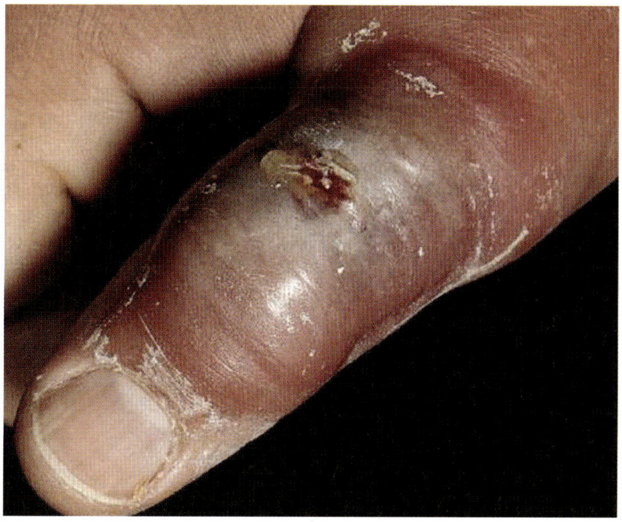

그림 2-13. 세균에 의한 피부감염: 미세한 찰과상 이후에도 균들이 침입하여 조직염을 일으킴

① 세균감염 (Bacterial infection)

전처치를 위한 항암제는 주로 급속히 분열하는 세포, 특히 골수조혈모세포와 점막의 상피세포에 작용하여 범혈구감소증과 점막에 의한 감염원으로부터의 보호막의 파괴를 유도함으로써 환자가 감염에 취약하게 된다. 최근 전처치 항암제의 투여가 다양한 방법으로 이루어 지는데, 항암제의 강도에 따라 호중구 감소기간 및 감소정도가 다르고, 점막손상의 정도가 달라짐으로써 세균감염의 빈도도 다양하게 나타난다.

이식 후 생착이 되기 이전에는 호중구가 감소되어 있어 매우 면역이 떨어지게 되는데, 이때 발열환자의 50-60%는 감염에 의한 것이다. 이식 후 세균감염의 90%는 호중구가 100 /㎕ 이하인 상태에서 발생한다.

이식기간 동안 예방적 항생제 사용과 최근의 항생제의 발전, 그리고 저강도전처치 조혈모세포이식 등의 발전으로 감염의 조절이 향상되고 감염의 위협이 조금씩 감소하고 있으나 여전히 이식환자의 주요한 위협요소이며, 최근 들어 강력한 항암치료에 의한 점막염의 증가 및 정맥관 도관의 사용의 증가, 예방적 항균요법의 광범위한 도입으로, 세균감염의 원인균의 빈도가 1980년대 후반을 기점으로 그람음성균가 가장 흔하였던 것이 그람양성균의 빈도가 증가하면서 이식환자 감염의 중요한 원인균으로 대두되고 있다.

그람음성균(Gram-negative bacteria)은 호중구감소 기간동안 가장 감염독성이 강한 세균이고, 과거에는 가장 환자를 괴롭히고 죽음에 이르게 하는 주요한 원인균이었다. 그러나 과거에는 세균감염의 70%를 차지할 정도로 대부분의 세균감염은 그람음성균이 빈도가 높았으나, 지난 20년 동안 약 30% 정도로 그 감염 빈도가 감소하고 있는 추세이다. 이식 시 가장 문제가 되는 그람음성균은 대장균(*Escherichia coli*), 클레브시엘라균(*Klebsiella* spp.) 그리고 녹농균(*Pseudomonas aeruginosa*) 이다. 최근 들어서는 *Acinetobacter* spp., *Stenotrophomonas* spp., *Alcaligenes xylosoxidans*, *Serratia* spp., *Legionella*, 그리고 *Burkholderia* spp. 등 새로운 그람음성균의 감염이 점차 증가하고 있다. 그람음성균은 일반적으로 손상된 장점막을 통해 유입되지만, 항문주위 열상, 피부손상부위를 통해서도 균이 유입이 가능하다. 간혹, 정맥도관을 통해서 균이 들어오기도 한다.

그람양성균(Gram-positive bacteria)은 최근 들어서 그람음성균의 감염빈도를 넘어서 이식후 호중구감소 기간동안 가장 흔한 감염 원인균이 되었다. 약 25년 전만 하더라도 전체 세균감염의 약 30%정도를 차지하였으나, 최근에는 세균감염의 70%까지 그 감염 빈도가 증가하였다. 그 이유는 이식 시 예외없이 사용되는 중심정맥관에 의해 그람양성균의 감염이 늘었으며, 그람음성균에 대한 예방적 항생제의 사용이 그람음성균의 감염은 줄이고 상대적으로 그람양성균의 증식을 증가시켰기 때문으로 이해되고 있다. 주요 침투경로는 피부상재균의 도관을 통한 침범과 장점막 특히 구강점막의 손상부위를 통한 침투가 가장 중요한 감염경로이다. 포도알균(*Staphylococcus epidermidis*, *Staphylococcus aureus*), α-용혈성 사슬알균(α-hemolytic streptococci), 그리고 *Corynebacterium* spp.가 주요한 원인균으로 알려지고 있다.

생착 이전의 호중구 감소기간에 발열이 있게 되면 세밀하게 발열의 원인을 파악한 후에 즉각적인 광범위 항생제의 투여가 필요하며 항생제 투여 후 4-7일 동안 열이 떨어지지 않거나 일단 떨어졌다가 다시 열이 나면 경험적으로 항진균제를 투여 하여야 한다. 이 시기의 발열 시 환자의 구강 내 점막과 도관 삽입부위, 그리고 회음부 및 항문주위에 감염원인이 될 만한 병변이 없는지 살펴보아야 하며, 30분 간격의 2쌍 혹은 3쌍의 혈액배양과 감염 의심부위에 대한 배양검사를 진행한다. 세균과 진균에 대한 배양이 모두 반드시 시행되어야 한다. 자세한 문진과 신체검사를 시행하고, 호흡기 증상과 증후가 있는 경우에는 흉부 단순촬영을 하여 발열의 원인을 찾아야 한다. 혈액배양 시 반드시 한 쌍의 배양은 말초정맥에서 혈액을 채취하여 검사하고, 나머지들은 도관에서 뽑은 혈액을 이용하여 배양을 진행하게 된다. 원인균 진단을 용이하게 하기 위해 한 배지당 20-30ml 의 혈액을 뽑아 검사하는 것이 권고되고 소아의 경우 약 5ml, 2세 미만의 영아의 경우에는 약 2ml 의 혈액으로 배양을 진행한다. 모든 진단을 위한 검사가 시행되고 나면, 결과가 나오기 전이라도 경험적인 항생제 치료가 즉시 이루어져야 한다.

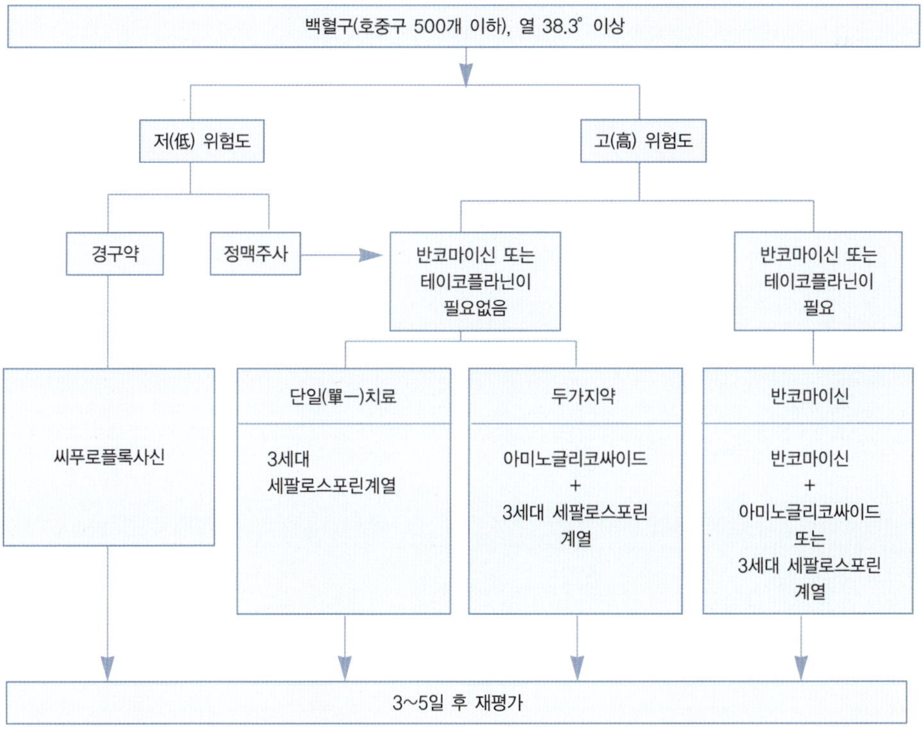

그림 2-14. 호중구 감소 발열 시 항생제 투여지침

만약 경험적 항생제 치료로 해열이 되고 증상이 호전되면 호중구 감소가 회복(호중구 500 /㎕ 이상이 연속 2일간 유지될 때)될 때까지 그대로 투여한다. 간혹 감염의 증거가 없는 경우 해열되고 증상이 사라지면 호중구가 회복되기 전이라도 항생제 투여를 중단하는 경우도 있지만, 주의가 필요하며 적어도 7일간 발열이 나타나지 않는 경우에만 항생제 투여의 중단을 시도하는 것이 좋다.

경험적 항생제 치료로 해열이 되지 않는 경우에는 증상의 악화의 증거가 없고 감염의 증거가 없는 경우에는 그대로 항생제를 유지하면서 주의 깊게 환자를 살펴보게 되나, 감염의 증거가 있거나 증상이 악화되면, 각각의 상황에 맞게 항생제를 조정하여야 한다. 경험적 항생제 투여 후 3일이 지나도 해열이 되지 않고 원인균도 밝혀지지 않으면, 항생제를 다른 약제로 바꾼다. 점막손상이 관찰되거나, 40도 이상의 고열, 혹은 도관 삽입부위의 감염, 저혈압 등이 동반되는 경우에는 그람양성균에 대항하여 반코마이신이나 테이코플라닌을 추가하는 것이 좋다. 5일 이상 지속적으로 발열이 되면서 호중구가 회복되지 않으면 진균감염의 고위험군이므로 항진균제를 추가로 투여한다.

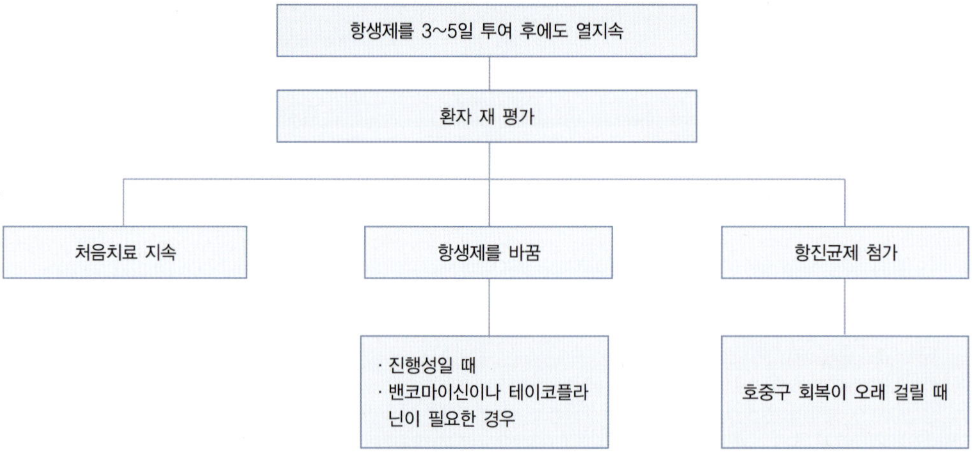

그림 2-15. **호중구 감소 발열 시 경험적 항생제 투여 후 3-5일에도 원인균의 발견없이 지속적인 발열이 있는 경우 치료지침**

거의 대부분의 이식 환자들은 중심정맥도관을 가지고 있다. 따라서 도관감염이 흔하게 발생하는데, 이 경우에 어떤 조치를 취하여야 하는지 아래 그림에 도식화하였다.

여러 항생제에 내성을 가진 균에 감염이 되었거나, 여러 항생제를 투여함에도 불구하고 감염증이 진행되는 경우에는 호중구 수혈(granulocyte transfusion)을 함으로써 도움이 될 수 있다. 과거에는 호중구를 채집하는 기술이 발전하지 못하여 채집되는 호중구 수가 상대적으로 적어 호중구 수혈에도 감염증 치료에 큰 도움이 되지 못하였으나, 최근 채집기술의 발달과 부신피질호르몬제, 조혈촉진제 투여로 인해 채집되는 호중구수가 증

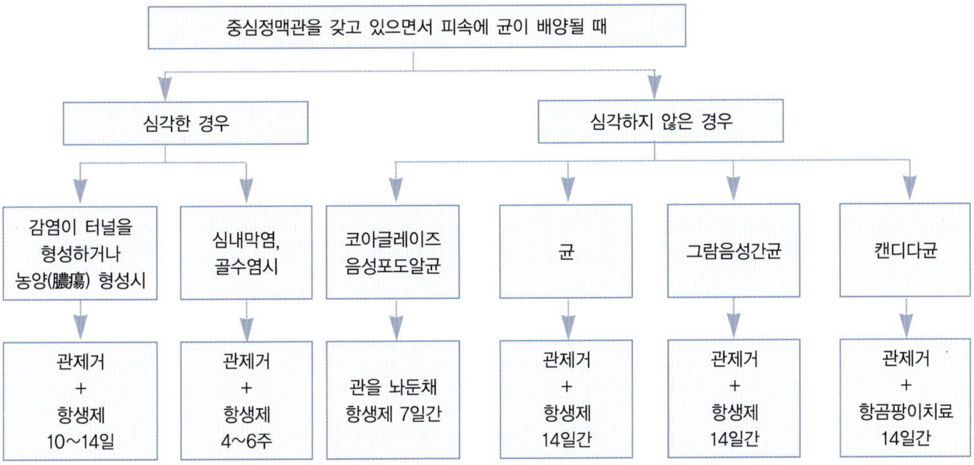

그림 2-16. 중심정맥관 혹은 수술로 심어놓은 정맥주사장치에 의한 감염 시 치료지침

가함으로써, 많은 수의 호중구를 수혈하는 것이 중증 감염증의 조절에 도움이 될 것으로 기대가 되고 있다.

② 곰팡이류(진균, Fungus)

침습성 진균 감염증(Invasive fungal infections)은 동종조혈모세포이식 후 감염에 의한 사망의 가장 많은 원인을 차지하고 있으며 그 빈도도 증가하고 있다. 진균감염의 원인균은 크게 효모균(yeast)와 곰팡이균(사상균, mold)로 구분할 수 있는데, 효모균의 하나인 칸디다(candida spp.)와 사상균의 하나인 방선균(아스퍼질러스, aspergillus spp.)가 이식 후 발생하는 침습성 진균 감염증의 80% 이상을 차지하고 있다. 이식을 시행한 환자의 약 8-15%의 환자는 침습성 진균 감염증이 발생한다고 알려진다. 최근 들어 이식 시 진균감염증을 예방하기 위하여 전처치 시작시기부터 플루코나졸이라는 항진균제를 투여하므로 칸디다 감염증은 점차 감소하고 있는 추세이다. 동종이식 후 진균 감염 후 침습성 방선균증(invasive aspergillosis)로 진행하는 경우에는 적극적인 항진균제 투여에도 사망률이 85-90%에 육박할 정도로 대단히 위험하므로, 이식 환자의 발열 시 진균감염에 대해 항상 주의를 기울여야 한다.

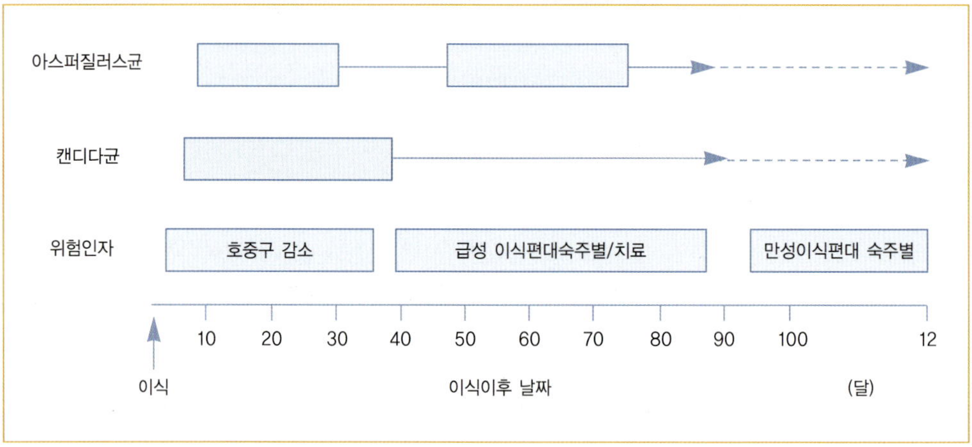

그림 2-17. 이식 후 시기별 진균 감염의 위험

가. 칸디다 감염 (Candidal infection)

칸디다는 피부, 기도, 구강점막, 소화기관 및 비뇨기관에 정상적으로 살고 있는 정상상재균이며, 병원환경, 음식 등의 주변환경에도 존재한다. 조혈모세포이식을 받는 환자의 경우 점막염, 호중구감소증, 이식편대숙주질환, 요로 및 생식기감염, 광범위 항생제의 투여, 총비경구영양(total parenteral nutrition), 중심정맥관 삽입 등 칸디다균이 침입이 용이한 상황이 많아 문제가 될 수 있다. 조혈모세포이식 후 칸디다 감염의 빈도는 10-25% 정도로 알려지나 칸디다혈증(candidemia)로 진행하는 경우 사망률은 39%, 간, 비장, 중추신경계 등 여러장기를 광범위하게 침범하는 파종성 칸디다증(disseminated candidiasis)의 경우 50-90% 까지 사망률이 매우 높다.

대부분 *Candida albican* (52-64%)이 칸디다 감염의 가장 흔한 원인균이지만, *Candida tropicalis* (11-25%), *Candida parapsilosis* (7-24%), *Candida glabrata* (8-20%), *Candida krusei* (1-5%) 의 순으로 감염원인이 되고 있으며, 그 중 *Candida glabrata* 와 *Candida krusei* 의 경우 칸디다 감염의 치료제인 플루코나졸(fluconazol)에 내성을 가지고 있어 문제가 될 수 있다.

칸디다 감염증의 임상양상은 각종 장기의 점막이나 표피에 감염이 되는 국소성 칸

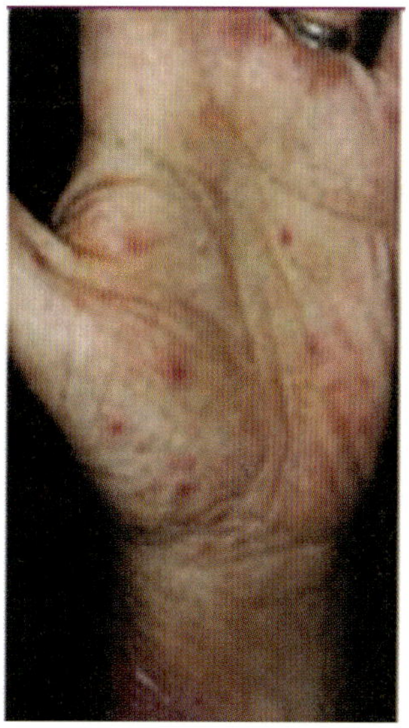
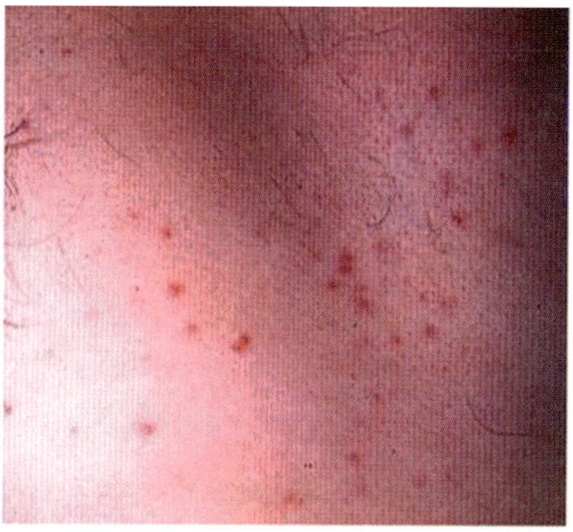

그림 2-18. 파종성 캔디다증

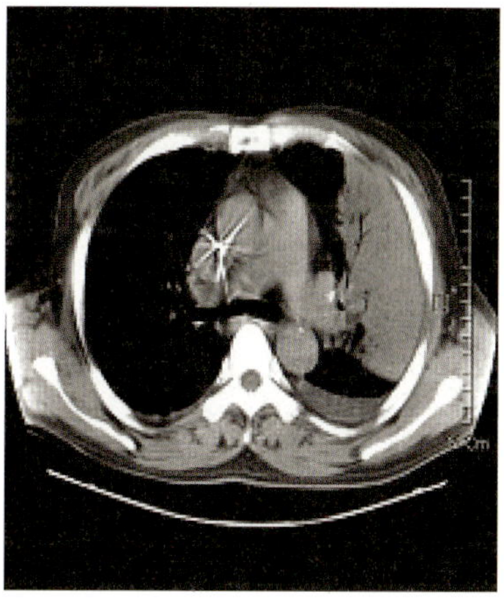
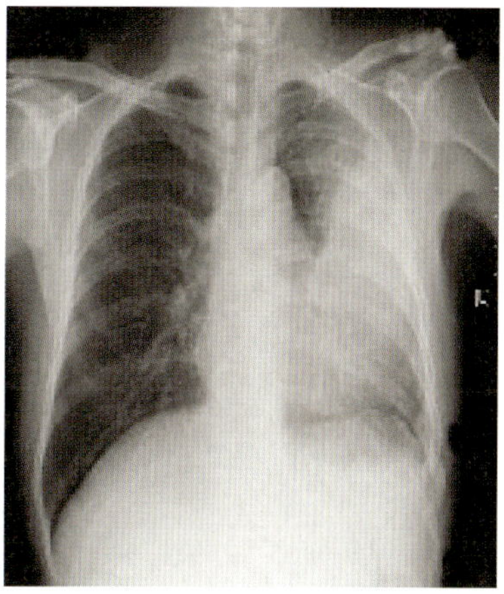

그림 2-19. 파종성 캔디다증: 왼쪽 폐에 폐렴이 와 있으며, 호흡부전이 대개 동반됨.

디다 감염과 혈액에 칸디다가 배양되는 칸디다 혈증, 간이나 비장 등 장기에 침범하는 되는 만성파종성 칸디다혈증(chronic disseminated candidiasis, 간비장 칸디다증(hepatosplenic candidiasis)라고도 함)과 같은 파종성 칸디다증의 형태로 나타날 수 있다.

이식받은 환자에서 전신감염증으로 진행 시 사망률이 매우 높아 이를 예방할 목적

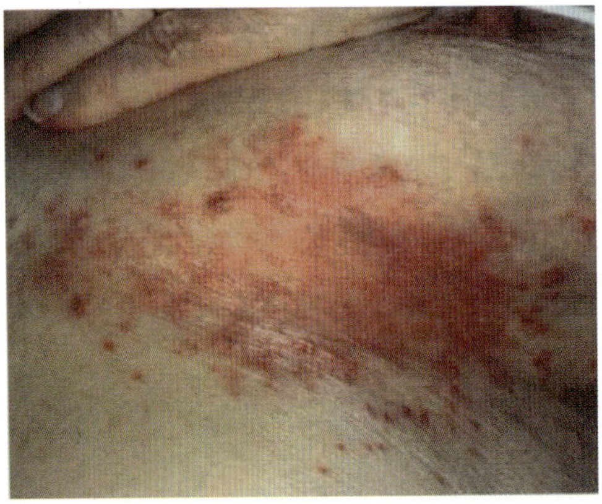

그림 2-20. 캔다디 피부염: 피부가 겹치는 부위에 특히 잘 발생함

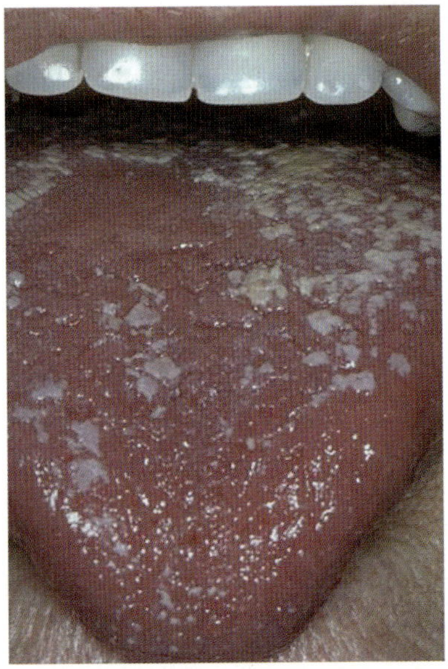

그림 2-21. 캔다디성 구내염: 심한 당뇨병 환자에서 간혹 볼 수 있는 이 현상은 이식이후 백혈구가 회복될 때까지 비교적 흔함

으로 조혈모세포이식 시에는 플루코나졸을 예방적으로 투여하고 있으며, 그 결과 칸디다 감염의 빈도가 감소하였으며 이로 인한 이식 후 100일 이내 사망률도 감소하고 있다. 전신성 칸디다증의 일차치료는 암포테리신-B(훈기존) 혹은 liposomal 암포테리신-B(암비솜), 플루코나졸 등으로 치료하며, 최근에 시판된 caspofungin(칸시다스)이라는 약제도 좋은 효과를 나타내고 있다.

나. 방선균 감염 (아스퍼질러스균, Aspergillus infection)

방선균은 우리의 생활 환경에서 쉽게 발견될 수 있는 진균으로 부식된 초목, 토양, 헛간, 퇴미더미에서 많이 발견되고, 실내화분, 후추, 양념, 수도배관 등을 통해서도 노출이 가능하다. 주로 문제를 일으키는 방선균은 *A. fumigatus, A. flavus, A. niger, A. terreus,* 그리고 *A. nidulans* 등이다.

방선균증(Aspergillosis)은 여러 형태의 임상 상으로 나타나지만 침습성 방선균증(invasive aspegillosis)는 호중구감소증 환자와 이식환자에서 두 번째로 흔한

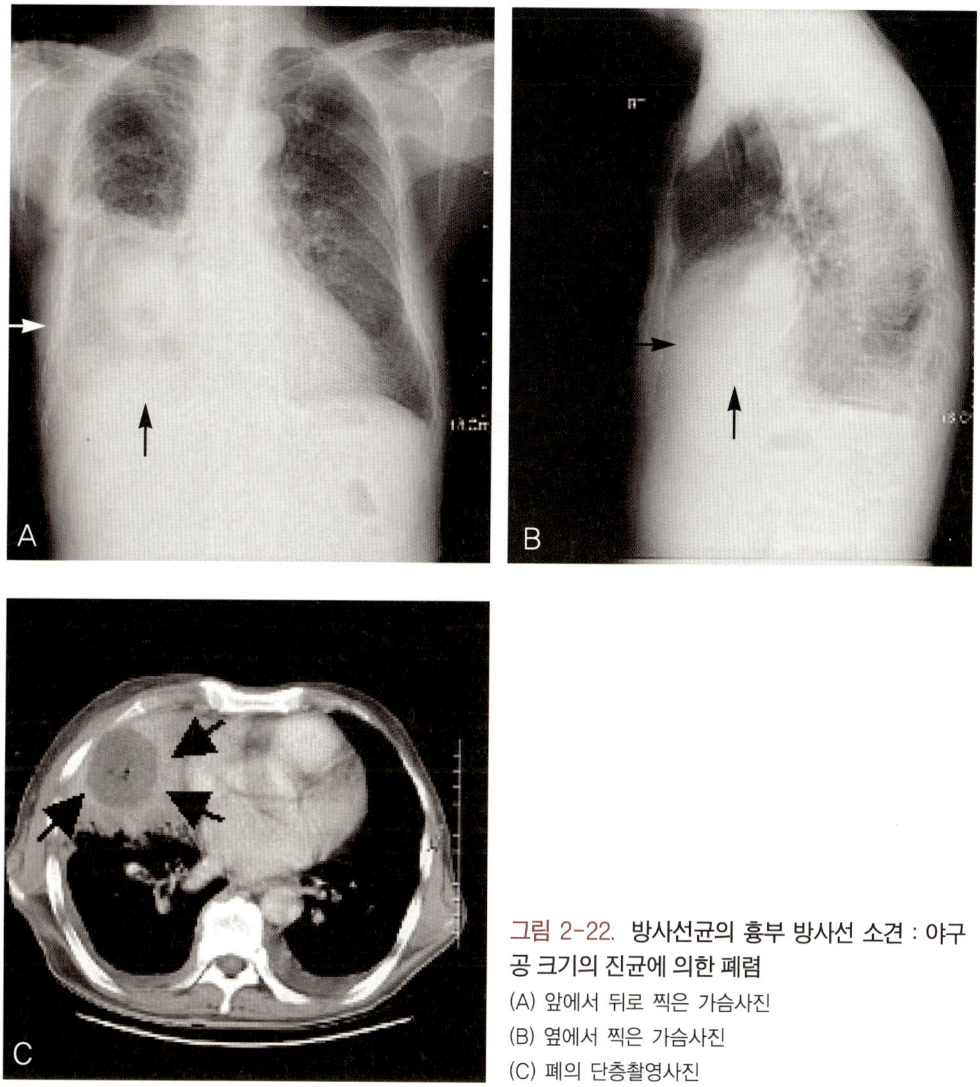

그림 2-22. **방사선균의 흉부 방사선 소견 : 야구공 크기의 진균에 의한 폐렴**
(A) 앞에서 뒤로 찍은 가슴사진
(B) 옆에서 찍은 가슴사진
(C) 폐의 단층촬영사진

기회 진균감염증으로, 모든 백혈병환자의 10~25%에서 발생되며 혈액종양센터와 이식센터의 주된 사망원인 중 하나이다. 골수이식 후 약 6%에서 발생하는 것으로 알려진다. 방선균 감염의 주된 위험인자로는 고령, 급만성 이식편대 숙주질환, 면역억제제의 사용과 호중구감소증이다. 호흡기가 방선균의 주된 침입부위 이므로 폐렴과 부비동염의 형태로 주로 나타나게 된다. 백혈병 혹은 이식 환자에서 발생한 방선균증의 약 30% 정도가 파종성 방선균증(disseminated aspergillosis)로 진행

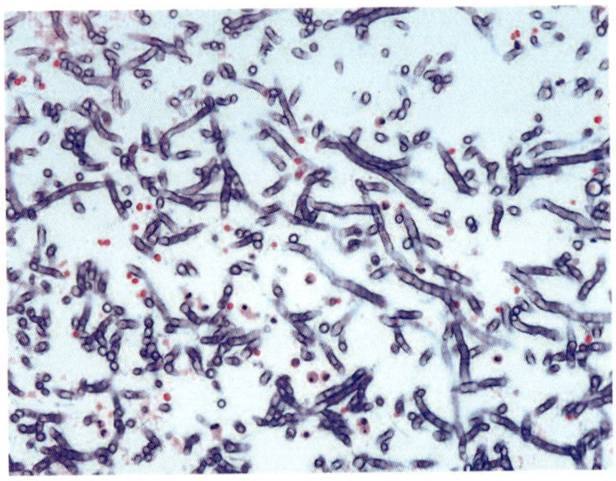

그림 2-23. 방선균의 도말소견: 문제의 부위에서 긁어서 현미경 slide에 놓고 관찰시 보임

할 수 있는데, 이 경우 뇌와 위장관을 침범하는 경우도 있다. 침습성 방선균증의 확진은 조직의 균사소견과 배양검사를 통해 방선균을 발견하면 가능하나, 환자의 상태가 불량하고 면역이 매우 떨어져 있어 조직검사를 시행하기가 어렵고, 배양검사를 하였다고 하여도 모두 균이 발견되는 것이 아니므로 어려움이 많다. 최근 방선균 감염 초기에 혈액내 항원과 DNA를 검출하는 방법이 개발되어 신속한 진단과 치료에 도움이 많이 되고 있는데, 갈락토마난(galactomanann) 검사가 그 중에 하나이며, 점차 우리나라에서도 검사가 도입되고 있는 중이다. 암포테리신-B(훈기존) 혹은 liposomal 암포테리신-B(암비솜)과 스포라녹스 등으로 치료하며, 최근에 시판된 보리코나졸(voriconazol, Vfend), caspofungin(칸시다스) 에 의해 비교적 치료가 된다.

다. 침습성 진균감염증의 진단

침습성 진균감염증이 있는 경우 일반적인 증상이나 증후는 일반적인 감염과 비슷하므로 진균감염증을 진단하기 위해서는 배양검사, 혈청학적인 검사, PCR 검사, 방사선 검사가 필요하다. 일반적으로 이식 후 발열 시 시행하는 혈액 배양검사의 경우 양성으로 나오는 경우가 드물다. 이식 환자에서 폐렴이 발생할 때 진균 감염 여부를 판별하기 위해 기관지 내시경을 통해 폐포세척액을 얻어 진균배양을 하는 수도 있는데, 만약 배양에서 양성으로 나오면 진균감염에 대한 강한 단서를 제시하지만, 음성으로 나오는 경우가 많으며 음성이어도 진균감염을 배제할 수가 없다. 대개는 조직검사를 시행하여 균사소견과 조직배양 시 진균이 검출되면 확진할 수

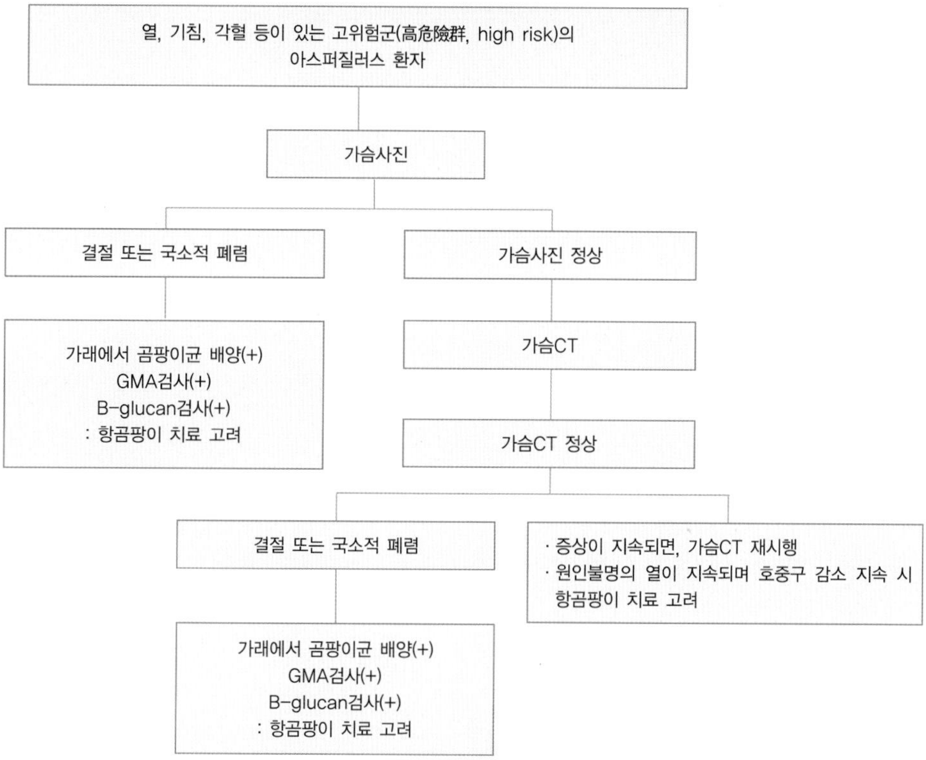

그림 2-24. **침습성방선균증 (Invasive aspergillosis)가 의심되는 경우 진단적 접근**

있다. 하지만 이식 후 환자 중 많은 수는 조직검사를 하기가 어려울 정도로 기력이 떨어져 있거나, 백혈구수치가 낮은 경우가 대부분이므로 조직검사가 용이하지 않다. 최근 개발된 진균항원을 검출하는 혈청학적인 검사(갈락토마난 검사, 베타-글루칸 검사)와 진균의 DNA를 검출하는 PCR 검사는 신속하고 예민하여 조기에 진균감염을 확인하고 치료를 일찍 할 수 있도록 하는 장점이 있다. 아직 우리나라에서 보편적으로는 사용되지 않고 있지만, 본 저자가 있는 병원을 포함해 몇몇 병원에서 진균 감염의 진단에 사용하고 있어, 곧 우리나라에도 보편적인 검사법으로 자리 잡을 것으로 기대가 된다.

라. 항신균제의 종류

임상에서 조혈모세포이식 환자의 진균 감염의 치료와 예방에 사용되는 약제를 아래의 표에 정리하였다.

표 2-8. 임상에서 흔히 사용하고 있는 항진균제들

	상품명	투약	독성
암포테리신 B	훈기존	정맥주사	신장, 칼륨 감소
ABCD	암포텍	정맥주사	신장 독성
liposomal 암포테리신	암비솜	정맥주사	신장 독성(경미함)
플루코나졸	디푸루칸	정맥주사	간
이트로코나졸	스포라녹스	정맥주사	간, 칼륨 감소
보리코나졸	비펜드	정맥주사	소화기, 눈, 간, 신경계, 피부
캐스퍼펀진		정맥주사	간

③ 바이러스(VIRUS)

조혈모세포이식 후 발생할 수 있는 바이러스 감염 중 어떤 종류는 항바이러스제의 예방적 사용으로 감염을 예방할 수 있는데, 이식 후 생착이 되기 전의 기간동안 단순포진바이러스에 대한 항체가 있는 환자를 대상으로 에이싸이클로비르(acyclovir)를 투여하면 이 바이러스에 대한 감염을 예방할 수 있음이 널리 알려져 있다. 하지만 모든 바이러스 감염을 예방할 수 있는 것이 아니고, 바이러스 감염의 경우 진단이 어렵기 때문에 감염 초기부터 항바이러스제를 투여하기가 어려우며, 이식 환자에서 바이러스 감염은 치명적일 수 있으므로, 모든 발열 환자에서 바이러스 감염에 대한 세심한 고려를 통해 시기 적절한 항바이러스제 투여가 이루어져야 한다.

가. 단순포진 바이러스 (혹은 허피스 바이러스, Herpes Simplex Virus)

허피스 바이러스군의 바이러스들은 이식 후 환자에서 중대한 이환과 사망을 일으키는 주된 원인이 될 수 있다. 조혈모세포 이식 후 주로 문제가 되는 단순포진 바이러스 감염은 주로 생착전 호중구감소기간에 발생하는 것이며, 생착 후에도 발생하는 인후부, 식도, 피부, 입주위와 항문주위의 감염 등은 비교적 경미한 증상을 나타낸다. 단순포진 바이러스의 감염은 예방적 항바이러스제를 사용하기 전에는 이식 환자 중 혈청학적으로 양성이었던 환자의 약 80%가 재활성화되어 환자를 괴롭혔지만, 항바이러스제를 예방적으로 사용한 이후에는 약 5%의 이식환자만이 단순포진 바이러스 감염을 앓게 되었다. 대개는 이미 가지고 있는 바이러스의 재활성화로 감염이 일어나지만, 드물게 이식 후 일차감염의 형태로 가족구성원이나 의료진으로부터 기회감염이 되는 경우도 있다.

대부분의 단순포진 감염은 임상적으로 진단되지만 몇몇 경우에는 검사를 통한 확진이 도움이 된다. 일반적으로 병변부위에서 세포학적 검사(Tzanck or Papanicolau's stain)를 이용하여 특징적인 봉입체(inclusion body)를 관찰함으로써 진단이 되고, 세포주(cell line)를 이용하여 배양하거나 항원에 대한 PCR을 이용하여 진단이 가능하다. 혈청학적 양전(seroconversion)이나 회복기 혈청에서 항체역가 상승으로도 진단은 가능하지만 일반적으로 혈청학적 검사는 만성 혹은 재발성 감염을 진단하는 데는 도움이 되지 않는다. 단순포진 뇌염의 경우에 가장 민감도가 높고 비침습적인 진단방법은 뇌척수액에서의 핵산의 증폭을 이용한 검사(HSV DNA PCR)이다. 흔히 조혈모세포 이식 환자에서 식후 명치와 가슴부위가 쓰라린 경우가 있는데 이는 단순포진 바이러스에 의한 식도염 때문인 경우가 있다. 단순포진 식도염은 내시경 검사나 식도-위 촬영으로 캔디다 식도염, 부식제에 의한 식도염 등과 감별이 불가능하므로 내시경으로 얻은 분비물에서 세포학적 검사와 배양검사를 시행하여야만 확실히 진단이 가능하다.

항바이러스제 예방목적으로 에이싸이클로비르(Acyclovir, 조비락스)를 사용한다. 통상적으로 골수이식 전에 시작하여 이식후 4~5주간 250mg/m2 용량을 1일 2~3회 정주하거나 경구로 800mg/day의 용량을 투여한다. 예방기간 이후의 단순포진 감염의 치료는 다음과 같은 이유로 권장되지는 않는다. 첫째는 치료 없이도 저절로 호전되는 경우가 많고, 둘째는 18% 이상에서 내성 바이러스가 생길 수 있으며, 셋

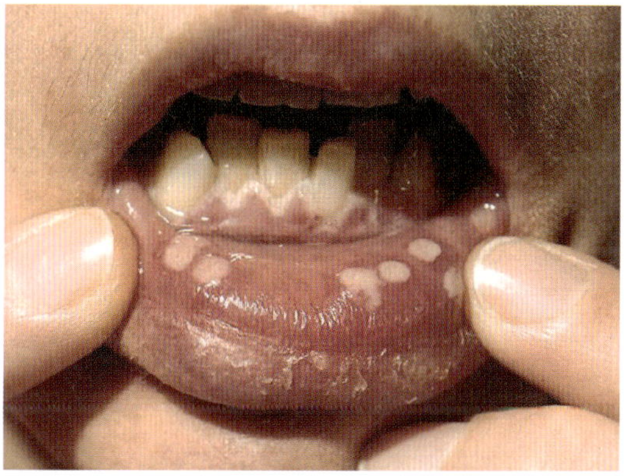

그림 2-25. 단순포진(허피스)의 구강점막 소견: 아랫입술에 특히 심함

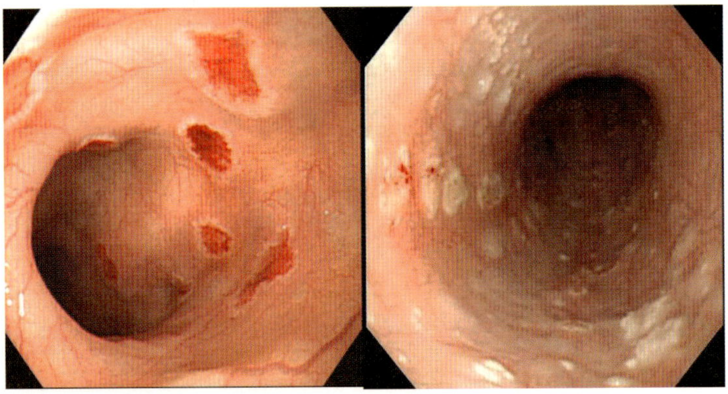

그림 2-26. 헤르페스성 식도염: 내시경시 관찰됨

째는 장기간의 치료가 단순포진 바이러스에 대한 면역반응의 발달을 지연시킬 수 가 있기 때문이다. 그러나 통증이 있거나 영양결핍을 유발하는 경우, 발열을 동반하는 경우는 치료를 하는 것이 좋다.

나. 호흡기 세포융합 바이러스 (Respiratory Syncytial Virus, RSV)

RSV는 면역이 저하된 혈액종양 환자에서 세기관지염(bronchiolitis)과 폐렴 등 중증의 기도감염을 일으키는 가장 흔한 원인 바이러스이다. 면역이 정상상태인 청소년이나 어른에서도 재감염이 흔하고 비교적 경한 상기도 증상과 급성 기관지염을 일으킨다. RSV는 감염성이 높고 직접 접촉에 의해 전파되지만 기침과 콧물의 비

표 2-9. 허피스 씸플렉스(HSV)의 치료

용량	투여횟수
Acyclovir(에이싸이클로비르)*	
정맥투여	
250mg/㎡ 또는 5-10mg/kg	8시간마다, 7-10일
경구투여	
200-400mg	하루에 5번, 7-10일
Famciclovir(팜싸이클로비르)	
경구투여	
500mg	하루에 3번

* Acyclovir에 내성이 생긴 단순포진(HSV)의 경우에는 Foscanet(포스카넷)를 40mg/kg로 하루 3번 정맥주사하여 극복할 수 있다.

말을 통한 전파도 가능하다. 따라서 조혈모세포이식을 받은 환자에서는 가족이나 의료진으로부터의 기회감염이 있을 수 있음을 고려해야 한다. 조혈모세포이식 후 RSV에 의한 감염은 주로 이식후 첫 2개월에 발생하는데, 보통은 겨울철에 많이 발생하는 계절성 감염의 패턴을 가진다. 조혈모세포이식을 받은 환자에서 RSV에 의한 폐렴이 발생하면 사망률이 30%에 이를 정도로 높다.

RSV감염의 진단은 가래나 인후면봉채취 및 비강인두세척으로 얻은 호흡기 분비물에서 RSV를 증명해 내는 것이 가장 좋다. 조직배양이나 면역형광법, ELISA를 통한 면역반응을 이용한 검사로도 진단이 가능하다. 혈청학적 검사는 항체역가가 4배 이상 증가될 때 진단적으로 의미가 있으나 4세 이하의 유아에서는 민감도가 떨어진다.

상기도 감염의 경우 치료는 다른 바이러스 감염시와 비슷하게 대증요법만으로도 가능하다. 하기도 감염시 수분공급, 분비물의 제거, 산소공급 및 기관지확장제의 투여가 도움이 된다. 심한 저산소증이 동반되는 경우 기관지삽관 및 기계호흡이 필요한 경우도 있다. 심각한 RSV감염을 가진 유아의 경우 aerosolized Ribavirin(코를 통해 분무하는 리바비린) 투여가 고려될 수 있으나 성인에서의 ribavirin의 투여의 효과는 아직 표준치료로 정립되지는 않았다. Ribavirin과 함께 고역가의 항 RSV 면역글로불린을 동시에 투여시 사망률이 감소하였다는 보고가 있다.

다. 파라인플루엔자 바이러스 (Parainfluenza Virus)

파라인플루엔자 감염은 주로 비혈연간 동종조혈모세포이식시 잘 발생하는 것으로 알려진다. RSV나 인플루엔자 감염과는 달리 겨울에 많이 발생하는 계절성이 없다. 파라인플루엔자는 접촉과 기침과 콧물의 비말을 통해 전파된다. 따라서 조혈모세포이식을 받은 환자에서는 가족이나 의료진으로부터의 기회감염이 주된 감염 원인이다. 조혈모세포이식을 받은 환자에서 폐렴이 발생하면 사망률이 80%에 이를 정도로 치명적이다. 불행히도 진단 자체가 쉽지 않고 확실한 치료법 정립되지 않았으나, 리바비린(Ribavirin)의 전신투여가 도움이 된다는 보고가 있어 시도해 볼 수 있다.

라. 인플루엔자 바이러스 (Influenza Virus)

이식 환자에서 인플루엔자 감염은 RSV나 파라인플루엔자 감염 만큼 흔하지 않으며, 덜 치명적인 것으로 알려진다. RSV처럼 겨울에 많이 발생하는 계절성이 있다. 이식 후 환자에서는 일반적인 경우와는 달리 고열이나 근유통과 같은 증상이 심하지 않다. 치료는 아만타딘(amantadine), 리만타딘(rimantadine), 자나미비르(zanamivir), 오셀타미비르(oseltamivir) 등을 투여함으로써 이루어진다.

(3) 통증에 대하여

① 통증에 대한 잘못된 생각들과 치료의 원칙

그 동안 환자 자신과 그 보호자들이 많이 갖고 있는 통증에 관한 세 가지 잘못된 생각들을 정리해 보자면,

가. 통증이란 누구에게 호소하기보다는 꾹 참는 것이다(특히 환자들, 남자가 아픈 표정을 짓거나 신음하는 것은 용납되지 않는 것이다).

나. 통증은 약으로는 잘 조절이 되지 않을 것이다.

다. 혹시 통증을 잘 조절하느라 오래 통증약을 쓰면 거의 중독성이 생길 것이다.

그러나 위의 가, 나, 다의 생각은 대단히 틀린 생각이다. 잘못 이해하고 있는 점을 구체적으로 지적하자면,

ㄱ. 통증이 있을 때 주변사람에게 이야기를 하면 이야기를 하는 순 간 속마음이 토로가 되며 듣는 사람으로부터 공감대가 형성이 되며 감정적인 위안을 얻게 된다.

ㄴ. 그간 통증을 조절하는 약들은 눈부시게 발전하고 있다. 통증정도에 따라 단계별로 효율적인 치료가 가능하다.

ㄷ. 통증약은 통증의 양상 및 정도에 따라 약의 효능이 1~2시간 지속되는 것, 4~6시간 지속되는 것, 12시간 이상 지속되는 것을 선택적으로 사용할 수 있다. 또한 중독성을 포함한 여러 부작용들이 해소되어지고 있다.

② 통증조절의 중요성

가. 누구나 통증이 심해지면 무척 심신이 위축이 되며 침대에서 많은 시간을 보내게 된다. 이때 너무 움직이지 않음으로 인해 한 자세로 오래 보내게 되면 엉덩이뼈 뒤에 욕창(蓐瘡) 등이 생기기가 쉽다.

나. 숨 등을 얕게 쉬게 되면서 폐가 잘 펴지지 않게 되며 결과적으로 폐렴에 걸리기가

쉽다. 많은 시간을 침대에서 보내게 되며 결국 삶의 질이 떨어지게 된다. 이러한 상황은 환자들이 더 우울하게 되며 악순환이 계속된다. 따라서 통증이 조절되도록 적절히 약을 복용하며 본인이 원하는 최소한의 것들(예; 체조, 가벼운 등산, 친구방문, 아이들과 공놀이 등)을 유지함으로써 삶의 질은 유지 및 향상 되어진다.

다. 통증이 조절되지 않아 움직이지 않는 결과 뼈에 있는 칼슘 등이 피로 유리되어 고칼슘혈증 상태를 이루게 된다. 심한 고칼슘혈증시에는 심한 탈수, 심장기능 저하 및 의식이 떨어지는 등 위험한 긴급 상황이 될 수 있다.

③ 통증의 정도

가. 숫자로 나타내는 통증등급(Numeric Rating Scale, NRS)

직선을 0에서부터 10까지 11단계로 나누어 환자가 자신의 통증 정도를 숫자로 표현하도록 하고 있다. 이는 신뢰성과 타당성이 검증되어 있으며 외래에서나 전화로도 통증을 평가할 수 있다.

나. 각각의 경우에 따라 경도, 중간 및 중증도로 분류한다.

ㄱ. 비교적 낮은 정도의 통증, NRS : 1~4

ㄴ. 중간 정도의 통증 NRS : 5~6

ㄷ. 심한 통증 NRS : 7~10

그밖에 통증의 표현을 객관화하는 방법으로는 100mm의 직선상에 통증의 정도를 표현하게 하는 시각통증등급(Visual Analog Scale, VAS), 낱말의 강도에 따른 언어통증등급(Verbal Rating Scale, VRS)(전혀 없음, 약간, 보통, 심한, 참기 어려운), 어린이나 숫자로 표현할 수 없는 경우에 사용하는 얼굴통증등급(Pain Affect Faces Scale) 등이 있다.

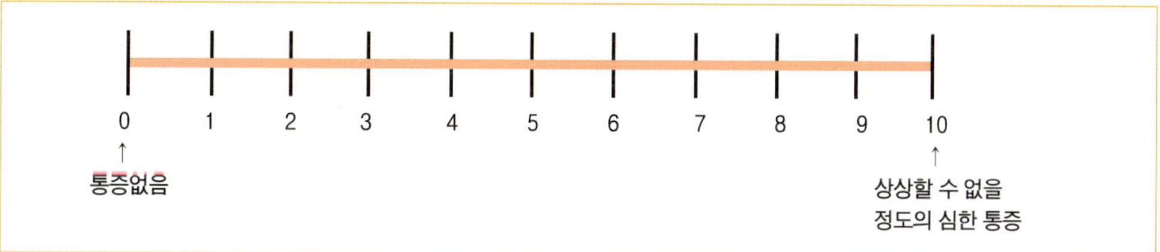

그림 2-27. 숫자로 나타내는 통증등급

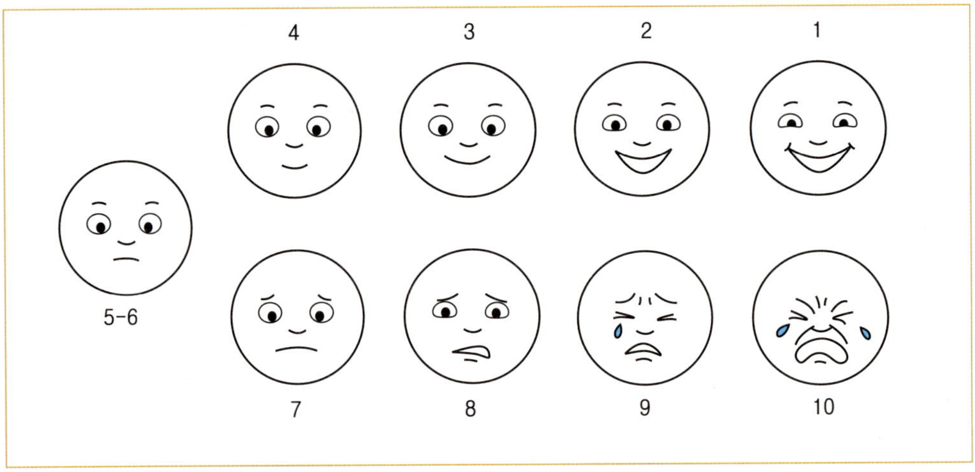

그림 2-28. 어린아이들이나 말을 잘 할 수 없는 어른의 경우 이러한 그림을 보여주며 통증의 정도를 평가 한다(1: 편한 상태, 10: 극심한 통증이 있을때).

④ 통증치료의 원칙

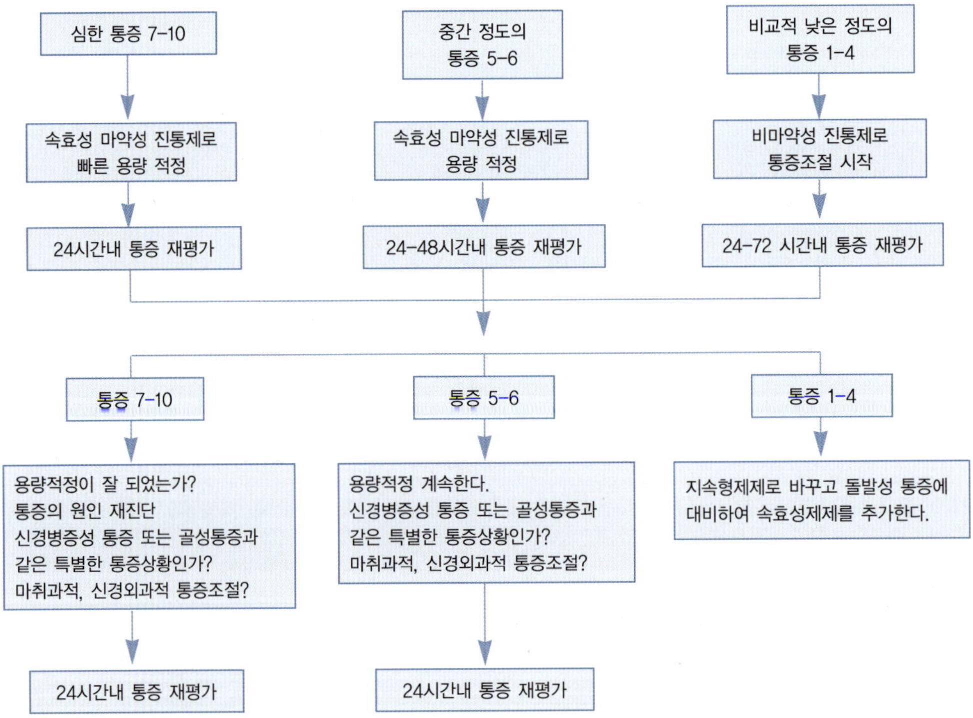

그림 2-29. 통증 치료의 원칙

⑤ 통증약에 대해

가. 비 마약성 진통제

비교적 낮은 정도의 통증에 사용할 수 있으며 환자의 상태 및 각자의 질환 여부, 같이 쓰고 있는 약제 등에 따라서 다음 아래의 어느 것을 사용할 것인지를 결정한다.

ㄱ. 타이레놀(Acetaminophen)

소염효과가 필요 없는 경우의 비교적 낮은 수순의 통증 또는 중간정도의 통증에 사용.

- 300mg, 325mg, 500mg 제형, 300~650mg을 4~6시간 간격으로 투여함.
- 서방형 제제인 경우에는 650~1300mg을 8시간 간격으로 투여함.

ㄴ. 부루펜(Ibuprofen)

정제, 시럽 제형이 가능함. 400~600mg을 6시간 간격으로 투여함.

ㄷ. 낙센(Naproxen)

경구, 주사제 제형이 가능함. 275mg, 500mg, 550mg, 750mg 제형.
250~500mg을 12시간마다 투여함.

ㄹ. 기타약제

- 디클로페낙(Diclofenac) : 50mg을 8시간 간격으로 투여함(부작용으로는 위장관 부작용 및 간기능 이상이 흔함).
- 케토프로펜(Ketoprofen) : 경구 투여로 빠르게 흡수됨. 50~100mg을 6~98시간 간격으로 투여함.
- 타라신(Tarasyn) : 장기간 사용시 소화성 궤양과 신장 부작용 발생이 가능함. 10mg을 4~6시간마다 투여함.
- 인도메타신(Indomethacin) : 소염효과가 매우 강력함. 진통제 보다는 소염효과임. 25mg을 8~12시간마다 투여함.
- 폰탈(Mefenamic acid) : 1시간 정도의 빠른 효과가 있음. 500 mg 초회 투여 후 250mg을 6시간마다 투여함.
- 펠덴(Piroxicam) : 하루 1회 투여가 가능함. 빠른 흡수 가능함. 10~20mg을 12시간 간격으로 투여함.

- 설린닥(Sulindac) : 신장기능이 저하된 환자에서도 사용 가능 함. 150~200 mg을 12시간 간격으로 투여함.

나. 마약성 진통제

- 아편제(Opiate) : 자연산 및 반합성제제.
- 아편양제제(Opioid) : 자연산, 반합성 및 합성제제를 통칭하며, 아편양물질수용체에 결합하는 모든제제.
- 마약(Narcotic) : 모르핀 유사약물 및 기타 남용이 가능한 약물.

마약성 진통제를 장시간 사용하게 되면 내성(tolerance)과 신체적 의존성(physical dependence)이 올 수 있다. 그러나 내성이나 신체적 의존성을 마약중독(addiction)과 혼돈해서는 안되며, 통증이 있는 환자에서 마약중독은 아주 드물다. 마약성 진통제는 천장효과(즉, 어느 정도까지만 투여한 뒤에는 더 이상 투여할 수 없는 것, ceiling effect)가 없기 때문에 통증조절을 위해서 용량의 제한없이 증량할 수 있으며, 용량의 증량이 마약중독을 의미하지 않는다.

ㄱ. 약한 마약성 진통제

코데인(codeine), tramadol

ㄴ. 강한 마약성 진통제

모르핀(morphine), 메타돈(methadone), 옥시코돈(oxycodone), fentanyl, nalbuphine, pentazocine, buprenorphine

ㄷ. 부작용들

변비, 졸림, 구역, 구토, 호흡억제, 배뇨장애, 입안건조, 어지러움증

a. 코데인(Codeine)

30~60mg씩 4~6시간 지속함.

몰핀 하루 60mg은 코데인 하루 240~360mg에 해당함.

b. 트리돌, 트라마돌(Tramadol)

50~100mg으로 시작함. 몰핀 10mg은 트리돌 100mg에 해당함.

c. 몰핀(Morphine)

반감기는 2~3 시간임.

엠에스콘틴(10mg) 엠에스콘틴(30mg)

엠에스콘틴(MS Contin) : 이는 먹는 몰핀으로 한 번 복용시 12시간 가량 유지되는 "long-acting morphine"이다.

d. 데메롤(Pethidine, meperidine)

몰핀 10mg은 데메롤 80~100mg에 해당함.

중추신경제 부작용이 있음(경련 등. naloxone으로 호전되지 않음)

암성통증 같은 만성통증에는 사용하지 않음.

e. 펜타닐(Fentanyl)

주사용 몰핀의 80배 효과

피부접착형이 국내에 있음. 부착 12~24시간 후에 혈중농도 유지됨.

72시간 마다 교체하여야 함. 부착부위: 앞가슴, 요추부 양쪽

f. 누바인(Nalbuphine)

몰핀과 동등효과

g. 부프레놀핀(Byprenorphine)

몰핀의 30배 효과

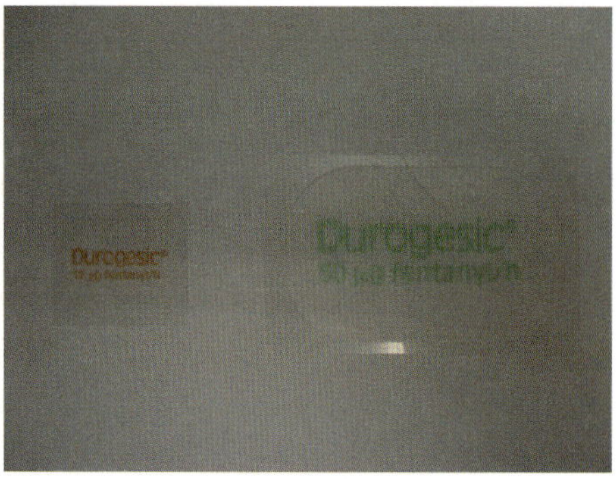

피부접착형 마약성 진통제

다. 진통보조제

ㄱ. 신경병증성 통증의 진통보조제

기분을 좋게하고, 마약성 진통제의 효과를 상승시키며, 화끈거리는 지속성 통증에 효과적이며, 수면장애에도 유용함.

에나폰(Amitriptyline),이미프라민(Imipramine), 센시발(Nortriptyline), 세로자트(Paroxetine), 뉴론틴(Gabapentin), 페니토인(Diphenylhydantoin), 테그레톨(Carbamazepine) 등

그 외, 스테로이드, 벤조디아제핀 약물, 클로니딘 등

ㄴ. 골성 통증의 진통보조제

비스포스포네이트, 칼시토닌 등

(4) 탈모에 대하여

사람에게 모발(毛髮)은 생명을 좌우하도록 아주 중요하지는 않지만 머리카락은 태양광선으로부터 두피를 보호하고 눈썹이나 속눈썹은 햇빛이나 땀방울로부터 눈을 보호하는 역할을 한다.

모발은 주기적으로 생장기(生長期, anagen), 퇴행기(退行期, catagen), 휴지기(休止期, telogen)를 반복하는데 성인에서 두피의 모발 생장기는 약 3년, 퇴행기는 3주, 휴지기는 약 3개월이다. 임의로 어떤 시기에 모발을 조사해 보면 두피의 모발의 84%는 생장기, 2%는 퇴행기, 14%는 휴지기에 있으며 두피의 모발이 자라는 속도는 하루에 0.4mm

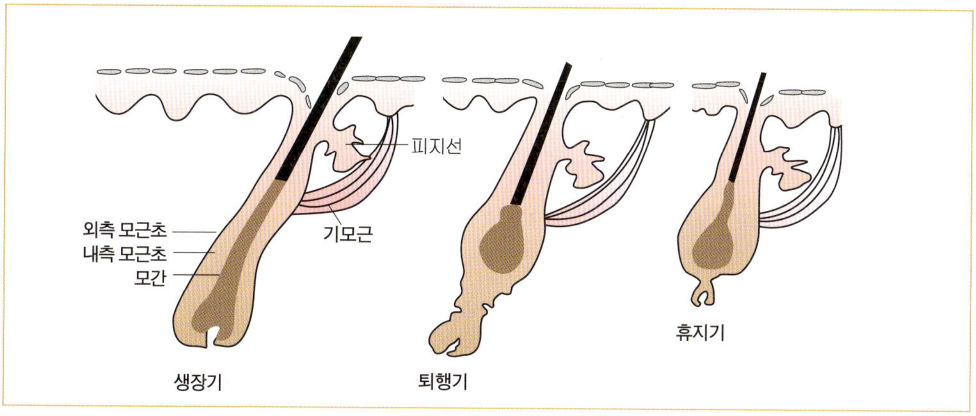

그림 2-30. 모낭의 주기(수명)

정도이다.

모발 주기를 결정하는 생리적 요소는 확실치 않으나 영양결핍, 심한 스트레스(수술, 감염, 외상), 홀몬의 변화(갑상선 질환, 임신)등은 모발이 생장을 멈추고 일찍 휴지기로 들어가도록 유발할 수 있다.

한편 전처치(화학요법, 전신방사선조사)에 의한 탈모증은 소위 생장기 탈모증이라고 하는데 그 원인으로는 세포분열억제라는 세포독성자극이 가해질 때 일어난다. 따라서 모

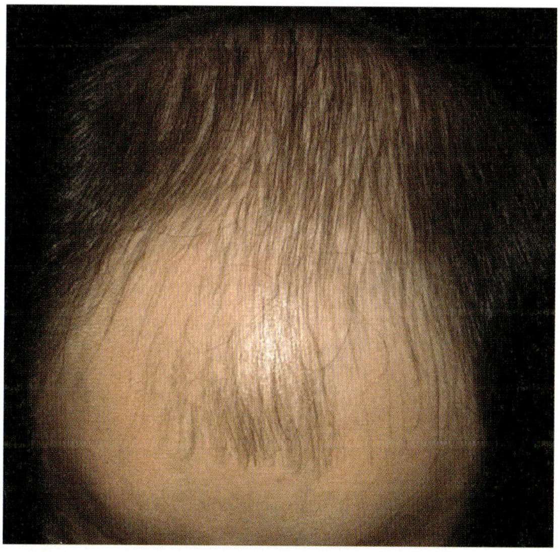

그림 2-31. 탈모

간이 심하게 가늘어져 이영양성모발(dystrophic hair)로 되고 이것이 두피표면에서 부러지거나 또는 피부내부 모구단계에서 분리되어 빠져나오게 된다.

그 증상으로는, 전처치 이후 1 내지 2주 후부터 두피전체에서 심한 탈모가 발생한다. 세포분열을 하지 않고 있는 휴지기 모낭은 침범 받지 않으므로 두피모발의 약 10%를 차지하는 휴지기 모발은 그대로 유지된다. 그러나 원인약물의 투여를 중단하면 수주일 이내에 모낭이 회복되므로 예후는 양호하다. 화학요법 시행 중에 두부에 압박붕대나 저온을 적용시키면 예방효과가 있다는 보고가 있다.

삭발을 이식 전에 미리하고 무균실에 들어가는 것이 대부분의 경우이며 미리 두건이나 모자 또는 가발을 준비하는 것이 좋다.

끝까지 머리를 깎지 않고 버티는 경우도 있기는 하지만, 지속적으로 많은 양의 모발이 침대와 베게 위에 빠져서 지저분해지며 불편해 하는 것이 통례이다. 위에서 언급한 바와 같이 이식 이후, 수주에서 수개월 내에 모발은 다시 치료 전으로 원상복귀된다. 간혹 치료 전 보다 두꺼운 모발이 남으로 환자분들이 더 좋아하는(?) 수도 종종 있다.

3. 자가이식

중심정맥으로 수혈된 조혈모세포가 기능을 하기 위해서는 골수에 정착(또는 생착)을 해야 하는데 골수에는 조혈모세포뿐 아니라 지지세포 및 미세환경이라는 것이 있어서 조혈모세포가 골수로부터 도망가지 못하게 꽉 잡아두는 역할을 한다. 즉, 중심정맥으로 수혈된 조혈모세포가 혈관을 따라 돌다가 골수로 가서 골수에 정착하게 된다.

생착이 되면 조혈모세포로부터 혈액세포가 생산되어 말초혈액에 정상혈액세포가 이식 후 2~3주 후에 나타나게 된다. 그러므로 이식 후 2~3주간은 고용량 항암요법으로 기존의 조혈모세포가 전멸되었고 이식된 조혈모세포도 아직은 기능을 못한다. 말초혈액에 정상적인 혈액세포가 매우 부족하므로 균이 없는 무균실에 격리하여 세균 감염을 피하고 몸의 세포에 산소를 공급하는 적혈구 및 출혈을 막는 혈소판도 수혈받게 된다.

생착의 구체적인 정의는 말초혈액내 호중구 수가 백혈구 성장인자(G-CSF, GM-

CSF)의 주사없이 3일 계속 500/㎕ 이상, 1주일 이상 혈소판 수혈없이 혈소판 수가 20,000/㎕ 이상으로 유지되면서 골수조직검사상 세포충실도가 회복되는 경우를 말한다. 생착이 되면 자가이식의 경우는 동종 골수이식과는 달리, 생착후 이식편대 숙주반응이라는 합병증이 없으므로 비교적 생착 이후 과정이 부드럽다.

대부분의 생길 수 있는 이식 이후의 각종 부작용은 동종이식과 대부분 비슷하다. 자가이식시에는 동종이식의 경우와는 다른 점이 몇 가지 있다. 이를 정리하자면,

1) 이식시 자기 자신의 세포이기 때문에 밖에서 부어준 골수모세포(骨髓母細胞) 또는 말초혈액모세포(末梢血液母細胞)의 수가(동종이식시에 필요한 조혈모세포수) 1/3 ~ 1/4 밖에 되지 않아도 생착이 무난히 된다.
2) 생착실패율은 드물다(3% 이하).
3) 전처치 이후 백혈구의 감소되는 기간, 점막염, 각종감염, 폐렴 등이 동종이식 때와 같이 올 수는 있으나 대부분 경하게 오며 비교적 회복을 신속히 한다(주요 이유는 동종이식 때처럼 외부에서 들어간 골수 등을 자리잡게 하기 위해 면역억제를 하지 않기 때문임).
4) 정맥폐쇄증 등이 올 수 있으나 대부분 그 정도가 경하며 회복이 용이하다.
5) 심한 혈소판 감소증에 의한 주요장기에 출혈이 올 수 있지만 동종이식에 비해 그 빈도가 적은 경향이 있다.
6) 동종이식시에는 착상이 된 후 100일까지는 급성 이식편대 숙주반응, 또 100일 이후 2~3년까지는 만성 이식편대 숙주반응으로 시달릴 수 있으나, 이 경우(자가이식)에는 이러한 부작용이 없다. 따라서 동종이식의 경우처럼 착상이 되면서 투여하는 이식편대 숙주반응을 예방하는 약제가 필요없게 된다. 그 결과 자가이식의 경우에는 이식 이후 상당기간(3~6개월) 면역 억제를 해야 하는(동종이식의 경우) 부담스러운 기간이 없게 된다.

제 3 부

퇴원을 하며…

- 퇴원시 주의사항
- 퇴원시 복용약에 관해
- 퇴원 후 영양관리의 주의점
- 이식시 소요되는 비용
- 사회사업과에서 받을 수 있는 도움들
- 통원 치료시 생길 수 있는 일들(이식 후 100일까지)
- 통원 치료시 생길 수 있는 일들(이식 후 100일부터 3년 사이)
- 이식 이후 각 주요질환의 완치율
- 재발시 치료의 선택들
- 이식 이후 1-2년이 지나면서 시행하는 예방주사 (Vaccination)에 대해
- 장기 생존자가 겪는 부작용에 대해

제 3 부
퇴원을 하며…

1. 퇴원시 주의사항

1) 동종이식 환자

(1) 언제 주치의 또는 전문 간호사에게 긴밀히 연락을 해야 하나?

퇴원시 입원 의료진이 지시한 외래 추적날을 지키는 것은 중요하며 기본이지만 다음의 일들이 생기면 긴밀히 연락을 취해야 한다. 즉, 낮시간에는 외래로 달려와야 하며 저녁시간이나 주말에는 응급실에 방문하여 의료진의 지시를 따라야 한다. 한편 외래 응급실의 전화번호 및 주치의의 호출기/핸드폰번호를 환자 본인 및 보호자들이 수첩이나 지갑에 지참한다.

① 열이 38 ℃ 이상일 때(대개 오한과 식은땀이 동반됨)

② 심한 설사가 있을 때(하루에도 빈번히 지속적인 설사를 할 경우, 횟수가 많지는 않지만 설사의 양이 많을 때), 즉 탈수가 많이 된 경우(이식편대 숙주반응일 수 있음)
③ 너무 구토가 심하거나 입맛이 없어 전혀 못 먹은 경우(수분 섭취가 중요함. 한편, 이는 식도 및 위에 생기는 이식편대 숙주반응의 증상일 수도 있으니 주의를 요함)
④ 약을 복용한 후 천식 증상이 있거나 혈압이 갑자기 떨어지는 증상(기절, 갑자기 맥박이 약해질 때)이 있을 때는 약에 대한 알러지 증상임.
⑤ 또는 구토로 인해 싸이클로스포린(면역억제제)을 복용하지 못할 때(한편, 역으로 싸이클로스포린의 혈중 농도가 너무 높아도 구토가 생길 수가 있음)
⑥ 심한 피부발진이 몸의 50%가 넘거나 물집이나 피부가 벗겨지는 증상이 있을 때(이식편대 숙주반응일 수 있음)
⑦ 황달(눈이나 피부가 노랗게 됨)이 있을 때(이식편대 숙주반응일 수 있음)
⑧ 수혈시 극히 조심해야 하며 그 어떠한 수혈도 이식 의료진의 자문 하에 시행되어야 한다(임의로 가까운 의원 등에서 수혈받는 일은 절대 불가임).

2) 자가이식환자

Q **언제 주치의 또는 전문 간호사에게 긴밀히 연락을 해야 하나?**

A 위에 기술된, 동종이식환자들이 유의할 ①~⑧ 중에서 ①~④의 항목이 이곳 자가이식 이후 유의해야되는 사항이며, ⑤~⑧은 자가이식에서 해당되지 않음

2. 퇴원시 복용약에 관해

이미 입원 중에 시작된 약으로 퇴원하면서 상당수 그대로 지속이 되는 약이다. 그 중 대표적인 약제를 기술하면 다음과 같다.

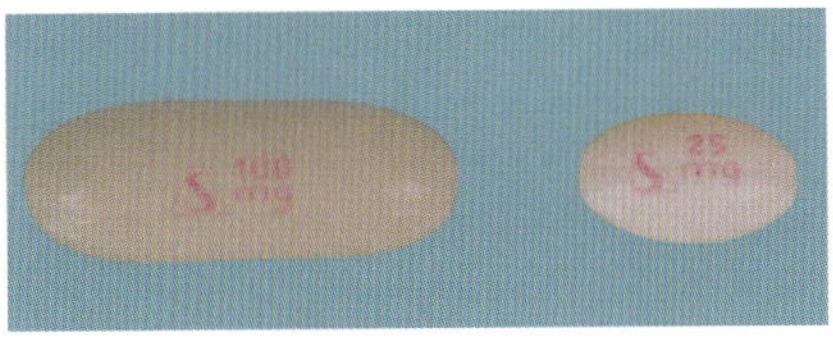

산디문(CyclosporinA)

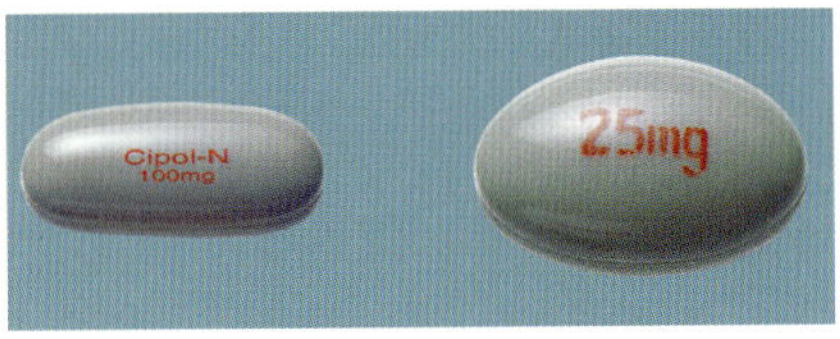

싸이폴(CyclosporinA)

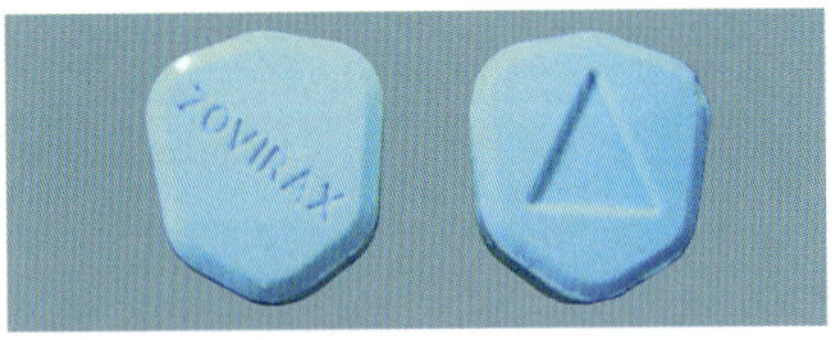

조비락스(Zovirax, Acyclovir)

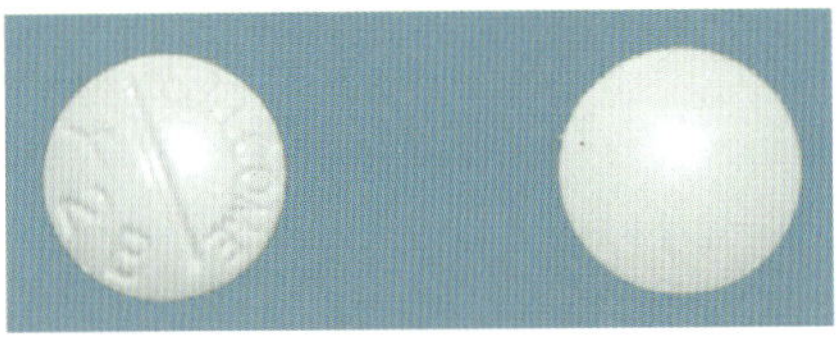

박트림(셉트린)

그림 3-1. 산디문 : 이식편대 숙주반응을 방지시켜주는 약제
싸이폴 : 이식편대 숙주반응을 방지시켜주는 약제
조비락스 : 허피스, CMV 등의 바이러스 예방 · 치료제
박트림(셉트린) : 이식 이후 올 수 있는 PCP(뉴머시스티스성 감염: 주폐포자충 감염) 예방약제

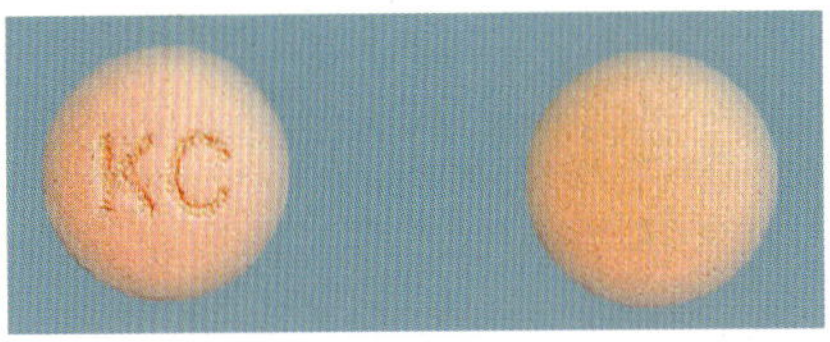

케이콘틴

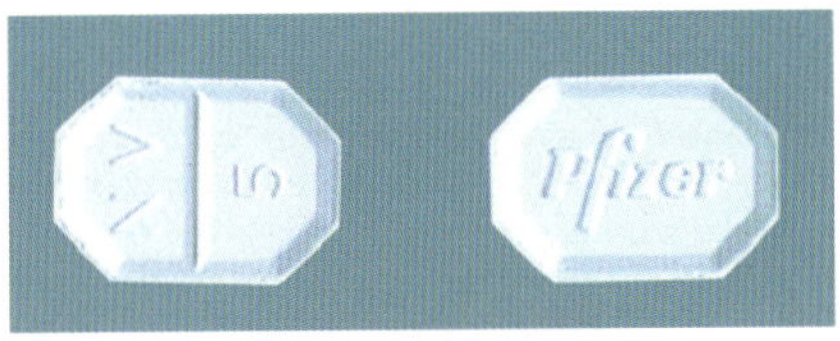

노바스크(Nornasc)

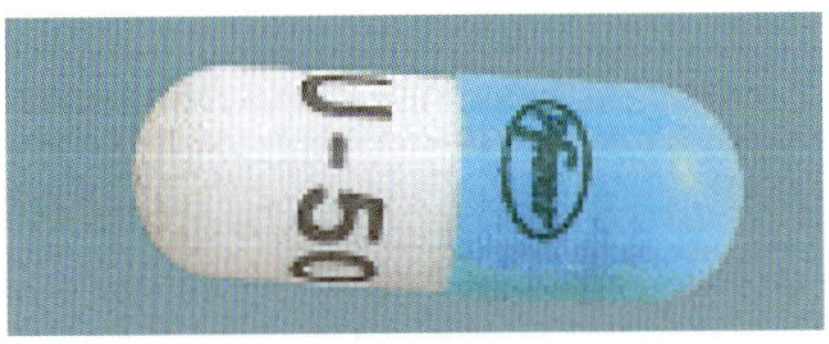

디푸루칸

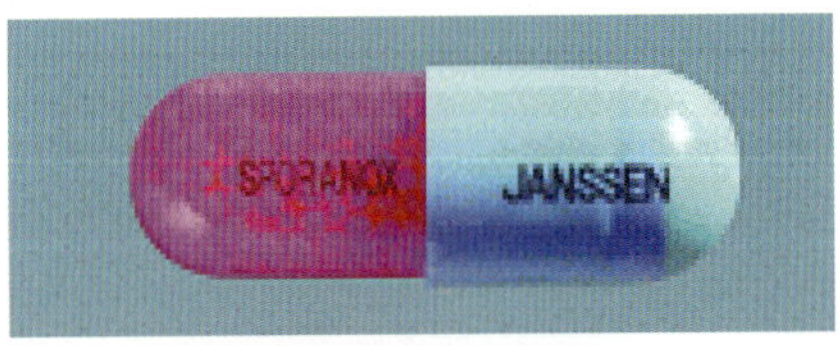

스포라녹스(Ltraconazole)

그림 3-2. 케이콘틴 : 칼륨부족시 복용하는 약제
노바스크 : 산디문 복용시 동반될 수 있는 고혈압을 치료하는 항고혈압제제
디푸루칸(플루코나졸), 스포라녹스 : 항진균제

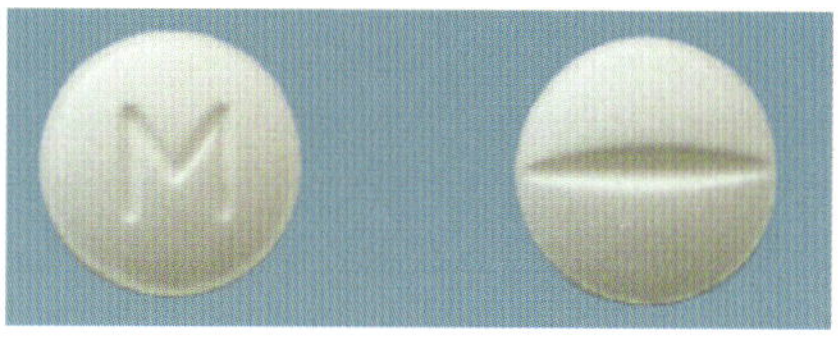

메칠론(Methylprednisolone)

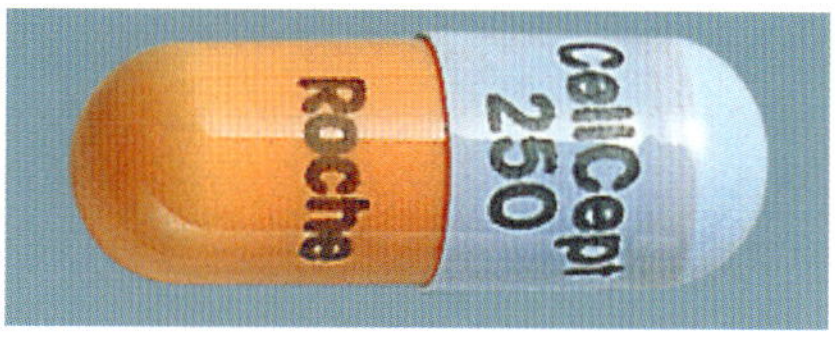

셀셉트(MMF, Mycophenolate Mofetil)

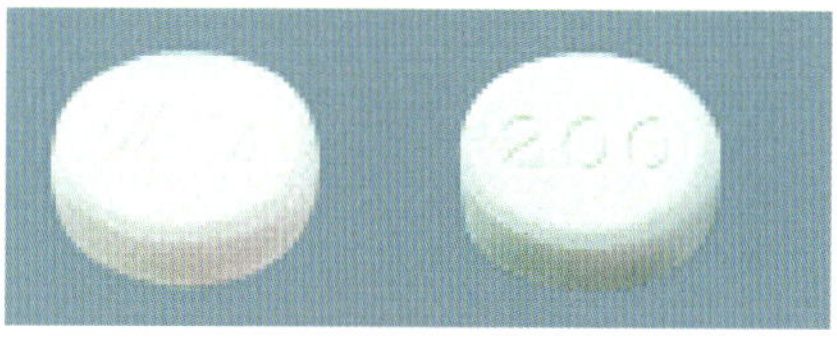

우르사(Ursodeoxy cholic acid)

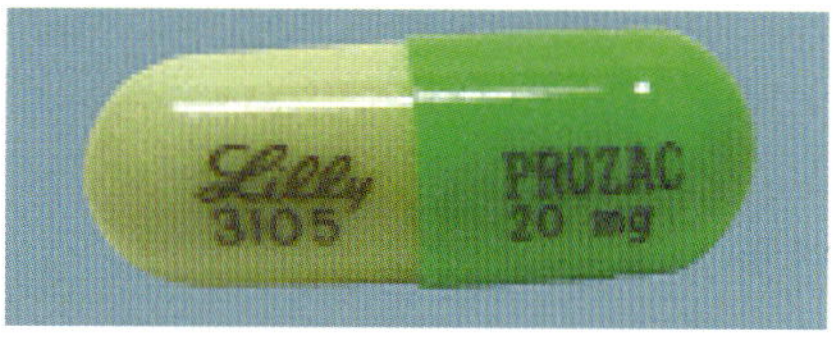

프로젝(Prozac, Fluoxectine Hydrechloride)

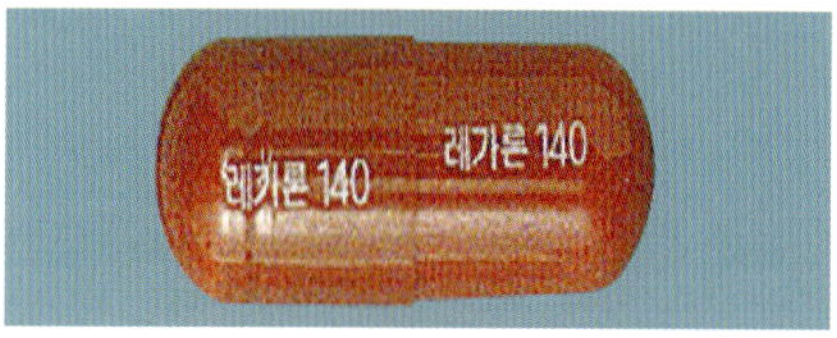

레가론캅셀

레가론현탄액

그림 3-3. 메칠론 : 이식편대 숙주반응시 치료제제
셀셉트 : 이식편대 숙주반응시 치료제인 메칠론과 함께 쓰이는 약으로 메칠론을 감량시키는데 유익한 약제
우르사, 레가론 : 간기능 항진제
프로젝 : 항우울제

1) 동종이식

(1) 싸이클로스포린(Cyclosporin)

퇴원할 때가 되면 정맥으로 투입되던 이식편대 숙주반응억제제인 싸이클로스포린이 이미 먹는 약으로 바뀌었을 것이다. 이 때, 정맥으로 투여하던 약이 먹는 약으로 바뀔 때는 1:3의 비율로 먹는 약은 정맥으로 투약된 전체 양의 3배로 증량하게 된다(장에서의 싸이클로스포린 흡수가 정맥을 통해 직접 투여되는 경우보다 못하기 때문). 싸이클로스포린은 아침, 저녁 두 번 나누어서 먹게 되며, 외래에서 주기적으로 혈중 농도를 측정하여 그 농도를 200~400(단위 ng/ml)을 유지하게 된다.

① 싸이클로스포린의 혈중농도에 영향을 미치는 약제들

가. 함께 복용시 싸이클로스포린의 혈중농도를 올라가게 하는 약들

ㄱ. 항생제

에리스로마이신(erythromycin), 이미페넴(imipenem), 플루오로퀴놀론(fluoroquinolones)

ㄴ. 항진균제

플루코나졸(fluconazole), 이트라코나졸(itraconazole), 케토코나졸(ketoconazole)

ㄷ. 항부정맥(不整脈, arrythmia)제

베라파밀(verapamil), 니카르디핀(nicardipine), 딜티아젬(diltiazem)

ㄹ. 알코올(alcohol)

ㅁ. 콜키친(colchicine)

나. 함께 복용시 싸이클로스포린의 혈중농도를 낮게 하는 약들

ㄱ. 항결핵약

리팜핀(Rifampin)

ㄴ. 항생제

나프실린(nafcillin), 박트림(sulfamethoxazol/trimethoprim), 설폰아마이드(sulfonamides)

ㄷ. 신경정신과약물

페노바비탈(phenobarbital), 카바마제핀(carbamazepine)

ㄹ.항경련제(항경기(抗驚氣)약, antiepileptic drug):페니토인(phenytoin)

결과적으로 싸이클로스포린 혈중농도를 너무 낮추면 이식편대 숙주반응의 예방효과가 떨어질 수도 있으며, 또 이상적인 혈중농도보다 높은 경우에는 이식편대 숙주반응의 예방 목적은 잘 유지되지만 너무 면역이 떨어지게 되어 이식 이후 소위 항(抗)-백혈병 효과를 상쇄시킬 수가 있다.

② 싸이클로스포린을 끊어나가는 법

끊어나가는 법을 일률적으로 언급하기는 무리가 있으나 다음의 원칙들이 적용이 된다.

가. 원치 않는 이식편대 숙주반응을 방지하기 위해 싸이클로스포린을 아주 천천히 끊어볼 수 있겠지만(예, 1년에 걸쳐) 이런 경우에는 장기간 불필요한 면역억제가 유지되면서 백혈병의 재발을 조장시킬 수 있으므로, 가급적 신속히 끊을 수만 있다면 끊는 것이 바람직하다.

나. 형제간 이식시는 대략 이식 이후 60~90일부터, 타인간의 이식시는 이식 이후 180일부터 매주 10~20%씩 감량하며 1~3달에 걸쳐 서서히 끊어나간다. 끊어 가는 일정이 형제간 이식에 비해 타인 이식시의 경우 이식편대 숙주반응이 잘 생기기 때문에 그 일정을 늦추어서 진행시킨다.

다. 형제간 이식의 경우 소위 고위험군(동종이식을 했지만 여전히 재발의 우려가 미리 예견되는 경우(예: 관해가 되지 않은 상황에서 이식을 한 경우이거나, 급성백혈병 같은 경우 염색체 검사 결과에서 -5, -7, complex 등을 나타내는 예후가 좋지 않은 그룹에 속한 경우, 혹은 급성림프구성백혈병의 경우, 필라델피아 양성인 경우)에서는 골수이식 이후 60일부터(혹시 더 일찍 끊어나가는 것이 가능하면 더 일찍) 끊어나가는 작업을 시작하지만 형제간 이식의 저위험군(재발의 위험도가 낮은 경우)의 경우에서는 골수이식 이후 90일 정도부터 끊어나가기 시작한다.

라. 소아에서의 동종이식은 어른에 비해 이식편대 숙주반응이 일어나는 경우가 상대적으로 적기에 비교적 이식 이후 60일부터 끊어나간다. 이 원리는 소아의 타인이식에도 적용이 될 수 있으므로 이식 이후 180일 이전부터 끊어나갈 수 있다.

(2) FK506(프로그라프, Tacrolimus)

이는 1부의 4장에서 언급한 바가 있는 약제로서 위의 싸이클로스포린과 그 기능과 사용법 및 끊어 나가는 방법이 아주 유사하다.

(3) 항 바이러스제; 겐싸이클로비르(Ganciclovir)/조비락스(Acyclovir)

퇴원하면서 이식 100일~120일까지는 거대세포바이러스(Cyto-megalovirus)가 문제가 된다. 이 바이러스는 뒤에서 더 자세하게 기술될 것인데, 간략하게 언급하자면 까다로운 폐렴과 간염을 일으키는 바이러스로 70, 80년대까지만 해도 이것에 의한 폐렴일 경우 치사율이 심지어 70%가 될 정도로 대단히 높았다. 그러나 최근에는 이 바이러스에 대한 예방 및 효과적인 치료약(겐싸이클로비르)이 개발되면서 부작용과 치사율이 현격하게 감소되었다. 한가지 방법으로는 겐싸이클로비르를 1주에 5일간 한번씩 병원 외래에 와서 이식 100~120일까지 주사를 맞는 방법이 있다. 그러나 이 방법은 자주 병원을 방문해야 한다는 불편함이 있기 때문에 많은 병원에서는 차선책으로 이식 이후 100~ 120일까지 조비락스(Acyclovir)를 하루에 800mg~1600mg 투여하기도 한다.

한편 바리셀라 조스터(Vericella Zoster) 바이러스는 이식 이후 1년까지는 문제(대상포진)를 일으킬 수 있다. 따라서 이식 이후 1년(365일)까지 매일 800~1600mg 복용을 추천하기도 한다.

(4) 박트림(Bactrim)

뉴머시스티스성 폐렴 방지의 목적으로 주말(토, 일요일)동안 골수이식 6개월까지 하루 2알씩 2번 투여할 경우, 뉴모씨스티스 폐렴을 예방할 수 있다. 또한 이식편대 숙주반응이 생겨 면역억제제를 복용할 경우 그 기간 동안 박트림을 다시 복용해야 한다.

(5) 마그네슘 제제

이는 싸이클로스포린(또는 FK506)을 복용하는 동안 생길 수 있는「저(低)마그네슘혈증」의 부작용을 방지하기 위해 투여하게 되며 싸이클로스포린을 끊으면서 함께 마그네슘제제도 멈추게 된다. 용량은 대략 하루 2~4알을 세 번 복용한다.

(6) 항 고혈압 제제; 노바스크

이것 역시 싸이클로스포린(또는 FK506)을 복용하는 동안 생길 수 있는 고혈압 때문에 투여하는 약으로써 하루에 1~2알(5mg 짜리)을 복용하게 된다. 싸이클로스포린을 끊으면서 이 약 역시 끊게 된다.

(7) 항 진균제; 플루코나졸(Fluconazole, 디푸루칸)

퇴원시에는 대략 백혈구가 회복되며 따라서 곰팡이류에 대해 싸울 수 있는 능력을 갖추게 된다. 그러나 이식 이후 1~2달까지도 이 약을 복용할 수도 있다.

2) 자가이식

자가이식에는 이식편대 숙주반응이 없기 때문에 동종이식에서 사용하는 싸이클로스포린(FK506) 등이 필요 없으며 따라서 마그네슘 보충약 및 항고혈압제제가 필요 없다. 그러나 이식 이후 약 2달까지는 바이러스 특히 허피스(Herpes Sinplex)에 대한 예방 약제로 조비락스를, 또 곰팡이류에 대비하여 플루코나졸을 2개월간 투여할 수 있다. 대상포진(Varicella and Herpes Zoster) 예방하기 위해서는 조비락스(Acyclovir)를 약 6개월까지 복용할 수 있다. 또한 뉴머시스티스성 감염에 대비하여 박트림을 약 6개월간 투여할 수 있다.

3. 퇴원 후 영양관리의 주의점

재생불량성빈혈, 백혈병, 악성림프종과 같은 혈액질환으로 골수이식이나 말초혈액조혈모세포이식을 받은 환자들의 경우 면역기능이 저하되고 오심, 구토, 발열, 감염, 미각의 변화 등 여러 가지 요인으로 인해 식사 섭취량이 떨어지기 쉽다. 따라서 이를 극복하여 적절한 영양섭취가 가능하도록 적극적인 영양관리가 필요하다.

1) 영양요구량

개인의 성별, 나이, 체격, 영양상태 등에 따라 요구되는 열량과 영양소의 양이 각각 다르므로 영양사와 상담하여 식사지도를 받도록 하는 것이 가장 바람직하다. 기본적으로 1일 3회 매 끼니 어육류(육류, 생선류, 콩 및 두부류, 계란 등)가 1가지 이상 포함된 균형된 식사를 하고 영양을 보충할 수 있는 간식을 섭취하는 것이 좋다.

2) 식사방법

- 양질의 단백질(육류, 생선, 계란 , 두부, 우유)을 섭취한다.
- 퇴원하면서(물론 착상이 잘 되어 피수치가 좋다는 가정하에) 서서히 신선한 과일과

야채를 충분히 섭취한다.
- 물대신 우유나 두유 또는 주스를 마신다.
- 요리할 때도 우유를 많이 사용한다(특히 소아).
- 빵을 먹을 때도 마요네즈, 땅콩버터 등을 발라먹는다.
- 굽는 조리법보다는 볶은 조리법을 이용한다.

3) 고단백 고열량 간식 및 영양보충 음료

- 고단백 강화 우유: 우유 1컵+탈지분유 2큰술
- 초콜릿 밀크쉐이크: 강화우유 3/4컵+코코아가루 1큰술+아이스크림 1큰술
- 강화 코코아: 뜨거운 우유 1컵+전지분유 2큰술+코코아가루 1큰술
- 강화 과일쥬스: 과일쥬스+통조림과일 갈아넣은 것
- 베이크트 포테이토: 구운 통감자에 치즈 1장, 베이컨 1장을 얹어 따뜻하게 섭취
- 꿀 인절미: 인절미 3개+기름 1작은술+꿀 1큰술
- 프렌치 토스트: 식빵에 우유와 계란 물을 입힌 후 구워서 섭취
- 죽류: 잣죽, 깨죽, 콩죽, 고기죽
- 영양보충음료: 그린비아HP, 그린비아마일드케어, 뉴케어, 엔슈어

4) 치료로 인한 부작용에 대한 대처법

식욕부진, 입과 목의 통증, 구강 건조증, 미각의 변화 등 치료과정에 동반되는 부작용에 대처하는 방법 및 식사관리방법은 다음과 같다.

(1) 식욕부진

가장 일반적으로 나타나는 문제로 메스꺼움, 구토, 불쾌감 및 질병으로 인한 좌절감 등 많은 요인이 식욕에 영향을 미친다. 정신적이든 신체적이든 이런 증세를 가진 환자는 식사에 대한 관심이 적다. 이러한 환자에게는 다음과 같은 방법이 도움이 될 수 있다.

① 식사시간을 서두르지 않는다.

② 가능한 정상적인 활동에 많이 참여하도록 한다.
③ 식사시간, 장소, 분위기 등을 바꾸어 본다(음악, 식탁의 꽃, 친구와 함께 식사 등).
④ 다양한 메뉴를 제공한다.
⑤ 식사시간에 구애받지 말고 가능한 시간에 식사한다.

(2) 입과 목의 통증

입이 붓고 아프거나 치주가 약해지고 인후 및 식도 통증의 발생은 방사선 치료, 항암제 투여, 감염 등의 결과로 나타나지만 무엇보다 중요한 상황은 이식편대 숙주반응시이다. 이때는 약해진 입안을 자극하거나 씹고 삼키기 어려운 음식은 피하여 입을 보호하고 식사를 쉽게 할 수 있도록 한다.

① 씹고 삼키기 쉬운 음식을 시도한다(죽, 미음, 국, 밀크쉐이크, 바나나, 사과, 복숭아, 배, 수박, 으깬 감자, 마카로니, 커스터드 푸딩, 젤라틴, 스크램블드 에그, 수란, 체에 거르거나 으깬 채소류).
② 부드러워질 때까지 음식을 조리한다.
③ 믹서를 이용하여 음식을 갈아준다.
④ 버터, 맑은 고기국물, 소스 등과 섞어서 삼키기 쉽게 한다.
⑤ 입안이 쓰라리면 빨대를 이용한다.
⑥ 뜨거운 음식은 약해진 입과 목을 자극할 수 있으므로 음식을 차게 하거나 상온으로 먹는다.
⑦ 오렌지, 자몽, 귤, 생야채, 마른 빵, 맵고 짠 음식은 입안을 자극하므로 피한다.
⑧ 삼키기 어려울 경우 머리를 뒤로 젖히거나 앞으로 움직이면 도움이 된다.
⑨ 가글액으로 입안을 자주 헹구어 음식찌꺼기와 박테리아를 제거한다.

(3) 미각의 변화

미각 이상으로 단맛에 둔감하고 고기 맛에 민감해질 수 있다.

① 보기 좋고 냄새 좋은 음식을 준비한다.
② 고기맛이 싫으면 생선, 계란, 두부, 유제품으로 대제한다.
③ 육류 조리시 과즙, 포도주, 드레싱 또는 소스에 재워 향을 좋게 한다.
④ 자극적인 탄산음료, 차, 오렌지, 레몬에이드 같은 신 음식을 사용하여 맛을 증가시

킨다(입이나 목이 부은 경우 사용하지 말 것).

⑤ 금속 식기류보다는 플라스틱식기나 수저를 사용하는 것이 쓴맛을 적게 느끼게 하는 데 도움이 된다.

⑥ 상온으로 음식을 제공한다.

⑦ 불쾌한 맛을 일으키는 음식은 중단한다.

(4) 구강 건조증

화학치료 및 방사선 치료는 침의 분비를 줄여 입안을 마르게 할 수 있다. 그러나 구강 건조증은 이식편대 숙주반응시에도 흔하게 온다.

① 레몬에이드처럼 아주 달거나 신 음식을 먹으면 침분비가 많아 질 수 있다(입안이 약하거나 인후통이 있을 때는 금지).

② 무설탕껌, 무설탕의 딱딱한 캔디를 입안에 넣도록 한다.

③ 부드러운 음식, 삼키기 쉬운 것을 먹는다.

④ 물을 조금씩 자주 마신다.

(5) 메스꺼움, 구토

메스꺼움, 구토 증세는 화학치료, 방사선치료, 면역요법 등에 따라 생길 수 있으나 이식편대 숙주반응시에도 온다. 원인이 무엇이든지 메스꺼움은 필요한 영양분의 섭취를 방해하므로 다음과 같은 사항에 유의한다.

① 적은 양을 천천히 먹는다.

② 통풍이 안되고 더운 방이나 싫어하는 냄새가 나는 곳에서 식사하는 것을 피한다.

③ 식사시 음료 섭취량을 줄인다(식사시간을 제외하고 소량씩 빨대 사용하여 차게).

④ 찬 음료를 마신다(차게 하거나 얼린다).

⑤ 메스꺼울 때 좋아하는 음식을 억지로 먹이지 않는다.

⑥ 식후 1시간 정도 휴식을 취했다가 움직인다.

⑦ 구토 증세가 멈추기 전 먹거나 마시지 않는다.

⑧ 구토증세가 가라앉으면 소량의 맑은 미음을 먹고 점차 걸쭉한 미음, 죽으로 식사를 변경한다.

⑨ 구토시 허용식품 및 제한식품

표 3-1. 구토시의 권장식품과 제한식품

권장식품	제한식품
쌀, 국수, 곡분, 흰빵	기름진 음식 (튀긴음식)
요쿠르트, 익은 바나나	생야채와 과일
계란(후라이한 것 제외)	섬유소가 많은 채소
거른 채소, 껍질을 벗기고 요리한 과일 및 통조림	(예: 브로콜리, 옥수수, 콩, 양배추, 콜리플라워)
껍질을 제거한 닭고기	강한 향료(고추가루, 카레등)
부드럽게 간 쇠고기	
생선, 치즈	

(6) 변비

일부 항암제, 진통제 및 통증약은 변비의 원인이 될 수 있다. 또한 음식물이나 수분섭취 부족과 운동부족으로 발생할 수 있다.

기상 후 찬물을 마시면 장운동에 도움을 줄 수 있다.

① 배변 1시간 30분전 뜨거운 음료를 마신다.

② 섬유소가 많은 식품을 먹는다(전곡류, 생채소, 감자, 콩, 바나나, 배, 오렌지, 딸기).

③ 적당한 운동을 한다.

④ 누워만 있을 경우 배를 문질러 장운동의 도움을 준다.

⑤ 너무 소량의 식사를 하지 않는다.

(7) 유당불내증

우유나 유제품을 먹으면 속이 더부룩하거나 부글부글 끓고 설사를 하는 등의 증세를 나타내는 것이 유당불내증이다. 이는 항생제 치료, 복부나 소화기능에 영향을 미치는 방사선치료 등에 의해 생길 수 있다. 치료를 받는 동안에는 유당을 분해하는 장의 기능이 불완전할 수 있다. 가스, 경련, 설사 등의 증상이 치료 후 수주일 또는 수개월 후에 없어질 수 있으나, 환자에 따라서는 이러한 증상이 계속되어 식생활 습관을 바꿔야 하는 경우도 있다. 이러한 때는 유당분해우유(락토우유), 두유제품과 치즈 등을 섭취한다.

5) 제한식품 및 허용식품

식품에 의한 감염(그람음성균, 효모)을 예방하기 위하여 면역기능이 저하된 기간 동안에는 저균식을 섭취한다. 저균식에서의 허용식품과 제한식품은 다음과 같다(그림 3-4).

임상적 수치가 적절해지면 아주 조심해서 깨끗이 씻은 생과일과 생야채를 섭취할 수 있다.

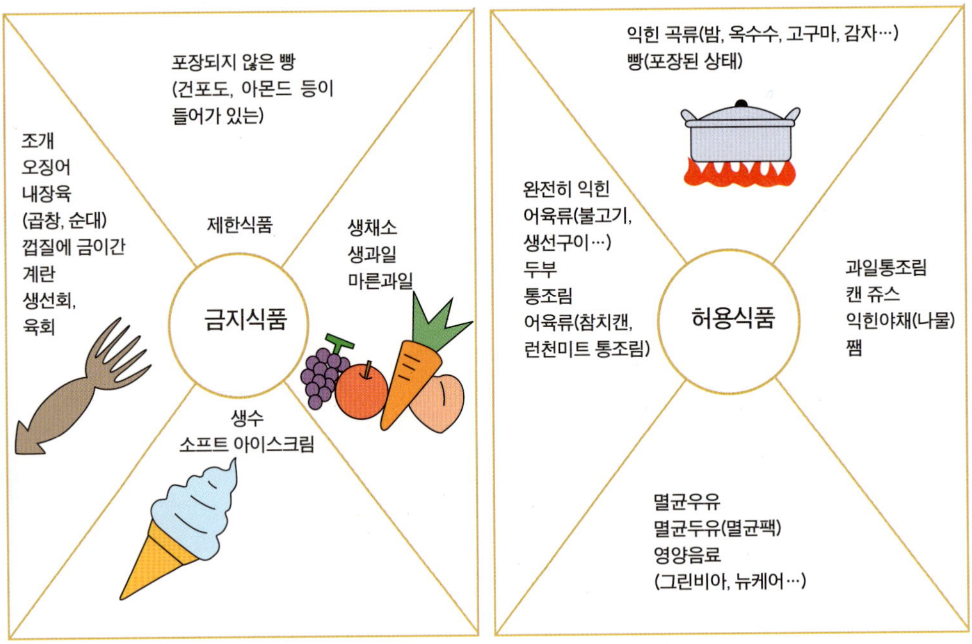

그림 3-4. 저균식에서의 제한식품 및 허용식품의 예

6) 식품선택 및 취급시 주의사항

(1) 통조림 식품 외의 모든 식품은 냉장 또는 냉동보관한다.
특히 여름에는 얼리거나 냉동시켜 판매하는 음식을 주로 구입한다.

(2) 모든 식품은 사용하기 전에 반드시 유효기간을 확인한다.

(3) 캔제품들은 개봉 전에 뚜껑을 깨끗이 닦는다.

(4) 식품의 냄새가 이상하거나 모양이 이상할 경우에는 절대 사용하지 않는다.

(5) 물은 반드시 끓여서 사용한다.

(6) 음식을 준비하고 조리하는 곳은 사용하기 전에 깨끗이 닦도록 하며 나무로 만들어진 도마와 용기들은 표면에 금 또는 구멍이 생겨 세균이 번식하기 쉬우므로 사용하지 않도록 한다(플라스틱이나 스텐레스 사용).

(7) 식품은 가급적 낱개로 포장된 것을 사용하여 음식을 여러 번 다루는 과정에서 발생될 수 있는 오염의 기회를 줄이도록 한다.

(8) 고기를 다룰 때는 1회용 장갑을 끼고 가급적 덩어리 고기를 이용하여 조리하고 다 익을 때까지 선홍색이 남아서는 안 된다(돼지고기나 햄버거는 특히 주의).

(9) 냉동시킨 육류, 생선 등은 해동 즉시 바로 사용하고 다시 냉동시키지 않는다.

(10) 껍질에 금이 간 계란은 사용하지 말고 노른자는 완전히 익힌다.

(11) 껍질을 벗기기 전에 흐르는 물에 과일과 채소를 씻고 흠이 있는 부분은 제거한다.

(12) 음식을 조리하는 동안 사용하는 국자나 젓가락으로 음식 맛을 보지 않도록 한다.

(13) 조리된 음식은 음식이 상할 온도(7-60℃)에서 보관하지 않도록 한다. 냉장고를 과신하지 않으며 온도가 높은 차량 내부에 식품을 두지 않는다.

* 상할 수 있는 음식물은 냉장고 밖에서 2시간 이상 방치해 두지 않는다. 계란이나 마요네즈가 들어간 음식들은 1시간 이상 냉장되지 않은 상태로 두지 않는다.

(14) 전자레인지 요리시 차가운 부분에는 박테리아가 남아 있을 수 있으므로 주의를 요한다.

(15) 남은 식품을 재가열할 때는 우선 끓인 후 충분히 젓고, 그 후 다시 5분 정도 더 끓이도록 한다.

표 3-2. 권장사항의 요약

식품군	제한식품	허용식품
곡류	· 마른 과일(건포도, 건대추)이 들어간 빵류 · 포장되지 않은 제빵류, 감자껍질	· 익힌 곡류(빵, 밥, 비스켓 등) · 포장된 제빵류
어육류	· 익히지 않은 어육류(생선회, 육회) · 껍질에 금이 간 계란, 조개류, 오징어, 훈제연어, 젓갈 · 베이컨, 핫도그, 햄, 소시지 및 런천미트 (완전히 익힌 것은 허용) · 내장류 (간, 곱창..)	· 완전히 익힌 어육류 및 난류, 두부, 육가공품
유제품	· 살균처리되지 않은 생우유 · 천연치즈 · 아이스크림 · 유산균 발효유	· 멸균우유, 멸균두유
채소 과일군	· 생과일, 냉동과일, 마른 과일 · 생채소	· 과일 통조림, 캔쥬스 · 완전히 익힌 채소류, 캔쥬스
음료	· 끓이지 않은 물	
양념류	· 핫칠리소스, 후추, 생된장, 허브 · 숙성치즈, 날계란이 들어간 샐러드 드레싱	· 식용유, 버터, 마가린, 마요네즈 등 · 겨자, 간장, 케찹
기타	· 생꿀, 건강보조식품(효모) · 유효날짜 없는 식품 · 색, 냄새가 이상한 모든 식품 · 파손된 용기의 식품	· 잼, 젤리, 사탕 · 멸균처리된 상업용 포장 꿀 · 캔으로 판매되는 음료

4. 이식시 소요되는 비용

1) 동종이식

(1) 전반적인 경향

일률적으로 그 경비를 기술하기가 어려움은 있지만 전반적인 경향을 기술하자면,

① 건강보험공단에서 동종골수이식 시 요양급여 대상으로 승인을 받은 경우라 하더라도 입원을 시작해서 전처치 시작, 무균실 입실, 일반병실로 다시 나옴, 회복, 퇴원까지 여러 경우 건강보험의 혜택을 다 받지 못하는 경우가 많다(예, 건강보험이 인정해 주는 약이 한정되어 있으며, 인정이 되는 약제임에도 불구하고, 일정 기간만 보

험 공단에서 그 경비를 부담해 줌). 이러한 이유 등으로 발생하는 비급여 진료비는 환자 자신이 모두 부담을 해야 한다.

② 재생불량성빈혈이 백혈병보다는 경비가 적게 든다. 이는 백혈병의 경우처럼 남아있는(또한 숨어있는) 백혈병 세포를 처치하고서(전반부) 그 공간(골수)에 새로운 건강한 골수모세포(또는 말초 조혈모세포)가 들어가서 자리를 잡아야 되는 상황(후반부)이 아니라 단지 후반부, 즉 이미 비어있는 골수에 밖에서 건강한 골수모세포(骨髓母細胞) 또는 말초 조혈모세포가 들어가서 자리잡아야 되는 상황(후반부)이기 때문이다.

③ 만성기의 만성골수성백혈병이 급성백혈병보다 그 이식과정이 대개 순조롭고 또 부작용이 적기 때문에 경비가 적게 든다. 또한 만성기가 아닌 가속기, 또는 급성기일 때(특히 제 2의 만성기가 아닌 상태)는 만성기의 만성골수성백혈병보다 경비가 더 든다.

급성백혈병 역시 첫 번째 관해시 이식하는 것이 두 번째 관해시 또는 그 이상(관해가 오지 않은 상태에서 이식을 시도함)에서 보다 경비가 적게 든다.

④ 형제간의 이식시 타인이식보다 경비가 적게 든다. 타인간의 동종이식 시는 이식받을 골수 또는 말초 조혈모세포를 받아오는 경비와 함께, 이식과정이 형제간 이식보다 어려워질 수 있는 경향이 있기 때문이다.

⑤ 젊은 20~30대 환자가 40~50대 또는 그 이상의 환자보다 경비가 적게 든다. 비교적 이식 과정이 젊은 20~30대에서 순조롭다.

⑥ 최근 들어, 중증질환자들에 대한 보건복지부의 의료비 지원이 강화되면서 여러 제도를 통한 진료비 경감에 도움이 되고 있다(중증질환자등록제도, 본인부담액상한제, 암환자의료비지원제도 등).

(2) 동종이식 비용

동종골수이식에 소요되는 경비에 관하여는, 환자의 질환명과 연령, 병의 정도, 전신상태, 골수공여자의 혈연/비혈연관계, 전처치 항암제의 종류, HLA일치 정도, 이식 이후 합병증 등의 다양한 요인으로 인해 경비의 편차가 크다. 특히, 이식 이후 올 수 있는 다양한 부작용과 그 정도에 따른 치료로 입원기간이 길어질 수 있으며 그만큼 이식 경비가 늘어나는 것이 사실이다. 환자마다 이러한 차이 때문에 대략적인 경비를 예측하는 것은 무척 어렵다.

이식비용 중, 주로 요양급여에 해당하는 항목은 진찰료, 입원료, 식대, 투약, 주사료, 처치 · 수술료, 검사료, 치료재료대, 수혈료 등이 있으며, 비급여 부분은 특진료(선택진료비), 상급병실료 차액, 보험적용이 안 되는 종목의 검사료, 진단료 등이 있다. 요양급여 부분은 환자 본인에게 적용되는 요율에 따라 발생비용의 10~20%을 본인이 부담하게 되고, 비급여 부분은 전액을 환자가 부담하게 된다. 앞서 언급했듯이, 과거에 비해 중증질환자에 대한 진료비 지원이 확대되었기 때문에 최근에는 이식비용이 조금 경감된 경향이 있다. 동종이식을 특별한 합병증 없이 무난하게 30여일에 마친 경우, 환자부담금 총액이 800백만원에서 1천 2백만원 정도였으나, 전처치의 종류나 생착 및 회복기간, 합병증의 여부와 종류, 그 치료과정에 따라 이식비용은 더 많이 소요되는 것이 사실이다.

2) 자가이식

(1) 전반적인 경향

전반적으로 자가이식은 동종이식에 비해 경비가 적게 든다.

적게 드는 주원인으로는

① 전처치가 동종이식에 비해 비교적 약하다.

② 이식 이후 회복기간이 상대적으로 짧다. 또한 무균실에 굳이 들어가지 않는 경우가 흔하다.

③ 소위 이식편대 숙주반응에 대한 약제를 투여할 필요가 없다.

④ 면역억제 기간 및 면역체계의 회복기간이 동종이식에 비해 상대적으로 짧다.

⑤ 드물게 올 수 있는 균(곰팡이, 기생충 등)에 의한 감염이 적다.

⑥ 동종이식 이후 흔히 올 수 있는 이식편대 숙주반응이 원칙적으로 오지 않는다.

⑦ 나이가 적은 환우가 자가이식을 통과할 때, 나이가 많은 환우에 비해 적게 든다.

⑧ 심, 폐, 간 기능이 자가이식 전에 이미 망가져 있는 사람은 이식을 통과하며 부작용이 예상되며 따라서 경비가 많이 든다.

자가이식비용 또한, 요양급여와 비급여 부분으로 나뉘며, 요양급여 부분은 환자에게 적용되는 요율이 따라, 10~20%를 본인이 부담하게 되고 비급여 부분은 전액 본인이 부담하게 된다. 자가이식의 입원기간은 보통 20~33일 정도이며, 자가이식비용은 3백만원에서 4백만원 정도였다. 자가이식은 이식 이후의 부작용이 크지 않기 때문에 동종이식만큼 부작용에 따른 이식비용의 편차가 크지 않은 것이 사실이나, 역시 환자의 상황에 따라 비용이 달라질 수 있다.

5. 사회사업과에서 받을 수 있는 도움들

치료 경험례

예A) ○ ○ ○(남, 40세) 상기 환자는 급성골수성백혈병 발병 후 살고 있던 전셋집의 전세금을 빼서 항암치료비를 마련하였으나 환자 남편이 경제적인 활동을 전혀 하고 있지 못한 상황에서 골수이식비용 마련에 어려움을 겪게 되었다. 이에 사회사업과와의 상담을 통해 골수이식 비용을 지원해주는 한국복지재단과 연계되어 1,000만원의 치료비를 지원받아 골수이식을 하였으며 현재 이식편대 숙주질환 치료중이다.

예B) ○ ○ ○(남,18세) 상기 환자는 고등학교 3학년에 재학중 급성골수성백혈병이 발병되어 항암치료를 받고 1차 골수이식을 받았으나 재발되어 2차 골수이식을 시행해야 했다. 그러나 보험승인이 나지 않아 더 이상 고가의 치료비를 감당하기 힘든 상황에서 사회사업과와의 상담을 통해 사회복지공동모금회와 연계가 되어 〈KBS라디오 ○○○○〉 프로그램에서 후원방송을 하였다. 방송을 통해 약 400만원의 후원금이 모금되어 기천만원의 이식비용에 조금이나마 도움이 되었다. 골수이식을 마치고 현재는 외래로 치료를 받으며 복학을 준비하고 있다.

1) 골수이식 수술 환자와 가족을 위한 의료사회복지 서비스

(1) 환자 및 가족에 대한 심리적 지지

백혈병은 장기간의 치료와 요양이 요구되며 재발 가능성이 많아 백혈병으로 진단받은 환자와 가족은 불안, 공포, 절망감으로 자신의 병을 수용하지 못하는 경우가 있다. 그러므로 의료사회복지사는 환자와 가족과의 상담을 통해서 병에 대한 이해를 증진할 수 있도록 돕고 이를 통해 공포와 불안을 극복하고 병을 수용할 수 있도록 하여 치료에 보다 협력적이고 적극적으로 참여할 수 있도록 돕는다.

(2) 가족관계 조정 및 가정생활 계획을 도움

환자의 가족은 예후 관찰, 약복용, 규칙적인 생활 등을 도울 수 있을 뿐만 아니라 환자의 불안을 덜어줄 수 있는 영향력이 있는 존재이므로 치료과정에서 가족의 격려와 협력은 매우 큰 영향을 미친다. 질병을 계기로 가족관계가 악화되는 경우가 종종 있으므로 의료사회복지사는 질병에 대한 이해를 도모하고 가족 관계의 조정이나 역할 분담 계획을 함께 수립해가며 가족을 돕고 있다.

(3) 집단 프로그램

환자가 어린 아동일 경우 병으로 인해 정서적으로 불안정해지고 우울해지며 위축된다. 이는 환자의 치료에 대한 참여 태도에 영향을 미칠 수 있고, 정상적 발달 과정에도 악영향을 미칠 수 있다. 그러므로 병동 내 비슷한 연령대의 아동을 대상으로 집단 프로그램을 실시하여 집단 내 참여 기회를 제공하므로써 감정을 발산시켜 정화할 수 있도록 돕고, 정상적인 심리사회적 발달 단계를 경험할 수 있도록 한다.

(4) 지역사회 자원 연결을 통한 사회경제적 문제에 대한 원조

환자와 가족은 경제적, 사회적 결핍 문제로 인해 진료를 받지 못하거나 아예 치료를 거부하는 등의 모습을 보이기도 한다. 따라서 의료사회복지사는 여러 자원의 조직과 연결을 통하여 환자 및 그 가족이 당면한 사회, 경제적 문제를 해결하기 위하여 활동한다.

2) 경제적 도움을 받을 수 있는 방법들

(1) 국민기초생활보호 수급 신청

- 의료급여제도는 생활이 어려운 자에게 의료비를 지원하여 주는 제도로서 국민기초생활 보장법에 의한 수급자를 의료급여수급권자로 선정하여 의료비 지원을 하고 있다.

- 따라서, 의료급여 수급권자로 선정되기 위해서는 국민기초생활보장법에 의한 수급자 선정이 우선되어야 하므로 주소지 관할 동사무소에 국민기초생활보장법에 의한 수급자 신청을 하여야 하며 신청에 따라 소득평가액과 부양의무자 기준을 조사하여 일정기준에 해당하는 대상자에 대해 의료급여수급권자로 선정하고 있다.
- 의료급여수급권자는 1종과 2종 수급권자로 나눠지며 1종 수급권자의 경우 비급여를 제외한 진료비 전액을 지원 받으므로 본인부담금이 없고 2종 수급권자는 의원과 약국을 제외 한 병원급 의료기관에서는 입원 · 외래 진료시 80%는 국가에서 지원되며 20%의 본인부담 금이 있다.
- 선정절차: 각 읍, 면, 동사무소에 비치된 신청서를 작성 → 담당 공무원에게 제출하여 신청 → 심의 및 조사 → 선정 → 통보
- 선정기준: 가족상황, 생활실태, 부양의무자의 유무와 부양의무자가 있는 경우 그 부양능력의 유무 및 부양 여부, 소득 및 자산보유상황, 질병 및 장애 등에 관한 사항 등

(2) 보건복지부 긴급지원제도 중 의료지원

중한 질병 또는 부상으로 의료비를 감당하기 곤란한 자에게 복지부장관이 고시하는 금액(건강보험 본인부담금 상한액-300만원이내 / 1회 지원)의 범위 안에서 의료서비스 지원
자세한 문의 및 신청은 보건복지 콜센터 (☎ 129)

(3) 후원단체

① 한국복지재단

· 연락처 : 1588-1940
· 후원내용 : 골수이식비용 (보험승인을 받은 경우)
· 홈페이지 : www.kwf.or.kr

② 한국심장재단

· 연락처 : 02) 414-5321~3
· 후원내용 : 골수이식비 (보험승인을 받은 40세 미만까지 지원)
· 홈페이지 : www.heart.or.kr

③ 하트하트재단

- 연락처 : 02) 430-2000
- 후원내용 : 골수이식비 (보험승인을 받지 못해도 가능)
- 홈페이지 : www.heart-heart.org

④ 새생명지원센터

- 연락처 : 02) 2077-3961
- 후원내용 : 골수이식비 및 치료비 (만 18세미만 환아)
- 홈페이지 : www.kids119.bokji.net

⑤ 한국백혈병소아암협회

- 연락처 : 02) 3141-5367
- 후원내용 : 골수이식비 및 치료비 (만 18세미만 환아)
- 홈페이지 : www.soaam.or.kr

⑦ 한국백혈병어린이재단

- 연락처 : 02) 766-7671
- 후원내용 : 골수이식비 및 치료비 (만 19세미만 환아)
- 홈페이지 : www.kclf.org

(4) 자조모임

① 한국혈액암협회

- 연락처 : 02) 3432-0807
- 사업내용 : 혈소판헌혈자 연결사업, 나눔의 전화 운영사업, 환자상담 사업, 문화행사, 자활지원사업, 간행물 출판 등 다양한 영역에서 혈액질환자들을 돕는 사업들을 지속적으로 추진
- 홈페이지 : www.bloodcancer.or.kr

② 한국백혈병환우회

· 연락처 : 02) 761-5854

· 사업내용 : 홈페이지 내 투병정보게시판 운영, 의학상담실 게시판, 사회복지상담실 게시판 운영, 캠페인(골수기증운동, 헌혈증서보내기운동 등)사업 실시

· 홈페이지 : www.hamggae.net

6. 통원 치료시 생길 수 있는 일들(이식 후 100일까지)

다음의 표와 같이 요약할 수 있다(표 3-3 참조).

1) 동종이식

치료 경험례

50세 여환은 재생불량성빈혈로 고생하던 중 조직항원이 맞는 56세의 오빠로부터 골수이식을 받고 이식 이후 Day 24일에 잘 생착이 되었으며 이식 이후 Day 31일에 퇴원하였다. 하지만 퇴원 이후 1주일이 지난 후 피부 발진 및 심한 설사로 응급실로 내원하였다.

응급실에서의 피 수치는 헤모글로빈 10.5, 백혈구 3500, 혈소판 12만이었으며 황달수치(bilirubin)가 3.5까지 올라가 있었다.

표 3-3. 통원 치료시 생길 수 있는 일들

	내용	빈도
Ⅰ. 급성 이식편대 숙주반응	피부/간/장	20~50% (타인 이식시 더 빈번)
Ⅱ. 면역체계의 이상: T-림프구 기능 부전 낮은 감마글로불린	감염들 : 몰드(Mold), 캔디다, 뉴머시스티스성 감염 바이러스: CMV(거대세포바이러스), RSV(호흡기 바이러스) 박테리아 폐렴구균(pneumococcus), 헤모필루스 인플루엔자	25~30% (총체적인 감염의 빈도)

Q (1) 급성과 만성「이식편대 숙주병」의 구분은 어떻게 하나? 왜 「이식편대 숙주병」이 오는가?

A 다음에 오는 (1)급성이식편대 숙주반응을 보시오. 이식 이후 100일을 분기점으로 이전에 이러한 현상이 오면 급성 이식편대 숙주병이라 부르며, 이식 100일 이후에 이러한 현상이 오면 만성 이식편대 숙주병이라고 부른다.

Q (2) 「이식편대 숙주병」이 의심스러운데 피부발진, 황달, 및 설사가 왔을 때 다른 질환일 가능성은?

A 3부의 표 3-4를 보시오.

Q (3) 이식편대숙주병의 치료 및 그 완치율은? 표준 1차 약에 듣지 않는 경우의 2차 약들은?

A 다음 (1)의 ⑤ 치료 이하를 보시오.

(1) 급성 이식편대 숙주반응(急性移植片對宿住反應, Acute Graft-versus-host disease)

① 원인, 빈도 및 잘 오는 경우들

가. 환자는 전신방사선조사 또는 고량의 화학요법 등 전처치를 통과하면서 장, 피부 등의 손상이 오게 된다.

나. 이때 몸 안에서는 각종 싸이토카인들(즉, 인터루킨(Interleukin), 티엔에프(T.N.F)) 등을 분비하게 된다.

다. 밖에서 들어간 T-림프구는 몸 안의 항원을 발현하도록 도와주는 세포로 하여금 다시 인터루킨을 분비하게 만들며 다시 T-림프구는 감마인터페론(INF-γ) 및 인터루킨을 분비하게 한다.

라. 그 결과로 탐식세포, 자연사멸세포, 세포독성림프구 등은 피부, 간, 위의 세포들을 파괴하게 된다.

마. 형제간 이식에서 그 정도에 따라 다르지만 20~25%의 반응이 일어나는 반면 타인 이식시는 75%까지도 발병할 수 있다.

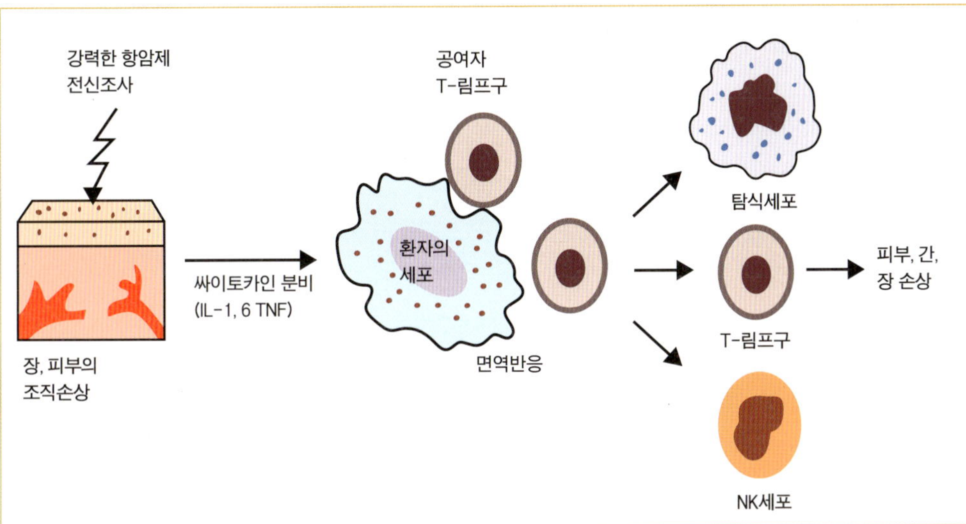

그림 3-5. 급성 이식편대 숙주병(移植編臺宿主病)이 오는 원리

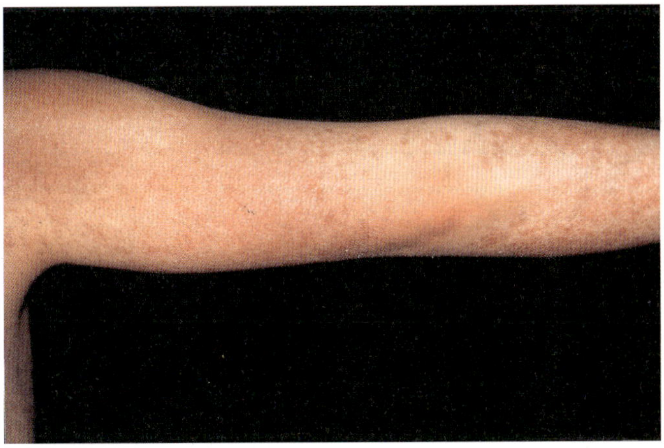

그림 3-6. 피부에 와 있는 급성 이식편대 숙주반응

바. 위험요인들(risk factor)로서는

ㄱ. 환자가 나이가 많을 때

ㄴ. 병이 많이 진행된 경우(예, 제2차, 3차 관해시, 또는 급성기 CML, 관해가 오지 않은 급성백혈병) 등이다.

② 증상

가. 피부

ㄱ. 대개 이식후 3주(착상이 시작되는 시기)를 지나면서 피부병변이 나타나며 피부가 가려울 수 있으며 예민하거나 아플 수도 있다. 피부의 어느 곳에서나 시작될 수 있으며 손, 발에서부터 시작할 수도 있다. 또한 얼굴에서 시작하는 경우 볼, 귀, 목, 배 등으로 진행이 된다.

ㄴ. 초급성(Hyperacute) 이식편대 숙주반응은 발열, 전신피부발진, 피부가 벗겨지는 것과 함께 이식 이후 불과 7일부터 시작될 수 있다.

ㄷ. 피부물집도 생길 수 있으며 피부괴사가 올 수도 있다.

피부의 발진을 퍼센트로 나누면 다음과 같이 요약된다(그림 3-7).

나. 간

ㄱ. 간은 피부 다음으로 GVHD가 잘 오는 장기로 담즙의 정체에 의한 황달

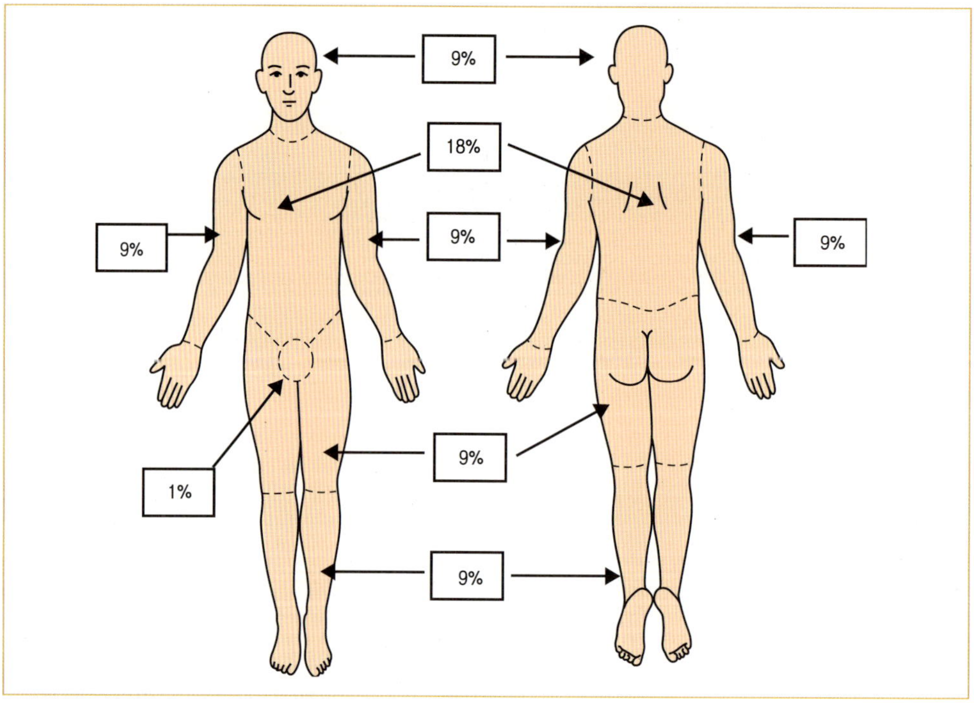

그림 3-7. 몸의 각 부분의 체표면을 %로 나타내고 있음

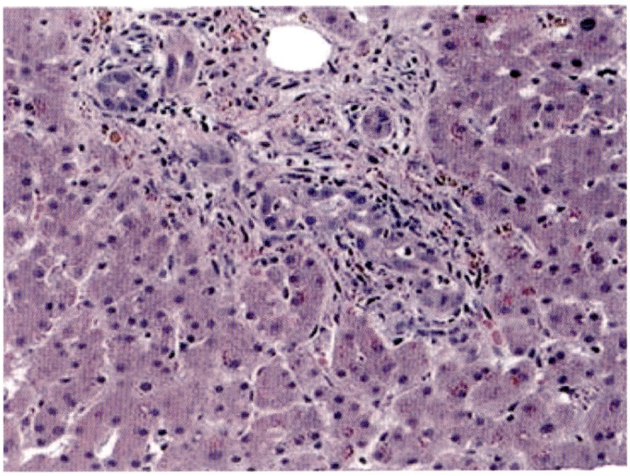

그림 3-8. 간의 이식편대 숙주반응의 조직 소견: 염증시 보이는 중성구 등이 보이는 것보다 림프구가 많이 보이며 담즙이 현격하게 축적되어 있음. 또 조직파괴와 더불어 죽은 세포(programed cell death)가 현격함.

(Cholestatic jaundice)이 발생한다. 못 먹는 것과 설사가 맞물려서 알부민(hypo-albuminemia) 수치가 낮아진다.

ㄴ. 여러 감염질환(바이러스, 곰팡이)이나 약제(특히 싸이클로스포린)로 인한 간 독성 또는 간 정맥폐쇄증(VOD) 등에 대한 원인 감별이 필요하므로 간 조직검사가 대개 필요하다.

다. 장

ㄱ. 대개 소장의 후반부 또는 대장에서 GVHD가 시작이 되며 설사, 혈변, 복통 및 장경련이 온다. 설사는 대개 고름 같은 것이 동반되며 장이 전반적으로 안쪽으로 붓는다.

ㄴ. 때로는 구토, 메스꺼움, 소화불량 등으로 주로 식도와 위만 영향을 받는 경우도 있으며 장은 거의 정상일 수도 있다.

ㄷ. 조직학적으로 소장의 크립트-세포의 괴사(crypt-cell necrosis)가 특이하게 나타난다.

라. 기타 GVHD 증상들

ㄱ. 급성 GVHD 이지만 눈도 피해를 보는 수가 있디(전형적인 눈 문제는 만성 GVHD에서 잘 동반됨). 빛을 싫어하게 되고 출혈성 각막염이 오며 급성 GVHD시 눈까지 GVHD에 포함되는 경우 그렇지 않은 사람보다 예후가 나쁘다는 보고도 있다.

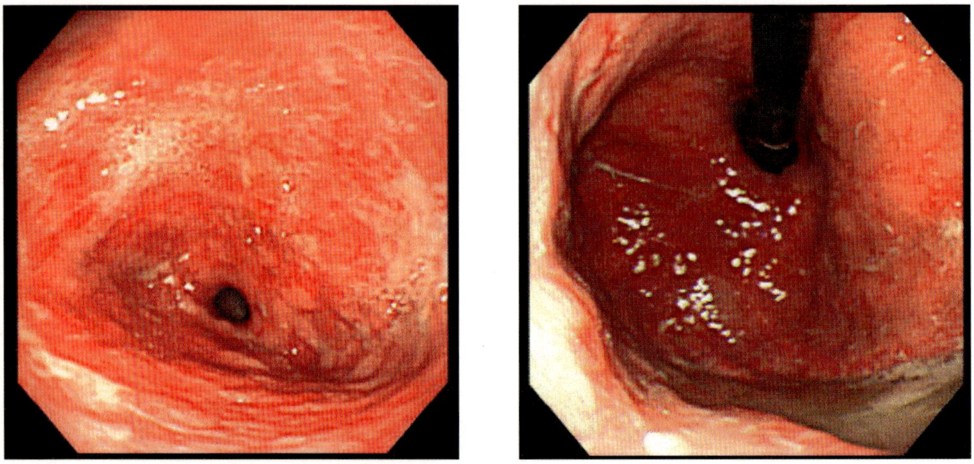

그림 3-9. 위장의 이식편대숙주반응의 내시경 소견: 위 점막이 거의 벗겨져 있어서 영양분의 흡수가 되지 않고 있으며 각종 균들이 들어갈 수 있음

ㄴ. 급성 GVHD는 폐렴, 폐부종(폐에 물이 참) 혹은 출혈성 방광염이 동반될 수 있다.

ㄷ. 혈소판 감소 및 빈혈이 발생하며 용혈이 동반된 신장기능부전(Hemolytic Uremic Syndrome)도 올 수 있다.

③ 이식편대 숙주반응과 감별(鑑別)이 필요한 질환들(표 3-4)

표 3-4. 이식편대 숙주반응과 감별이 필요한 질환들

	가능한 원인	진단 및 치료
피부발진	· 곰팡이류 감염	: 조직검사로 규명 · 치료
	· 약제들에 의한 알러지 반응	: 조직검사로 규명 · 치료
황달 (간기능 이상)	· 바이러스에 의한 감염 (특히 거대세포 바이러스, CMV)	: 간조직 검사
	· 약제들에 의한 간 부작용	: 가능하다면 약들을 끊어 봄
	· 적혈구의 용혈 작용/반응	: 이식전후에 바뀌는 과정에서 ABO -Type을 재점검
	· 정맥폐쇄증 (Veno-Occlusive-Disease,VOD)	: 몸무게가 늘며, 간 주변에 통증
	· 싸이클로스포린에 의한 독성	: 약을 조절하면 수일 내로 좋아짐
설사	· 위 · 십이지장 궤양	: 내시경으로 판정, 제산제로 치료
	· 바이러스 · 곰팡이류 감염	: 내시경으로 판정, 항바이러스 및 항곰팡이 항생제로 치료
	· 피변	: 내시경으로 판정, 출혈부위를 전기로 지혈시킴

④ 예방

가. 이미 이식 전에 철저한 조직항원(HLA) 검사를 했겠지만 형제간 이식시 A, B, C, DR의 각각 1쌍씩 8개가 맞아야 하며, 타인이식시는 분자생물학적 검사(4자리 숫자 검사)에서 A, B, DR의 각각 2쌍씩 6개가 다 맞는 것은 물론, 가능하다면 C의 1쌍까지 8개가 분자생물학적 검사에 맞는 것이 더 유리하다(타인이식시는 소위 분자생물학적방법을 이용하여(high resolution methode) 각각(즉 8개 site)을 4자리 숫자로 분석하는 것을 권장한다. 반면 형제간 이식시는 각각의 site를 2자리 숫자(low resolution methode)로만 하면 된다).

나. 한국의 환자들에게는 드물게 적용되는 상황이지만, 거대세포바이러스(CMV)에 감염된 적이 없던 환자에게는 가능하다면 거대세포바이러스에 감염된 적이 없던 공여자로부터 이식을 받는 것이 GVHD를 적게 발생시킨다는 보고가 있다.

다. 재생불량성빈혈 환자의 이식시는 무균실에서 이식을 시행하는 것이 GVHD가 적게 발생한다는 보고가 있다.

라. 과거에는 예방 약제로서 스테로이드(steroid), 메토트렉세이트(Methotrexate, MTX), 싸이클로스포린(Cyclosporine, CSP), ATG 및 싸이톡산(Cytoxan) 등을 단독으로 시도해 보았으나 지난 10여 년 동안의 결론은 단독보다는 2가지, 특히 CSP+메토트렉세이트(MTX) 또는 CSP+스테로이드(Steroid) 제제가 이식편대 숙주반응의 예방에 우수하며 이제는 거의 표준으로 정립되어 있다.

마. 한편 CSP을 이식 전 하루 또는 이틀 전부터 정맥을 통해 투입하며 생착이 되는 시기에(골수이식시 약 3주, 동종말초 조혈모세포이식시 약 2주) 경구(經口)약으로 바꾸게 된다. CSP는 혈중 농도를 200-400 (ng/ml)으로 유지하며 신장기능에 따라 증감을 결정한다. 한편 메토트렉세이트(MTX)는 이식 이후 +1, +3, +6, +11일에 정맥을 통해 투여하며 간기능과 신장기능을 보며 매번 조절하며 +11일째 투여하는 것은 입안이 너무 헐거나 할 경우에는 투여하지 않기도 한다.

바. CSP+스테로이드는 CSP+MTX에서 입을 헐게 하는 단점(그러나 MTX에 의한 항백혈병의 효과는 조금 더 있음)이 없다는 장점이 있으나 대신 이식 이후 스테로이드에 의한 감염을 조금 더 유도할 수 있는 단점이 있다. 스테로이드를 CSP와 함께 쓸 때 여러 방법이 있으나 대개 2달 정도 사용하면서 스테로이드를 끊어나간다.

⑤ 치료

가. 제 2-4등급(Grade 2-4)의 GVHD는 메틸프레드니솔론(Methylprednisolone, MP)을 2mg/kg/day(예 60kg인 환자인 경우 하루 필요한 양의 120mg을 60mg씩 나누어 하루 두 번 투여)를 투여한다.

나. 이때 CSP를 투여중이었다면 CSP 역시 계속 투여한다. MP는 이미 형성된 GVHD를 치료하며 CSP는 앞으로 있을 GVHD를 계속 막아주기 때문이다.

다. 일단 MP를 2mg/kg/day로 시작을 하면 7~10일 가량 유지하지만 가능한 신속하게 줄여(taper) 나가기 시작해야 한다(예, 1mg/kg/day, 그 후 격일로 더 줄임). 실제 임상에서는 수개월 투여하다가 줄이는 것(taper)이 통례다. 이외에 MMF(Mycophenolate Mofetil 혹은 셀셉트(CellCept®))를 1-2gm/day 줄 경우 MP의 양을 더 줄일 수 있는 장점이 있다.

라. MP에 효과가 없는 환자의 1/3~1/2에서 치사율을 볼 수 있으며(주로 곰팡이류 및 CMV에 의한 감염), 2차적으로 ATG(Anti-Thymocyte-Globulin)을 10~15mg/kg씩 4~6일 투여할 수 있다.

마. 기타 약제

ㄱ. FK506(프로그라프, Tacrolimus)

ㄴ. OKT 3 항체

표 3-5. 급성 이식편대 숙주병(GVHD)의 병기(病期, Stage)

피부	간-황달수 (mg/dL)	장(하루 동안의 설사양 및 경련)
제 1 기 발진 〈 25%	2-3	설사 500-1000 mL/day
제 2 기 발진 〈 전체피부의 25-50%	3-6	설사 1000-1500 mL/day
제 3 기 몸 전체의 발진	6-15	설사 〉 15000 mL/day
제 4 기 피부가 벗겨짐, 물집형성	〉 15	장 경련

표 3-6. 급성 이식편대 숙주병(GVHD)의 등급(等級, Grade)

	피부	간	장
1도(Grade)	1-2 기	0	0
2도(Grade)	1-3 기	1	1
3도(Grade)	1-3 기	2-3 기	2-3 기
4도(Grade)	2-4 기	2-4 기	2-4 기

ㄷ. TNF-α 항체 : infliximab, etanercept

ㄹ. IL-2 수용체에 대한 항체 : daclizumab

ㅁ. MMF(Mycophenolate mofetil)

ㅂ. 체외의 광화학치료(extracorporeal photochemotherapy)

위와 같은 약제 및 치료가 단일치료 및 병용치료로 연구되고 있으나 아직 표준치료로 정립되어 있지는 않다.

바. GVHD는 등급에 따라 생존율이 달라진다.

ㄱ. 제 1도(Grade): 75%

ㄴ. 제 2도(Grade): 50%

ㄷ. 제 3-4도(Grade): 20~25%

ㄹ. GVHD는 발생하는 경우, 그 반응에 따라 그 생존율은 다소 차이가 난다.

ㅁ. 완전히 회복한 경우: 80%

ㅂ. 부분적으로 회복한 경우: 50%

ㅅ. 반응이 전혀 없는 경우: 20~30%

ㅇ. 이식편대 숙주반응은 여전히 어려운 병이다.

현재 각 국에서 이를 극복하려는 연구 및 임상연구가 계속진행 중이다.

(2) 거대세포바이러스(Cytomegalovirus, CMV)에 의한 감염

- 이는 폐렴, 간염, 식도염, 위염, 장염, 망막염 등을 일으키며 진단은 조직이나 피에서 CMV 바이러스의 분리 및 CMV 바이러스의 항원에 대해 양성으로 판명한다. 한편 소변이나 침에서 양성인 것은 그리 의미를 두지 않는다.
- CMV가 일으키는 임상질환 중에서 대표적인 것이 간질성 폐렴(IP), 간염과 장염(Enteritis)이다.

치료 경험례

28세 CML(만성골수성백혈병)환우는 이식 이후 day 50이 지나면서 숨이 차고 열이 38도 이상이 되어 병원을 찾게 되었다. 가슴 사진상 양쪽 폐의 기저 부위에 작은 결절이 보였으며 일반 항생제를 투여하였으나 수일이 지났어도 좋은 차도를 보이지 않았다. 한편, 피검사상 CMV 바이러스의 항원이 40개/ul가 발견되었다.

Q (1) 거대세포 바이러스(CMV)에 의한 폐렴시 저산소증 등이 오는데 감별해야 하는 진단명은?

A 아래 ①을 보시오.

Q (2) 거대세포 바이러스(CMV)에 의한 폐렴시 반드시 기관지 내시경을 해야 하는가?

A 꼭 그렇지는 않다. 위에서 기술한 case 같이 가슴 사진상 특이한 폐렴소견을 보이며 말초 혈액 검사시 CMV 바이러스 항원이 발견되면 치료하게 된다. 반면 말초 혈액이 CMV 바이러스 항원이 발견이 되지 않을 수가 있는데 이때에는 기관지내시경을 해서 확진을 받아야 한다.

① 간질성(間質性) 폐렴(IP, Interstitial Pneumonia)

가. 이는 동종이식을 시행한 환자의 15~30%에서 발생한다.

나. 증상으로는 저산소증(hypoxia)이 특징적이며 가슴사진에 기저부위에 폐렴이 넓게 생긴다. 그러나 간혹 전형적인 박테리아성 폐렴 때 생기는 것처럼 segment(부위) 혹은 lobe(엽, 葉)에 폐렴을 형성할 수 있다.

다. 간질성 폐렴시는 반드시 폐출혈 및 바이러스, 곰팡이에 의한 폐렴 등도 감별해 주어야 한다.

라. CMV에 의한 간질성(間質性) 폐렴(IP)의 치료 및 예방

마. 한편 기관지 내시경 검사시 항원이 발견되거나 혈액배양시 CMV가 발견되면 폐 사진에 의해 폐렴이 보이지 않더라도 겐싸이클로비르(GCV)로 CMV에 의한 간질성 폐렴과 동일하게 치료한다.

바. 그러나 다음의 경우는 겐싸이클로비르(GCV)로 치료를 하지 않는다.

ㄱ. 소변에 CMV가 발견이 되었지만 증상이 없을 때

ㄴ. CMV를 전혀 앓은 적이 없었던 환자가 CMV를 전혀 앓지 않은 공여자의 골수나 말초 조혈모세포를 이식 받았을 때

ㄷ. 기관지 내시경 검사시 CMV의 항원이 음성이며 배양검사에서 음성일 때

② 거대세포 바이러스(CMV)에 의한 장염(腸炎, Enteritis)

가. 식도, 위, 소장 및 대장에 CMV에 의한 궤양이 생길 수 있다.

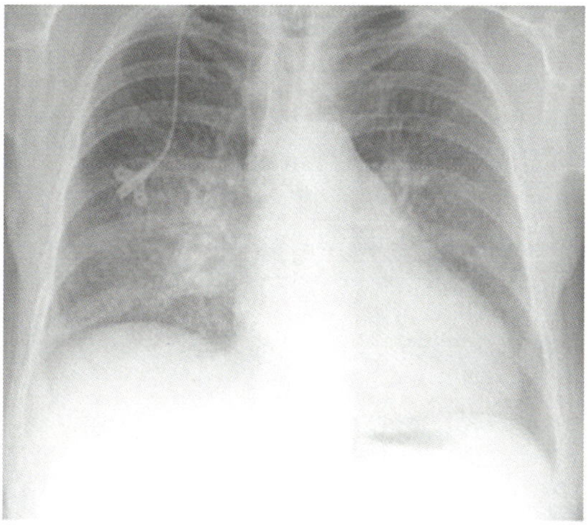

그림 3-10. 검정조직(정상 폐) 속에 하얗게 보이는 것이 폐렴.

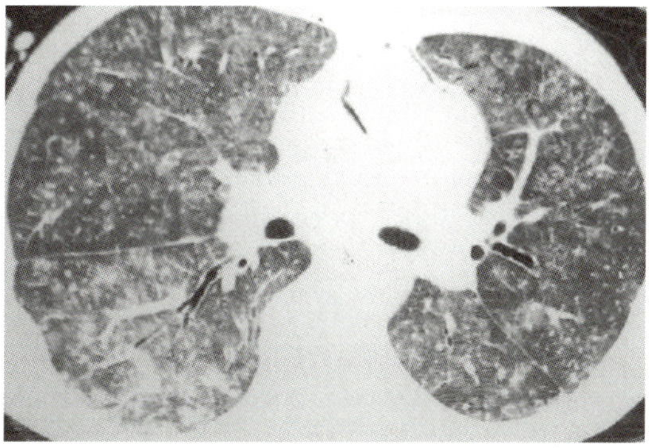

그림 3-11. CMV에 의한 폐렴시 CT(단층촬영)한 것 : 군데군데 하얗게 보이는 것이 폐렴

표 3-7 CMV에 의한 간질성 폐렴(IP)의 치료

CMV 폐렴치료의 Guideline		
처음 21일 동안	GCV(Ganciclovir, 겐싸이클로비르)	5㎎/㎏, 12시간 간격으로
	IVIG(Itravenous immunoglobulins, 정맥면역글로불린)	500㎎/㎏, IV, 격일로
유지요법	GCV	5㎎/㎏/d 5일간/주
(환자에게 면역억제가 들어가는 동안)	IVIG	500㎎/㎏, 매주

나. 진단은 증상이 있는 환자에게서 내시경 및 조직검사로 판정한다.

다. 임상연구에서 겐싸이클로비르(GCV)가 효과가 없다는 보고도 있지만 대부분의 병원에서 IP 때처럼 겐싸이클로비르(GCV)와 정맥면역글로불린(IVIG)로 치료한다.

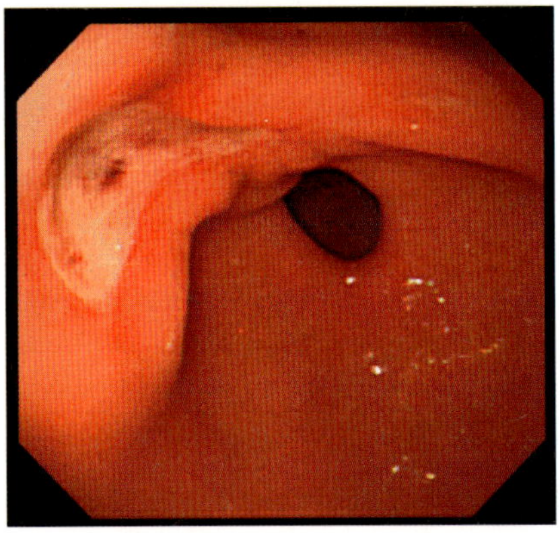

그림 3-12. 십이지장궤양의 내시경 소견

③ CMV에 의한 간염(肝炎, Hepatitis)

치료 경험례

36세 재생불량성빈혈 환우는 이식 이후 70일 지나면서 간수치(ALT 및 AST가 정상수치보다 3배 가량이 증가)의 증가와 경한 황달이 생겨 외래를 통해 입원했다.

입원시 검사 결과는: ALT-178, AST-225, bilirubin-3.5 이었다.

Q **이식 이후 100일 전에 생기는 황달(bilirubin의 증가)시 감별질환은 무엇이 있나?**

A 크게 바이러스에 의한 간염, 급성 이식편대 숙주반응 및 약에 의해 오는 간의 부작용 등 3가지로 나뉜다(표 3-8).

표 3-8. 이식후 오는 간질환시 고려해야 하는 것들

진단		ALT/AST의 증가	황달 (bilirubin)	간부전	치료
바이러스에 의한 간염	· 피에서 바이러스의 항원검출 · 간 조직 검사에서 바이러스 발견	+++/++	〉5	치명적일 수 있음	Ganciclovir 등 항바이러스 치료
급성 이식편대 숙주병	· 대개 피부병변과 비정상인 간수치가 겸해서 옴 · 간 조직 검사시 bile의 침체가 두드러지며 아포토시스(apoptosis; programmed cell death)가 있음	+~++/+	2~5	심각할 수 있음	스테로이드 (싸이클로스포린을 겸하기도 함)
약에 의한 부작용	· 약을 끊으면서 회복 · 간 조직 검사	-~+/-~+	1~5이하	대개 회복	약제를 끊으면서 추적

가. 항 바이러스 치료가 보편화되어 최근 줄어드는 경향이지만 다음과 같은 경우 발생할 수 있다.

ㄱ. 타인이식

ㄴ. T-림프구를 적출한 이식

ㄷ. 심한 GVHD(이식편대 숙주반응)가 왔을 경우

나. CMV 간염의 진단과 치료

· 간조직 검사시 분자생물학적인 PCR이란 방법으로 진단

· CMV에 의한 간염이 발생한 경우에는 피와 다른 장기에도 CMV 간염이 발생한 경우라고 생각해야 한다.

· GCV가 간질성 폐렴(IP) 때와 같이 주요 치료이다.

④ CMV 감염에 대한 예방

착상이 되면서 1주에 2번씩 CMV 항원검사(피검사)를 시행하며 퇴원하면서는 1주에 1번씩 CMV 항원검사를 이식 100일까지 시행한다. 그후 6개월까지는 1달에 1번씩 CMV 항원검사를 시행한다. 한편, 항원검사 수치가 의미있게 증가되었을 경우에는 폐렴/장염 등이 임상적으로 없다 하더라도 소위 pre-emptive(예방, 주의의 차원으로)한 치료를 GCV(겐싸이클로비르)로 하루에 두 번씩 정맥주사한 후, 하루에 1번씩 항원이 사라질 때까지 투여하거나, 임의로 3주동안 GCV를 하루에 1번씩 투여하고 마친다.

(3) 생착거부(2차 생착실패)

앞에서도 언급한 바가 있지만, 이는 이식 이후 잘 생착은 잘 되었지만 그 상황이 오래가지 않고 수개월 이후 또는 드물게는 수년 이후에 밖에서 들어간 골수 또는 조혈모세포가 떨어져 나가는 것을 말하며, 왜 이런 일이 생기는가에 대한 가능한 상황은 다음과 같다.

① 백혈병 등 환자 본인의 병의 재발: 이 경우는 그 지독한 전처치를 했다하더라도 병(백혈병)이 숨어 있다가 고개를 서서히 드는 경우이다.

② 아직도 잘 밝혀지지 않은 면역학적인 이유로 그 지독한 전처치 이후에도 남아있는 환자의 세포가 외부에서 들어온 골수 혹은 말초 조혈모세포를 밀어내 버리는 것이다. 이러 현상은 재생불량성빈혈 등에서 볼 수 있다.

③ 극심한 바이러스 감염 이후(특히 Human Herpes Simplex Virus 6 등) 골수의 조

혈모세포가 심한 타격을 받는 수가 있다. 이러한 감염은 대부분 수주 또는 수개월에 걸쳐 회복이 되는 것이 보통이지만, 그렇지 않은 경우에는 치명적일 수 있다.

(4) 세균성 감염 및 패혈증

2부 2장 3)-(2) 각종 감염들 참조.

생착 이후 이식환자는 세포성 면역 및 체액성 면역이 매우 떨어져 있다. 이러한 면역 저하의 정도나 기간은 이식의 종류, 공여자와 환자간에 조직적합성 일치도의 정도, 이식편에서 T림프구를 제거하였는지의 여부, 이식 후 이식편대숙주질환을 예방하기 위해 투여한 면역억제제의 종류와 정도, 이식편대숙주질환의 발생여부 및 발생의 중증도에 따라 많은 영향을 받게 된다. 생착 이전 호중구 감소 기간에 발생한 대부분의 세균성 감염은 생착 후 호중구가 회복되면 거의 다 감염으로부터 회복이 되므로 대부분의 항생제들은 중단할 수 있다. 이시기에는 주로 진균감염과 바이러스감염이 세균감염보다 더 많이 나타나지만, 바이러스나 진균에 의한 감염이나 장의 이식편대 숙주질환으로부터의 소화기 점막의 손상이 발생하면 그람음성균의 감염이 생길 수 있으며, 중심정맥관을 통한 그람양성균의 감염도 가능하다.

(5) 아데노바이러스(Adenovirus)에 의한 감염

아데노바이러스 감염은 생착 후 그 빈도가 상승하기 시작하며 이식 후 2개월이 지나면서부터 흔히 발생한다. 발병빈도는 최근 증가하는 추세에 있으며, 동종이식 환자의 12%, 자가이식 환자의 6% 정도가 발병하는 것으로 알려진다. 아데노바이러스에 감염이 되면 폐렴, 간염, 소화기 감염, 신장염, 출혈성 방광염 및 안구의 감염을 일으키며, 특히 폐렴과 출혈성 방광염이 임상적으로 문제를 일으키고 있다. 위험인자는 이식편대 숙주질환, 비혈연간 이식, 전처치로 전신방사선조사를 한경우, 이식편에서 T림프구를 제거한 경우, 어린 환자인 경우이며 이때 아데노바이러스 감염 발생이 빈번하다고 알려진다. 아데노바이러스 감염이 이식환자에 생기는 경우 약 30-50%의 치명율을 보여 위험하며 특히 폐렴과 전신에 파종성 감염을 일으키는 경우 매우 위험하다.

진단은 환자의 샘플로부터 직접 검출하는 것으로 이루어지는데, 주로 기관지내시경 후 얻은 폐포세척액을 배양하거나, 혈청학적인 방법(ELISA), 혹은 PCR을 통해 진단하며,

조직샘플의 경우에는 면역형광염색 등으로 확인할 수 있다.

치료는 시도포비어(cidofovir)나 리바비린(ribavirin)의 전신적인 투여가 시도되고 있다.

(6) 수두 및 대상포진 (Varicella and Herpes Zoster)

① 증상

가. 수두

수두는 수두-대상포진 바이러스(Varicella-Zoster virus)에 의해 생기는 일차감염을 말하며, 전염력이 강해서 감수성이 있는 사람에서는 90% 이상의 전염력을 나타낸다. 임상적으로 미열, 발진, 권태감 등이 나타나며 발진은 특징적으로 반점구진(maculopapule), 소포(vesicle), 가피(scab) 등 다양한 병기의 모양을 보인다. 주로 얼굴과 상체에서 반점구진, 소포 병변이 생긴 후 수 시간에서 수 일 내에 다른 부위로 퍼져 나간다. 병변의 크기는 5~10mm이며 인두나 질(vagina)에서도 생길 수 있다. 병변의 수는 사람마다 다르나 많게는 2,000개 이상도 생길 수 있으며 일반적으로 나이가 많을수록 많이 생기고 가족 내에서 전염되는 경우가 많다. 면역이 저하된 이식환자의 경우 30~50%에서 장관침범이 일어나고 15%의 사망률을 보인다. 박테리아(Streptococcus pyogenes 혹은 Staphylococcus aureus)에 의한 중복감염(superinfection)이 가장 흔한 합병증이며 대부분 긁은 뒤 발생한다. 피부 이외에 중추신경계에 병변이 발생할 수 있으며, 피부발진 후 약 21일

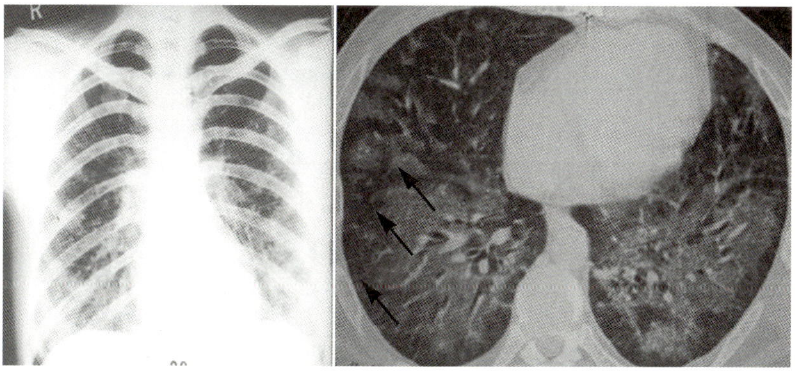

그림 3-13. 수두에 의한 폐렴: 오른쪽 하단부위에 폐렴이 와 있음

후에 소뇌성 운동실조(cerebellar ataxia)와 수막자극증상을 보인다. 무균성 수막염, 뇌염, 횡단성 척수염 및 심한 합병증(예: Guillian- Barre' syndrome, Reye's syndrome)이 발생할 수 있다. 수두 후에 발생할 수 있는 가장 위중한 합병증은 폐렴으로 발열, 호흡곤란, 기침 등의 증상 이외에도 청색증, 흉막동통, 객혈 등이 흔히 동반된다. 피부병변이 호전되면서 폐병변도 같이 호전된다.

나. 대상포진

잠복되어 있던 수두-대상포진 바이러스(Varicella-Zoster virus)가 후근 신경절에서 재활성화되어 발생한다. 편측 피부절을 따라 발진이 생기며 통증을 동반한다. 대상포진에서 흔히 동반되는 통증은 피부병변이 생기기 2~3일 전에 선행되어 나타난다. 삼차신경절에서 재활성화하는 경우 병변은 눈, 구강, 혀 등에 나타나며 외이도의 통증을 동반한 병변, 미각소실 등의 증상이 생기는 경우 Ramsay Hunt syndrome이라 한다. 수두와 마찬가지로 중추신경계 병변을 일으킬 수 있다. 이식과 같이 면역이 저하된 환자에서는 병의 경과가 길어지고 딱지가 잘생기지 않으며 폐렴, 간염 등 장관 침범도 흔하다. 특히 조혈모세포이식을 시행한 환자에서는 9개월 내에 이식환자의 약 40~50%에서 대상포진이 발생하며 드물게(10%) 사망률을 보인다. 대상포진 후 신경통(postherpetic neuralgia)은 일반적으로 대상포진 발생시점에서 한 달 이상 통증이 지속되는 것을 의미하며 연령에 따라 대상포진 환자의 약 10~70%가 대상포진 후 신경통으로 진행된다.

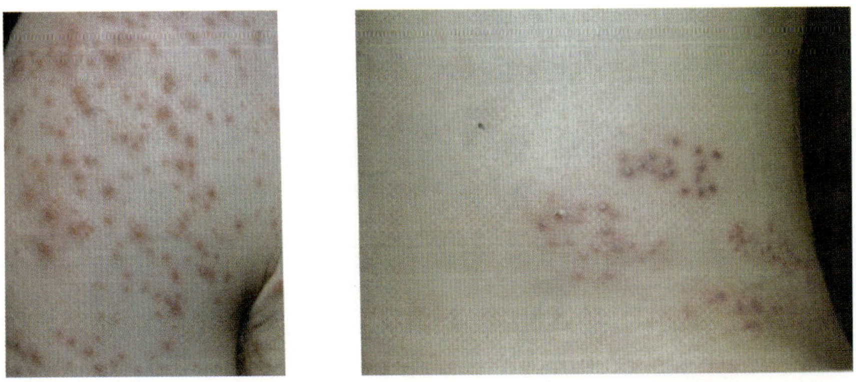

그림 3-14. 대상포진에 의한 피부감염: 엉덩이의 신경줄기를 따라 포진이 발생

표 3-9. 자가이식 이후 생길 수 있는 감염에 관한 부작용들

· 단순포진(Herpes Simplex)	구강, 입, 항문, 성기 주위
· 박테리아(bacteria)	폐렴, 축농증, 중이염
· 곰팡이류(Candida)	피부, 간, 점막
· 캔디다(Candida)	구강, 피부, 패혈증
· 에스퍼질러스(Aspergillus)	폐렴

② 진단

병변에서 세포학적 검사를 이용하여 특징적인 봉입체(inclusion body)를 관찰할 수 있으면 진단이 가능하다. 배양이나 항원에 대한 PCR을 이용하여 진단할 수 있다. 혈청학적인 양전이나 회복기 항체 역가 상승으로 진단은 가능하지만 큰 도움이 되지는 않는다.

③ 치료 및 예방

예방적인 항바이러스제 투여는 acyclovir 500mg/m2의 용량을 1일 3회 골수이식 전 5일부터 이식 후 30일간 정주하고, 그 후 1일 800mg/day의 용량을 대상포진의 유행시기가 지나는 이식 후 7개월까지 투여하도록 권고되어 왔다. 그러나 이러한 예방법은 장기간 동안 다량의 약제를 복용해야 하기 때문에 환자의 순응도가 떨어져 결국 대상포진으로 이환되는 환자의 수를 크게 줄인다고는 보기 어렵고, 대상포진이 발생하더라도 단기간의 acyclovir의 치료에 반응이 좋고 또한, 대상포진에 대한 면역글로불린도 상품화되어 최근에는 더 이상 대상포진에 대한 acyclovir의 예방적 투여는 권하지 않고 있다. 이식 등과 같은 면역저하 환자에서의 감염인 경우 치료는 체중당 10mg의 acyclovir를 하루 3회 정맥 주사하면 파종성 피부감염이나 장기의 대상포진을 치료할 수 있다.

2) 자가이식

자가이식의 경우는 농종이식의 경우보다 퇴원 이후 이식 100일까지 비교적 그 부작용이 적으며 다음의 몇 가지로 요약된다.

(1) 자기 몸에서 뽑은 조혈모세포를 전처치 이후 다시 주입(이식)하였기에 이식편대 숙

주반응 등이 생기지 않는다.

(2) 자가이식에서는 동종이식시 잘 생길 수 있는 생착 이후 이식편대 숙주반응에 의한 점막의 손상이 없다(동종이식의 경우에는 이식편대 숙주반응 그 자체가 각종 균이 들어오도록 하게 한다). 예를 들어 장에 생기는 이식편대 숙주반응이 올 경우 장에 있는 보호막인 점막(mucosa)들이 다 없어져버려서 각종 균들이 장을 통해 피(순환기)로 진입이 용이하게 된다. 이러한 현상은 구강, 식도, 위 점막에도 비슷하게 적용된다.

(3) 동종이식에서 보는 면역억제약(싸이클로스포린 등)을 이식 이후 3~4달까지 투여할 필요가 없으며 따라서 이식 이후 피 수치가 회복이 되면서 면역기능이 상당히 회복이 된다(즉, 이식/착상이후, 밖에서 별도로 더 면역을 억제할 필요가 없다).

7. 통원 치료시 생길 수 있는 일들(이식 후 100일부터 3년 사이)

다음의 도표로 요약된다.

	내용	빈도
면역체계의 비정상: T-림프구 정상화의 부진	감염들(특히 1년까지) 뉴머시스티스성 감염(PCP, Pneumocystis) 대상포진(Varicella Zoster) 폐렴균(Pneumococci), 호혈균(Hernophilus) 인플루엔자(H. Influenza) CMV(거대세포바이러스)	25~30% (총체적 빈도)
만성 GVHD	피부, 눈, 입, 간	30~50% (타인이식시 더 흔함)
갑상선 저하증	특히 소아환자에 한함.	30~50%
성장 저하	싸이톡신의 양에 따라 변수가 있음.	흔함
불임	방사선 조사시	흔함
백내장	방사선 조사시	25~40%
비혈관성 괴사	특히 고관절	5~15%
2차 고형암	위, 폐, 장, 암, 육종 등 및 2차 백혈병	2~10%

1) 동종이식

치료 경험례

54세 급성백혈병 환우는 65세의 누이로부터 동종골수 이식을 받았다. 이식 이후 100여일간은 별 문제없이 지났으나 5개월이 지나면서 눈이 건조해지며 입안에 통증이 심해졌다. 또한 매운 음식을 전혀 먹지 못하게 되었다. 임상적으로 만성 이식편대 숙주반응이 의심되었다. 조직 검사 결과 만성 이식편대 숙주병이 확증되었다.

Q (1) 위의 증상 이외에도 어떤 증상이 동반되며, 어떤 경우 만성 이식편대 숙주병이 잘 오는가?

A (1) 만성 이식편대 숙주반응을 보시오.

Q (2) 진단방법은?

A 3부의 표 3-10 참조.

Q (3) 치료법과 그 예후는 어떠한가?

A 주로 스테로이드와 싸이클로스포린의 복합요법이 근간이며 아래에 기술한 것처럼 혈소판이 10만 이하이거나 급성에서 만성으로 넘어간 경우 치료가 어려워진다.

(1) 만성(慢性) 이식편(移植片)대 숙주반응(宿主反應, Chronic Graft vs Host Disease, GVHD)

- 100여일이 지나서 생기는 이 현상은 밖에서 들어간 T-림프구가 환자 몸의 minor-항원에 대한 인식과 환자의 흉선의 기능저하에 의한 자가면역현상으로 생긴다.
- 조직항원이 일치하는 형제간 이식을 받은 1/3에서, 조직항원이 일치하는 친척간 이식을 받은 1/3~1/2에서 또 조직항원이 일치하는 타인이식을 받은 7/10에서 생긴다.

① 생기게 하는 주요인자들(主要因子, factors)

가. 조직항원의 불일치

나. 선행되는 급성 이식편대 숙주반응

다. 나이가 많은 경우

라. 너무 일찍 CSP(Cyclosporine, 싸이클로스포린)을 끊었을 때

마. T-림프구가 많이 주입된 경우(동종 말초 조혈모세포이식시 동종골수이식보다 그 빈도가 높다)

② 임상증상들

가. 피부

급성 이식편대 숙주반응과 대부분 동일하나 태선화현상(苔癬化現象, lichen planus)이 오며 관절이 굳는(joint contractures) 증상과 피부각화현상(皮膚角化現象, sclerodema)이 동반되기도 한다.

탈모현상 및 손톱이 빠지는 것도 비교적 흔하게 온다. 머리가 다시 나며 땀샘의 기능이 회복되는 것이 증상이 좋아지기 전에 선행되기도 한다.

나. 간

주로 담즙의 울체(鬱滯)현상(cholestatic)이 오며 황달이 온다. 그러나 급성 이식편대 숙주반응과 달리 황달의 정도와 이식편대 숙주반응의 정도가 비례하지 않은 경우도 흔하다.

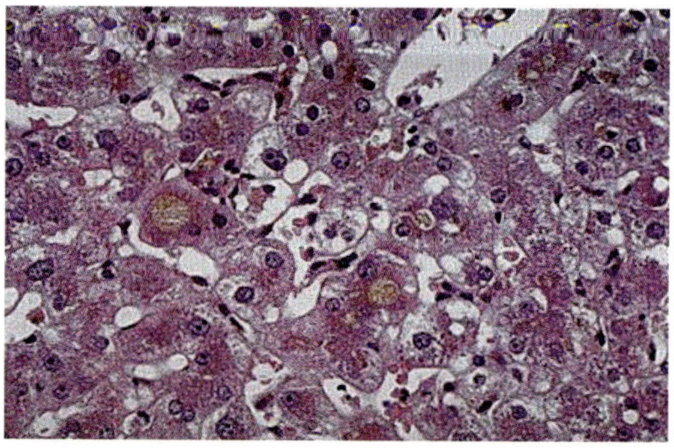

그림 3-15. 간의 이식편대 숙주반응 조직소견

한편, 간경화 및 간기능 부전으로 인한 사망은 비교적 드물다.

간기능의 이상은 또한 다음의 질환과 감별해 주어야 한다.

ㄱ. 바이러스 감염

ㄴ. 간독성약에 의한 부작용

ㄷ. 곰팡이 감염

ㄹ. 원발성 담도 경화(primary biliary cirrhosis)

다. 눈: 각막

결막염과 건조증이 오면서 눈이 가려우며, 빛을 피하는 증상이 온다. 눈물이 나오는 기능은 소위 Schimer's test를 통해 평가되어진다(검사시 5mm 이하로 젖음). 한편 골수이식 이후 백내장(白內障, Cataract)이 동반되는데 이는 골수이식 100일 이후 GVHD를 치료하느라 사용한 스테로이드(prednisone)와 전처치시 사용한 전신방사선조사(TBI)가 그 주요 이유이다.

라. 구강

구강건조가 오며, 자극적인 음식에 예민해진다. 만성이식편대 숙주병의 일환으로 구강 안 점막의 태선화(lichenoid)가 오며 동시에 구강통증이 동반된다. 한편, 입안의 곰팡이(Candidiasis)를 태선화(lichenoid) 반응으로 착각할 수 있는 것을 유의하여야 한다.

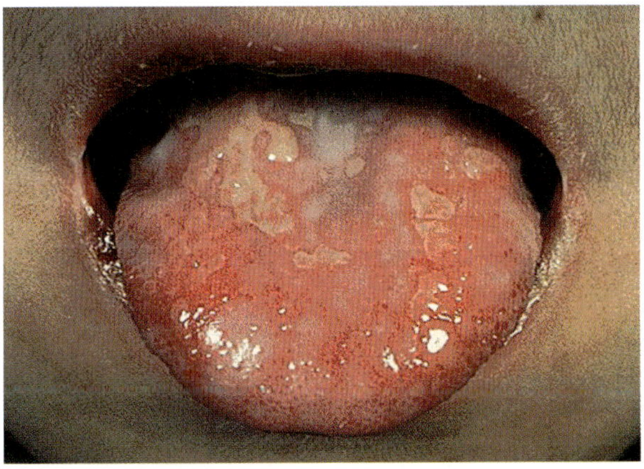

그림 3-16. 구강점막의 만성 이식편대 숙주반응: 각질이 형성되며 통증이 동반됨

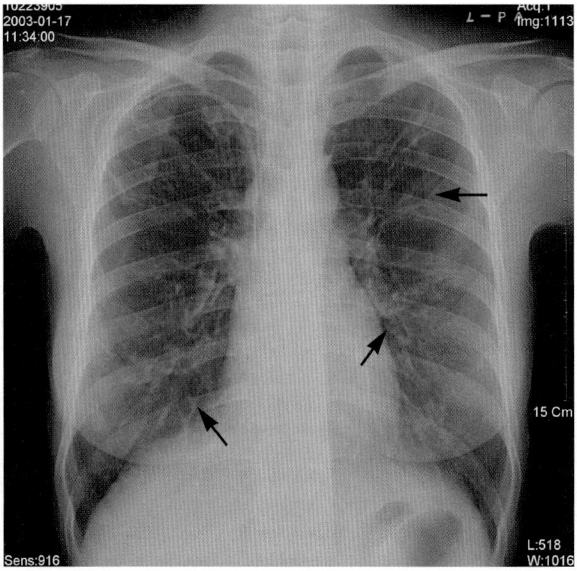

그림 3-17. 폐의 만성 이식편대 숙주반응: 양쪽 폐에 와 있으며, 내시경을 통한 조직검사와 폐기능 검사로 확진(소위 air trapping이 특징적)

마. 폐

폐쇄성 세기관지염(obliterative bronchiolitis)이 올 수가 있으며 이는 IgG 또는 감마글로브린(γ-globuline)이 낮을 때 더 동반될 가능성이 있다. 심한 경우에는 치명적일 수 있으며 간혹 폐이식까지도 고려해 보아야 한다.

폐의 만성 이식편대 숙주반응: 양쪽 폐에 와 있으며, 내시경을 통한 조직검사와 폐기능 검사로 확진한다. 열이 동반되지 않는 특징이 있다(다음의 (2) 폐의 만성 이식편대 숙주반응에서 더 자세히 다루고 있음).

바. 소화기

만성 이식편대 숙주병시 장(대장, 소장)을 침범하는 일은 비교적 드물다. 그러나 식도에 병변이 생길 때는 삼킬 때 통증과 체중감소가 생길 수 있다. 방사선과적으로 검사시 식도가 좁아짐을 발견되기도 한다.

사. 신경 · 근육계통

간혹 근무력증(Myasthenia Gravis)이 생길 수 있으며 아세틸콜린 수용체에 대한 항원에 양성이며 콜린에스테레이즈(cholinesterase)를 억제하는 약제에 대부분 반응을 한다.

아. 기타 증상들

만성 이식편대 숙주병시 여성의 질(膣, vagina)이 조여드는(stricture) 현상이 올 수 있다. 이는 전신방사선조사(TBI: Total Body Irradiation)시 따라오는 난소기능 저하시에도 비슷한 증상이 동반될 수 있지만 각각의 구분이 가능하다.

③ 진단병기 및 진단방법

가. 한정된(limited) 만성 이식편대 숙주반응

ㄱ. 국한된 피부병변

ㄴ. 비정상적 간기능

- 위의 것 중 둘 중 하나이든지 모두 관여될 때

표 3-10. 만성 이식편대 숙주병의 증상 및 진단방법

관여되는 장기	임상증상	진단방법
피부(皮膚)	피부가 탈색(脫色, dyspigmentation) 피부건조증(xerosis) 발진(發疹, erythema) 경피증(scleroderma:피부가 섬유화 됨) 손발톱이영양증(onychodystrophy) 탈모(alopecia)	피부 조직검사: 팔이나 엉치뼈 주위에서 3mm 채취(punch)-조직 검사를 시행
구강(口腔)	편평태선(Lichen planus, 피부가 두꺼워지고 단단해지며 가려움 동반)	입술에서 조직검사
눈(眼)	건조증, 각막염	쉬머(Schirmer) 검사
간(肝)	황달	빌리루빈(bilirubin) 수치검사 간수치(AST/ALT) 이상 혈액검사상 ALP (Alkaline phosphatase)이상
폐(肺)	폐의 작은 기관지가 막히거나 탄력성이 떨어지게 됨(Obstructive/restrictive pulmonary disease)	폐기능 검사(pulmonary function test) 동맥 산소/이산화탄소 검사 (arterial blood gas)
질(膣)	건조증, 위축(atrophy)	부인과적 검진
영양상태	단백질 및 총칼로리 부족	체중, 근육/지방 축척 평가
활동평가	관절이 굳어짐, 지체 부자유	카노프스키 점수 등으로 평가

표 3-11. 카노프스키 점수(Karnofsky Score): 환우의 "전신컨디션"을 평가하는 기준

100~80%	정상적 활동이 가능한 경우(100%), 노력할 경우 정상생활 가능(80%)
70~50%	집에서 일상생활이 가능(70%), 타인의 도움이 필요/의료적 처치 필요(50%)
40~20%	병원에 입원이 필요함, 자기 간호 불가능(40%), 상당히 위험, 반드시 입원이 필요(20%)
10%	치명적 상태
0%	사망

나. 심한(Extensive) 만성 이식편대 숙주반응

ㄱ. 몸 전체에 피부 이식편대 숙주병이 온 경우

ㄴ. 제한된 만성 이식편대 숙주반응의 ㄱ 또는 ㄴ이 관계되며 아래의 것 중 하나가 포함될 때

a) 간조직 검사시 심한 만성 간염, 간괴사 및 간경화

b) 눈에 이상(schirmer 검사시 5mm 미만으로 눈물이 종이에 젖어들 때)

c) 조직검사시 침샘, 구강 안에 이상이 있을 때

d) 기타 다른 장기가 관여될 때

④ 치료

가. 한정된(limited) 만성 이식편대 숙주반응

특별한 치료가 전신적 치료가 필요 없다. 예를 들어 제한된 피부의 만성 이식편대 숙주반응의 경우 국소 스테로이드만으로도 효과가 있다.

나. 심한(extensive) 만성 이식편대 숙주반응

ㄱ. 프레드니손(prednisone)과 싸이클로스포린(CSP) 또는 프레드니손과 더불어 싸이클로포스파마이드(cyclophosphamide), 푸로카바진(procarbazine) 등을 쓰며, 상황에 따라 달라지지만 1-2년여 정도까지 약제들의 사용을 유지해야 한다(한편 이러한 약제를 쓰는 동안 생길 수 있는 감염은 최대의 걸림돌이다).

ㄴ. 1차 약에 반응이 없는 경우 2차를 쓸 수가 있으며, 아자티오프린(azathioprine), 싸이클로스포린/프레드니손을 교대로 쓸 수 있다. 그 외에도 탈리도마이드(thalidomide)를 하루에 400mg으로 시작하여 쓸 수 있고, 나병(leprosy)시 쓰는 클로파지민(clofazimine)의 경우 하루에 300mg으로 시작하여 사용할 수 있다.

ㄷ. 그 외에도 조절이 어려운 만성 이식편대 숙주반응에 mycophenolate mofetil(MMF), 리툭스맙(rituximab), 펜토스타틴(pentostatin), 라파마이신(rapamycin)등이 연구되고 있다.

다. 또한 림프선에 낮은 용량의 방사선 조사(100cGy)도 간혹 효과를 볼 수 있다.

라. 만성 이식편대 숙주반응시 다음이 있는 경우 치료가 잘 안되는 경향이 있다.

ㄱ. 혈소판 수치가 10만 이하 시

ㄴ. 빌리루빈(bilirubine)이 2mg/dℓ이 이상 시 – 황달증상

ㄷ. 급성 이식편대 숙주반응시 프레드니손(Prednisone)으로 치료하다가 끊지 못하고 만성으로 진행된 경우

⑤ 치료성적(예후(豫後), Prognosis)

가. 표준위험도(Standard Risk) 환자: 혈소판이 10만 이상

– 프레드니손(Prednisone)과 CSP(싸이클로스포린)을 썼을 때: 60~80% 생존

나. 높은 위험도(High Risk) 환자: 혈소판이 10만 이하

– CSP과 프레드니손을 썼을 경우: 40~50% 생존

(2) 폐의 만성 이식편대 숙주반응

동종 조혈모세포 이식을 받은 경우 경중은 다르지만 약 30~60% 정도가 폐의 합병증을 경험하고 있고 이들의 대부분은 만성 이식편대 숙주반응과 관련이 있다. 이식후 폐의 합병증의 발생과 관련이 있는 요소는 감염, 전처치에 사용된 약제, 사용된 면역억제제 및 방사선치료, 이식의 종류(동종이식의 경우 많이 발생), 예방적 항균제의 사용여부 및 이식후 경과기간 등이지만, 최근 항생제의 발달과 예방적 항균제의 사용으로 점차 감염성 폐합병증보다는 만성 이식편대 숙주반응과 같은 비감염성 합병증이 증가하는 추세이다.

조혈모세포 이식후 폐의 이식편대 숙주반응은 다음과 같은 양상으로 나타난다.

① 미만성 폐포손상(Diffuse alveolar damage, DAH)

② 간질성 폐렴을 동반한 림프구성 기관지염 및 세기관지염 (Lymphocytic bronchitis/bronchiolitis with interstitial pneumonia)

③ 폐쇄성 세기관지염(Bronchiolitis obliterans, BO)

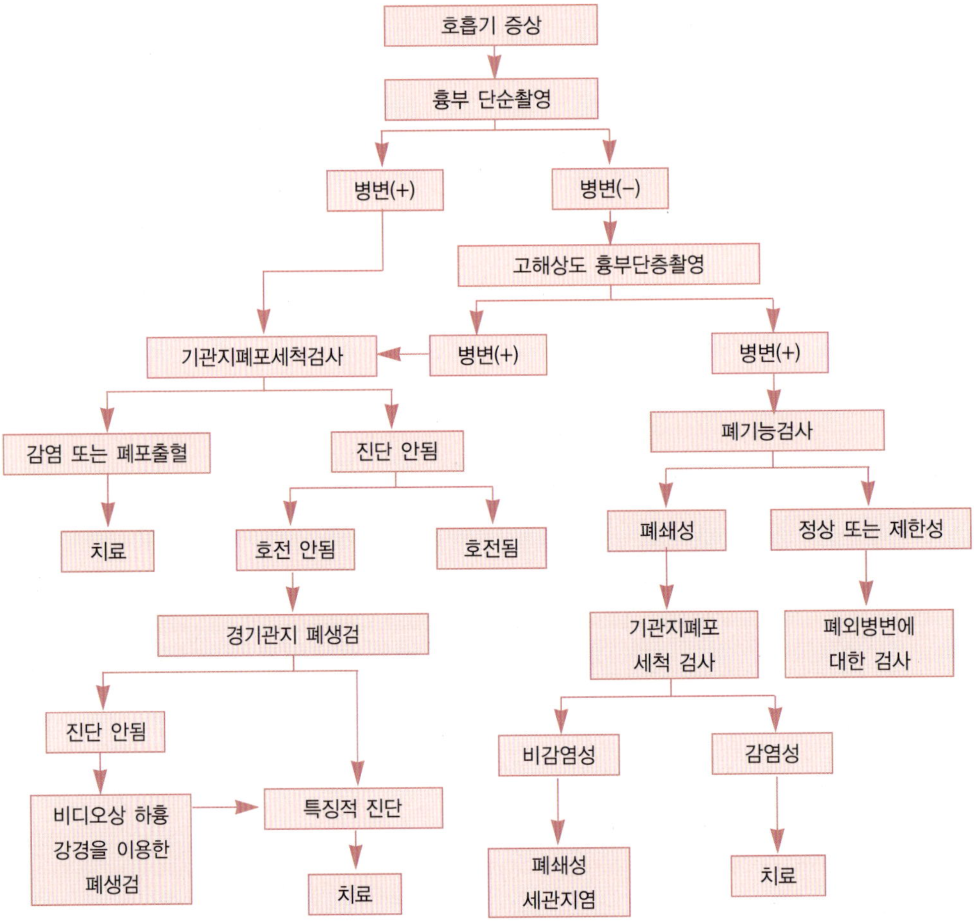

그림 3-18. 동종 조혈모세포 이식 후 비감염성 폐합병증의 진단적 접근

④ 폐쇄성 세기관지염 및 기질화폐렴(Bronchiolitis obliterans and organizing pneumonia, BOOP)

⑤ 특발성 폐렴증후군(Idiopathic pneumonia syndrome, IPS)

폐의 만성 이식편대 숙주반응을 포함한 비감염성 폐합병증이 나타나는 시기를 그림 3-19에 나타내었다.

표 3-12에 이식편대 숙주반응을 포함한 이식후 비감염성 폐합병증의 특징을 정리하였다.

그림 3-18은 조혈모세포 이식후 발생한 비감염성 폐의 합병증이 발생한 경우 진단적

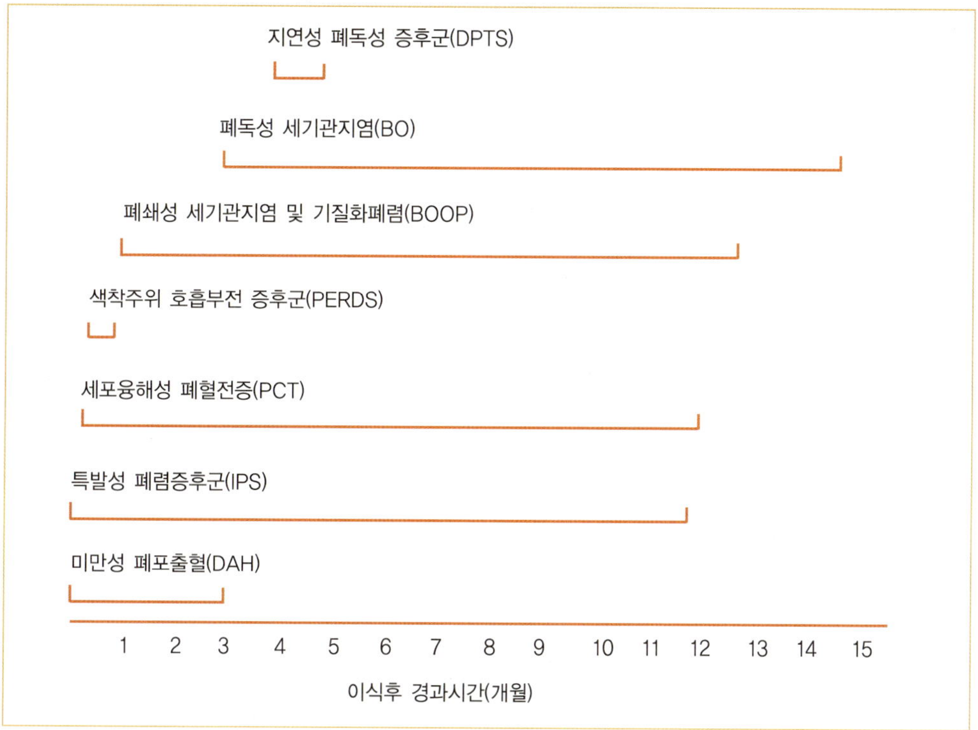

그림 3-19. 동종이식 이후 폐의 만성 이식편대 숙주반응을 포함한 비감염성 폐합병증이 나타나는 시기

표 3-12. 조혈모세포이식 환자에서 발생할 수 있는 비감염성 폐합병증의 특징

폐 합병증의 종류	구분되는 특징들
폐쇄성 세기관지염 (BO)	발열과 흉부촬영상 폐병변이 보이지 않음. 기도폐색(airway obstruction)이 존재
폐쇄성 세기관지염 및 기질화폐렴 (BOOP)	발열과 흉부촬영상 폐경화(pulmonary consolidation) 병변이 보임. 특징적인 폐조직 형태를 보임.
미만성 폐포손상 (DAH)	미만성 폐병변, 기관지-폐포세척액이 점차 혈액이 포함된 양상으로 진행, 헤모시데린을 탐식한 탐식세포의 출현
특발성 폐렴증후군 (IPS)	감염성 폐렴과 비슷한 양상, 감염원인을 배제함으로써 진단
생착주위 호흡부전증후군 (PERDS)	생착후 5일이내 발생, 심인성 또는 감염성의 원인을 배제함으로써 진단
지연성 폐독성 증후군 (DPTS)	유방암 환자에서 고용량 항암요법 및 자가이식 후 발생, 좋은 예후
세포융해성 폐혈전증(PCT)	발열과 폐결절이 보임, 주로 이식편대 숙주반응을 보이는 소아환자에서 보임, 특징적인 조직소견을 보임.

접근방법을 도시한 것이다.

조혈모세포 이식후 발생하는 만성 이식편대 숙주반응을 포함한 비감염성 폐의 합병증의 치료는 대개 부신피질 호르몬을 이용한 면역억제 치료가 시도되고 있으나 아직 그 효과를 완전히 입증하지 못하고 있으며, 폐의 비감염성 합병증의 치료에 대한 여러 연구가 진행 중에 있다.

조혈모세포 이식 후 발생하는 만성 이식편대 숙주반응을 포함한 비감염성 폐의 합병증의 치료는 대부분 프레드니손(prednisone)을 이용하여 사용하고 있으며, 최근에는 흡인용 싸이클로스포린, etanercept, infliximab 등의 면역억제제 사용이 연구되고 있다.

(3) 대상포진(Herpes Zoster) (p144 참조)

(4) 뉴머시스티스성 폐렴(Pneumocystis carinii, 주폐포자충증)

① 증상 및 증후

과거 원충으로 분류되었던 주폐포자충은 최근 분자생물학의 발달로 그 세포구성이 원충보다는 진균에 가까운 것으로 밝혀져 최근에는 진균으로 분류되고 있다. 일반적으로 골수이식후 3~9개월 사이에 간질성 폐렴을 유발한다. 주폐포자충에 의한 간질성 폐렴은 발열, 호흡곤란, 마른기침의 특징적인 임상증상을 가지며 흉부방사선 촬영상 약 60%의

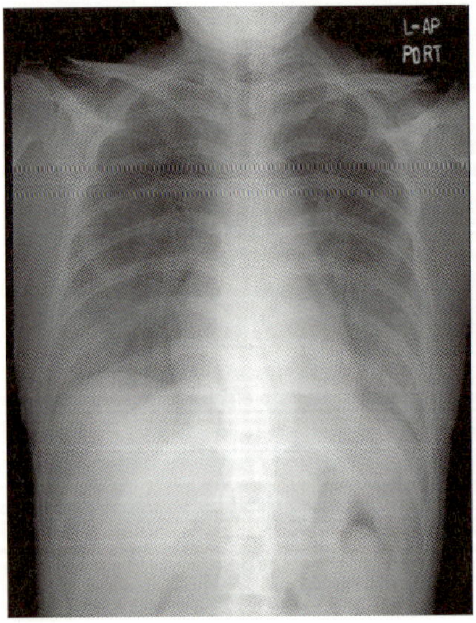

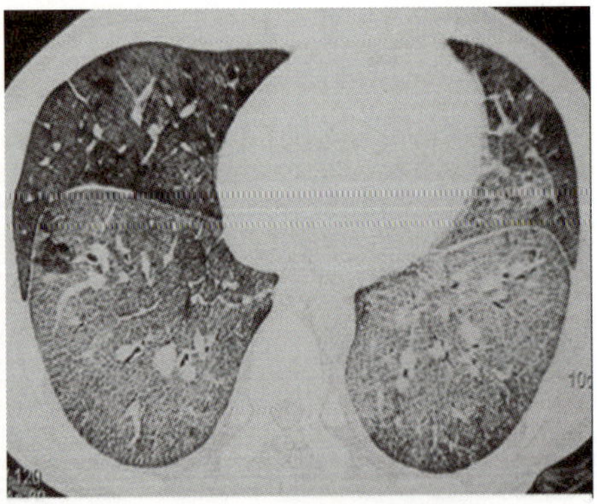

그림 3-20. 주폐포자충증시 단층촬영

그림 3-21. 양쪽 폐의 아래부분에 폐렴이 와 있음

예에서 폐문에서 양측 폐야로 퍼져나가는 간질성 침윤이 특징적으로 관찰된다.

박트림(Bactrim, Trimethoprim-sulfamethoxazole)의 탁월한 예방효과로 최근에는 발병율이 2% 정도이나 효과적인 예방조치가 없는 경우 조혈모세포이식환자의 약 5~15%에서 뉴머시스티스성 폐렴이 발생하며 이 경우 약 60%의 사망률을 가진다.

② 진단

확정적인 진단은 조직학적 검사로 이루어질 수 있다. 전통적인 염색방법으로는 methenamine silver, toluidine blue, cresyl echt violet 등 선택적으로 주폐포자충의 세포벽을 염색하거나 Write-Giemsa 같은 주폐포자충의 핵을 염색하는 방법이 있다. 폐렴의 경우 가래나 기관지내시경을 통해 기관지폐포세척후 얻은 가검물을 염색하여 진단할 수 있고, 여기서도 진단이 안되는 경우는 기관지내시경을 통한 조직검사나 개흉술을 통한 조직검사 등 침습적인 방법을 사용하는 경우도 있다.

③ 예방 및 치료

뉴머시스티스성 폐렴의 예방에는 박트림(Bactrim, Trimethoprim-sulfamethoxazole) 2정(Trimethoprim 160mg/sulfamethoxazole 800mg)을 1일 2회, 주 2~3회로 골수이식후 14일부터 이식후 6~12개월간 복용토록 하는 것이다. 만성 이식편대 숙주반응이 발병되어 면역억제제로 치료중인 환자는 복용기간을 늘리도록 하여야 한다. 뉴머시스티스성 폐렴 등 감염의 증상이 있는 경우 치료는 Trimethoprim 15-20mg/kg + sulfamethoxazole 75-100mg/kg를 경구 또는 경정맥으로 3~4회 분할하여 투여하며 약 14~21일간 지속적으로 투여한다. Trimethoprim 15mg/kg/day, dapsone 100mg/day를 경구적으로 동시에 투여하는 방법과 Clindamycin 600mg을 하루 네번 정맥투여 또는 clindamycin 300-450 mg을 하루 네번 경구투여, primagquine 15-30mg을 하루 한번 경구투여를 동시에 또는 Atovaquone 750mg을 하루 두번 경구투여하는 것을 단독투여하는 것 등도 뉴머시스티스성 감염의 치료에 효과적이다.

(5) 인플루엔자 호열균 감염(Hemophilus influenza)

① 증상 및 증후

인플루엔자 호혈균은 그람음성 간균중 지역사회 폐렴의 가장 흔한 원인균이다. 특히 면역이 저하된 사람에서 흔히 발생하고 바이러스에 의한 호흡기 감염후에 병발한다. 임상양상은 오한, 흉통이 흔하고 발열, 기침, 농성객담, 호흡곤란 등을 보이며 폐하엽에서 나음이 들리고 폐병변은 환자 중 1/3에서 나타난다. 흉부방사선상 흔히 하엽에 국한되고 양측성인 경우가 많으며 75% 정도에서 반점상의 기관지 폐렴양상을 보인다. 폐렴 이외에도 뇌막염, 연구개염, 봉와직염 등을 일으킬 수 있는데 뇌막염의 경우 심한 양상을 보이고 약 5%의 사망률을 나타낸다.

② 진단

진단 중 가장 믿을 수 있는 진단은 피검물의 배양에서 균을 증명하는 것이다. 배양결과가 나오기 전에 빠른 진단을 위해서 PRP(polyribitol ribose phosphate)를 면역전기영동법, ELISA, Latex agglutination 등의 방법으로 검출하는 방법도 있다.

③ 치료

대개 ampicillin이 처방되었으나 β-lactamase에 의한 내성균 때문에 ampicillin/sulbactam, amoxicillin/clavulanic acid 등이 주로 선택된다. 중증이거나 ampicillin 내성균이 문제가 되는 경우 박트림(trimethoprim-sulfamethoxazole) 또는 3세대 cephalosporin을 사용한다. 대개 치료시작 3일안에 해열이 되며 치사율은 25% 정도 되나 적절한 항생제를 사용한 경우 약 6%의 사망률을 나타낸다.

(6) 폐렴구균 감염(Pneumococcus)

① 증상 및 증후

폐렴구균 감염은 면역억제제의 투여나 비장절제, 이식, 면역결핍 질환 등이 동반된 경우 잘 발생한다. 가장 흔한 감염은 폐렴이며 뇌막염이나 심내막염, 골수염, 중이염 및 복막염 등도 일으킨다. 폐렴구균 폐렴의 경우 주로 바이러스성 상기도 감염 후 폐의 방어기전이 저하된 상태에서 폐렴구균의 흡인에 의해 발생하며 1시간 정도 지속되는 오한과 구순포진이 특징이고 고열, 심한 흉통 및 기침을 보이며, 객담과 혼합된 객혈이 관찰된다. 흉부방사선 소견은 대엽성 폐렴이 주된 소견이나 약 10~20%에서 흉막염을 동반하고, 농흉형성은 5% 미만이다. 폐렴구균은 폐실질괴사를 일으키지 않으므로 공동형성은 드물다.

② 진단

혈액배양은 25~30%에서 양성이고 이 경우 치사율이 30~50%로 증가한다. 혈청형에 따른 특이 폐렴구균 혈청을 폐렴구균이 있는 피검물에 첨가시 피낭이 크고 분명하게 보이는 Quellung 반응으로 폐렴구균의 존재를 신속히 알 수 있고, 역면역전기영동법으로 혈액 혹은 소변내 다당류를 증명할 수 있다. 가래 등 피검물의 배양으로 균이 증명되면 확진이 가능하다.

③ 치료

폐렴구균에 의한 폐렴이 의심되는 경우 페니실린을 우선적으로 사용한다. 배양결과 감수성이 있는 경우에는 Penicillin G 50~100만 단위/일을 4시간 간격으로 정주하고, 외래에서 치료하는 경우는 procain penicillin 30~60만 단위를 1일 2회 7일간 주사하거나 procain penicillin 60만 단위를 주사하고 경구용 ampicillin을 500mg 1일 4회 7~10일간 투여하는데, 이에 과민성이 있는 경우는 cefazolin, cefuroxime, erythromycin으로 대체할 수 있다. Penicillin 내성 폐렴구균인 경우 E test를 시행하여 중간내성인 세균(MIC 0.1-1.0 μg/ml)으로 판명되면 penicillin G를 1,500~2,000만 단위를 정맥주사하여 치료할 수 있고 고도내성인 세균(MIC ≥ 2 μg/ml)의 경우 cefotaxime, ceftriaxone을 투여할 수 있다.

(7) 세균성 감염과 관련된 패혈증

패혈증은 흔히 직면하게 되는 심각한 문제 중 하나이며, 항암제 등 면역억제제의 사용, 면역기능저하 환자의 생존율 증가, 침습성 시술의 증가 및 항생제 내성 균주의 증가 등으로 발생빈도는 해마다 증가하고 있고 사망률은 여전히 50%를 상회하고 있다. 패혈증은 히포크라테스에 의해 부패라는 개념으로 여겨오다가 약 25년 전쯤에서야 중증 감염에 의한 전신반응이라는 의미를 갖게 되었다. 패혈증의 원인으로는 여전히 대장균, 녹농균, 폐렴간균 등 그람 음성균의 빈도가 높기는 하나 최근 그람 양성균에 의한 빈도가 증가하고 있다.

① 임상증상

패혈증을 일으키는 감염은 주로 소화관, 비뇨생식계 및 호흡기를 통해 일어나게 되며 그 외 피부나 상처를 통해서도 생길 수 있다. 전신적 감염에 의한 패혈증은 그 임상증상이 대부분 갑자기 나타나므로 쉽게 의심할 수 있으나, 일부의 환자들에서는 증상이 서서히 나타나기도 하고 증상 발현이 확실하지 않은 경우도 있으며 특히 고령이거나 면역기능이 저하된 환자에서는 발열이 거의 없을 수도 있다.

가. 초기반응

발열, 대사의 변화, 신경계 장애, 피부병변

나. 합병증

호중구 감소, 빈혈, 혈소판 감소 등의 혈액학적 변화, 쇽, 저혈압 등의 심혈관계 장애, 호흡곤란, 과호흡 등의 호흡기 장애, 신손상에 의한 신장애, 간기능의 저하와 간손상.

② 패혈증의 진단

가. 병력청취 및 이학적 검사

이식, 항암치료 이외에도 수술, 외상 등의 위험인자가 있는지에 대한 병력청취와 앞에서 언급한 증상 및 징후를 파악한다.

나. 검사

일반적으로 패혈증시 행하는 검사는 비특이적이기는 하지만 전혈검사, 혈청 전해질, 동맥혈 검사, 간기능 검사, 신기능 검사, 프로트롬빈 시간, 심전도, 단순흉부촬영 등을 반복해서 검사한다. 필요에 따라 초음파, 컴퓨터촬영, 방사선 동위원소 검사 등을 시행하는 경우도 있다.

다. 배양

패혈증이 의심되는 환자는 혈액배양을 반드시 시행한다. 혈액배양은 말초의 서로 다른 부위에서 2회 이상 실시하여야 하고 1회 채혈용량은 20ml 정도이다. 도관을 가지고 있는 경우 여기서의 감염을 확인하기 위한 것이 아니라면 혈관에서 채혈하는 것이 좋다. 그 외 객담, 소변, 뇌척수액 배양을 시행할 수도 있다.

③ 치료

가. 패혈성 쇽의 치료

적극적인 수액 공급을 통한 순환 혈액량의 유지와 저혈압이 지속되는 경우 혈압 상승제를 투여하는 방법으로 치료한다.

나. 호흡곤란 증후군의 치료

생명이 위험할 정도로 심한 경우에는 인공호흡기를 통한 기계환기를 고려한다. 기타 약물로 도움을 받을 수 있다.

다. 항균제

패혈증이 의심되는 경우 원인이 밝혀질 때까지 경험적인 광범위 항생제를 허용된 범위 내에서 최대한의 용량으로 2가지 이상의 항균제를 병합하여 정맥주사 한다.

라. 기타 장기부전에 대한 보존적 치료

(8) 생착거부(2차 생착실패) : 이미 기술한 바 있음 – 7. 통원 치료시 생길 수 있는 일들 (이식후 100일부터 3년까지)을 참조할 것

2) 자가이식

이식 이후 100일부터 3년까지는 동종이식에 비해 부작용들이 비교적 적다. 그러나 생길수 있는 일들을 기술하자면,

(1) 대상포진(Varicella Zoster Virus)

가슴이나 허벅지 등에 마치 줄을 맞추어 놓은 듯(신경을 따라 진행)피부 발진이 생기며 통증이 동반되기도 한다.

(2) 박테리아

폐렴(특히 폐렴균, 호혈균에 의한 폐렴)

(3) 이 기간 동안 가장 관심분야는 재발이다. 따라서 이 기간 주치의는 주기적으로, 고형암의 경우 6개월 간격으로 1~2년, 2년 이후 1년에 1번씩 단층 촬영(CT)을 통해 림프선암, 유방암 등을 평가해야 한다.

(4) 백혈병의 경우에는 3-6개월마다 골수검사를 통해 현미경학적 관해 여부와 염색체 수준의 관해 여부를 평가한다. 물론 수시로(2~3주마다 1번씩 1년까지, 그 이후에는 3~4주마다 1번씩 2년까지) 피검사를 받아야 한다.

(5) 다발성 골수암의 경우에는 주기적인 골수검사 및 전신뼈사진(bone survey)과 더불어 피 검사와 소변 검사를 통해 M-단백질의 유무를 검사한다.

8. 이식 이후 각 주요질환의 완치율

표 3-13. 주요질환의 완치율

질환	완치율		
	동종이식		자가이식
	형제간	타인	
· 만성골수성백혈병[1]			
(CML, Chronic Myeloid Leukemia)			
만성기	70~75%	40~45%	20~60%
가속기	30%	30%	
급성기	20%	20%	
· 급성골수성백혈병[2]			
(AML, Acute Myeloid Leukemia)			
첫 번째 관해시	60%	40%	50%
두 번째 관해시	40%	20%	20~30%
· 성인 급성림프구성백혈병[3]			
(ALL, Acute Lymphocytic Leukemia)			
첫 번째 관해시	60%	40%	35%
두 번째 관해시	40%	30%	30%
· 만성림프구성백혈병[4]			
(CLL, Chronic Lymphocytic Leukemia)	40~45%		
· 골수이형성증후군[5]			
(MDS, Myelodysplastic Syndrome)			
RA(Refractory Anemia),	60%	40%	
RARS(Refractory Anemia with Ringed Sideroblast)			
RAEB-T(Refractory Anemia with Excess	35~40%	20%	20%
Blast in Transformation/RAEB/			
CMML(Chronic Myelomonocytic Leukemia)			

* 다음쪽의 설명을 참조하시오.

[1] **만성골수성백혈병(CML)**

· 진단이 붙은 이후 1년 이내에 하는 것이 유리한 경향이다.

· 나이가 어린 환자일수록(20~30대) 더 유리하다.

· 타인이식의 경우 여자환자/여자공여자의 조합이 여자/남자, 남자/여자, 남자/남자의 조합보다 유리한 경향이다.

· 만성기에서 미니골수이식은 전통적인 이식의 성적과 비슷하다.

· 유럽의 자가이식 성적은 진단시/초반에 시행한 이유로 우수한 반면, 북미에서는 상당히 병이 진행된 만성기에서 시행하였기에 그 성적이 부진하다. 그러나 유럽의 data는 확실한 검증이 된 상황이 아니다.

[2] **급성골수성백혈병(AML)**

· 성인 AML의 경우, 모두 동종이식이나 자가이식을 시행해야만 완치가 되는 것은 아니다. 전체 AML 중 20~25% 정도의 예후가 좋은 그룹(t(8:21), t(15:17), inv(16) 등)에서는 화학요법으로만 70~80%까지 완치가

된다. 한편 전체 AML의 25%에 해당하는 예후가 나쁜 그룹(-5, -7, complex 등등)에서는 동종이식이 적극 권장된다. 또한 전체 AML의 50%에 해당하는 소위 중간 예후 그룹(위의 예후가 좋은 그룹과 나쁜 그룹을 제외한 모든 경우)에서는 각각의 경우에 따라 이식의 혜택과 그 위험도에 따라 이식여부가 결정된다.

3) 성인 급성림프구성백혈병(ALL)

· ALL에서 자가이식의 효과를 인정하지 않는 경향이 증가 추세이다.
· 소아 ALL(이는 항암요법으로만 80% 이상 완치)에 비해 어른 ALL은 공여자가 있고 이식이 불가능한 확실한 이유가 없는 한 동종이식(형제 및 타인)을 권한다. 특히, 예후가 나쁜 그룹인 경우 즉, t(9:22), t(4:11) 등의 염색체 이상이 있거나 진단 시 높은 백혈구로 진단이 붙을 경우에는 이식을 적극 권장한다.

4) 만성림프구성백혈병(CLL)

· 이는 서양병(서구에서는 가장 흔한 백혈병)이었으나 최근 증가 추세에 있다.
· 최근 동종이식의 효과가 검증되는 과정이며 미니골수이식으로 인해 그 성적이 발전되고 있다.

5) 골수이형성증후군(MDS)

· 최근 미니골수이식으로 독성을 줄임으로 인해 생존율이 증가추세에 있다.
· 자가이식의 data가 많지 않다(그러나 AML에 준해서 시행할 수 있다).

표 3-13. 주요질환의 완치율(계속)

질환	완치율		
	동종이식		자가이식
	형제간	타인	
· 다발성 골수종[1] (MM, Multiple Myeloma)	35~45%	20~30%	30~35%
· 재생불량성빈혈[2] (AA, Aplastic Anemia)	60~90%	40~45%	
· 악성림프종[3]			
첫번째 관해	40~45%		35%
재발시	20~30%		30%
· 호지킨스병[4]			
1차 관해			60~70%
2차 관해			50~55%
· 전이성 신장암	16~30%		
· 소아 림프구성백혈병[5]	50~60%	40~50%	
· 소아 골수성백혈병[6]	50~60%	40~50%	
· 소아 고형암			
신경아세포종	15~35%		30~50%
뇌종양			20~50%
유윙씨 육종			20~55%
횡문근육종			20~45%
· 선천성 면역결핍 질환[7]	90% 이상	65~70%	
· 대사이상 질환[8]	70~80%	30~40%	

* 다음쪽의 설명을 참조하시오.

[1] **다발성 골수종(MM)**

· 진단이 붙은 후 18개월 이후에 이식한 경우, 그 이전에 하는 것보다 불리하다.
· 미니골수이식의 적용이 넓어지고 있으며 공여자림프구 주입의 효과가 증명되고 있다.
· 형제간 이식시 환자의 나이가 20대, 30대, 40대순으로 유리하다.

[2] **재생불량성빈혈(AA)**

· 진단이 붙은 이후 1년 이내 이식한 group이 유리하다.
· 타인이식시는 전신방사선조사가 포함된 강력한 전처치(확실한 면역억제)가 필요하다.

[3] **악성림프종**

· 서구에 흔한 소위 경도(low grade)의 림프종은 미니이식 이후 완치율이 60%에 육박한다.

[4] **호지킨스병**

· 호지킨스병에서의 동종이식은 data가 많지 않다.

[5] **소아 림프구성백혈병**

· 소아 림프구성백혈병은 대개 복합화학요법만으로 80% 이상 완치가 되며 예후가 나쁜 그룹에서는 1차 재발이후 2차 관해가 온 뒤 이식을 시행하는 경향이다. 따라서, 대개 예후가 나쁜 그룹에서 동종이식을 시행하게 되며, 완치율은 높지 않다. 다음의 경우(예후가 나쁜 그룹) 1차 관해시 동종이식을 고려하는 경향이다. 즉 ① 첫 진단 시 백혈구수가 10만이상 ② 염색체 검사 시 t(9:22), t(4:11) ③ 1세 이하, 10세 이상 ④ 재유도 실패 ⑤ 관해가 4주가 넘어서 천천히 온 경우 ⑥ Biphenotype 시 등이다.

[6] **소아 골수성백혈병**

· 소아 골수성백혈병의 치료원칙은 성인 골수성백혈병과 유사하다.

[7] **선천성면역결핍질환**

· 중증복합면역결핍증(severe combined immune deficiency, SCID)의 경우 1983년 이후 주조직항원 적합 형제 공여자로부터 조혈모세포 이식을 받은 경우, 약 90-100%의 생존률을 보였으며, 최근의 연구에 따르면, 주조직항원 적합 비혈연 공여자로부터 조혈모세포 이식을 받은 경우에도 이에 필적할 만한 결과를 보였다. (haploidentical HSCT의 경우 60-70%의 생존률)
전통적인 이식보다는 미니이식으로 바뀌는 경향이 높다.

[8] **대사이상질환**

· 전통적인 이식보다는 미니이식(성적이 현격하게 좋아지고 있다)으로 바뀌는 경향이며 유전자치료와 함께 시행되기도 한다.

9. 재발시 치료의 선택들

치료 경험례

38세(남) 만성골수성백혈병 환우는 힘들게 타인으로(여)부터 골수이식을 받았다. 이식 이후 6개월간은 공여자 타입으로 잘 유지가 되는 듯 했으나 7개월째 접어들면서 골수검사시 남자 염색체가 발견되기 시작하였다. 동시에 필라델피아 염색체도 나타나기 시작하였다.

Q **공여자 림프구(DLI, Donor Lympholyte Infusion) 주입에 관하여…**

- DLI의 적응증은?
- DLI를 위해 공여자 림프구를 뽑는 방법에 관해?
- T-림프구는 얼마를 주는 것이 적당한가?
  또 얼마나 자주 주입하나?
- 반드시 이식편대 숙주반응이 있어야 DLI의 효과를 기대할 수 있는가?
- DLI 이후에 올 수 있는 부작용들?
- 재발시 이차동종이식은 가능한가?
- 미니 골수 이식이란?

A 아래에 차례로 기술하고 있음.

1) 동종이식 이후 재발된 경우

이미 어려운 상황이지만 이식 이후 1년이 지난 뒤 재발된 환자들은 이식 이후 1년 이내 특히 6개월 이내에 재발된 환자보다 치료가 유리하다. 재발은 피 수치의 이상으로 진단이 되기도 하지만 가급적이면 일찍, 피 수치는 정상이지만 염색체수준에서 또 분자생물학수준에서 재발을 알아내는 경우, 치료(공여자 림프구 주입)가 부드러워지며 또 그 독성이 경미하게 된다. 재발의 조기발견에 활용이 되는 것 중에 하나가 FISH 기술이며 최근 널리 활용되고 있다.

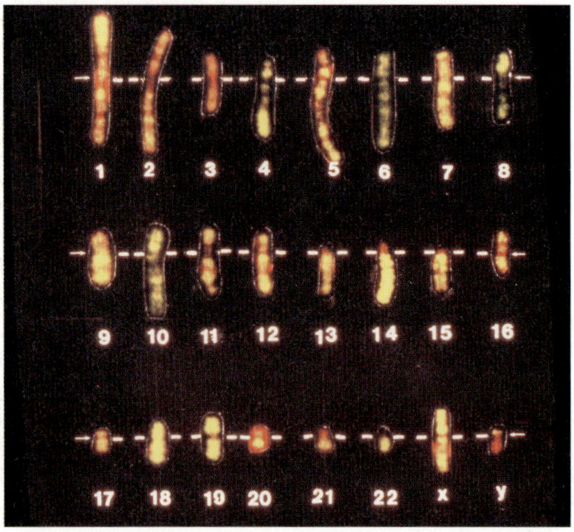

그림 3-22. FISH의 기법으로 모든 염색체의 이상을 신속하게 또 정확하게 평가할 수 있다.

(1) 공여자 림프구 주입(Donor Lymphocyte Infusion, DLI)

이 방법은 10여 년 전에 이스라엘 그룹이 최초로 시작하였지만 별로 활성화되지 않고 있다가, 90년대 중반에 독일 그룹과 M.D. 엔더슨 그룹에 의해 임상효과가 재입증되면서 최근 널리 적용되고 있다. DLI의 장점은 더 이상의 항암치료(Chemotherapy) 없이 소위 "세포치료(Cell Therapy)" 즉, 골수 또는 말초 조혈모세포를 공여한 사람을 다시 불러 성분채취(성분채취, Apheresis)를 하되 백혈구 중 림프구를 목표로 하여 기계를 작동시켜서 뽑게 된다.

① DLI 적응증과 성적

가. 만성골수성백혈병(CML, Chronic Myeloid Leukemia)

가장 강력한 치료인 전통적인 전처치 이후 시행하는 표준 골수이식(미니골수이식이 아닌)을 한다하더라도 약 20%까지는 재발이 될 수가 있다. 이 경우 DLI를 고려해 봐야 한다.

ㄱ. 한편 재발이 왔다하더라도 만성기로 재발하는 것이 가속기나 급성기로 재발되는 것보다 DLI 이후 완치율이 높다(재발된 환자의 2/3에서 DLI 이후 완치로 환원). 즉 초기 재발시 신속히 DLI를 시행하는 것이 효과적이다.

ㄴ. 같은 만성기 재발이 왔을 경우라 하더라도 분자생물학적 재발이 세포유전학적 재발이나 혈액학적 재발보다 DLI를 시행할 때 부작용이 적고 완치율이 높다.

ㄷ. 첫번 DLI 이후 골수 및 말초혈액으로 다시 공여자의 골수타입(Graft)으로 바뀌는가를 보는 카이메리즘(Chimerism) 검사와 필라델피아 염색체 검사(4~6주 후)를 해서 그 경향을 판정해야 한다.

ㄹ. 카이메리즘 검사상 필라델피아 염색체의 양이 검사가 50% 이상 줄어드는 경우에는 2번째 DLI를 4~6주 더 기다리지만, 거의 반응이 없을 경우(즉 여전히 환자 타입의 골수와 피를 유지한다던지, 필라델피아 염색체가 줄지 않는 경우) 2번째 DLI를 시행하되 첫째 DLI시 보다는 더 많은 양의 T-림프구를 투여한다. 같은 원리를 3번째 DLI, 4번째 DLI에 적용시킨다.

ㅁ. CML에서의 첫째 DLI 이후 추가로 DLI를 시행할 때 신중하고 참을성있게 대처해야 한다. 그 이유는 3~4개월 내에 좋은 반응이 오는 환자(다시 완전히 공여자 것으로 바뀜)도 있지만 첫 번 DLI 이후 서서히 좋은 반응이 6개월에서 심지어 8~9개월 시간이 걸리면서 아주 천천히 그 반응이 올 수가 있다(이런 경우 너무 성급하게 두 번째 DLI를 할 경우, 과다한 T-림프구로 인한 이식편대 숙주반응과 피 수치가 심각하게 감소할 수도 있음).

ㅂ. 급성기로 재발한 경우에는 DLI만 갖고는 역부족이며 항암제와 더불어 DLI를 해야 한다. 이 경우 조혈모세포를 이식시 사용했던 양(대개 34양성 조혈모세포를 4×10^6/kg 투여)의 반 정도(따라서 2×10^6/kg)를 T-림프구와 더불어 주입해 주는 수도 있다. 이렇게 할 경우 DLI 이후에 올 수 있는 백혈구 및 혈소판 감소를 경감시킬 수 있다.

ㅅ. DLI시에는 면역억제제(싸이클로스포린 등)를 사용하지 않는다. 이렇게 함으로써 환자의 골수(Host)는 퇴치시키고 공여자 골수(Graft)를 회복시켜 줄 수 있다.

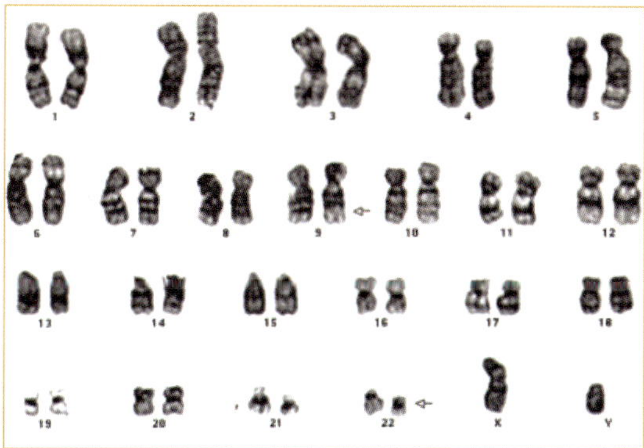

그림 3-23 A. 전형적인 만성골수성 백혈병의 염색체 소견: 9번 염색체와 22번 염색체가 서로 바뀌었고 그 결과 백혈병이 진행됨.

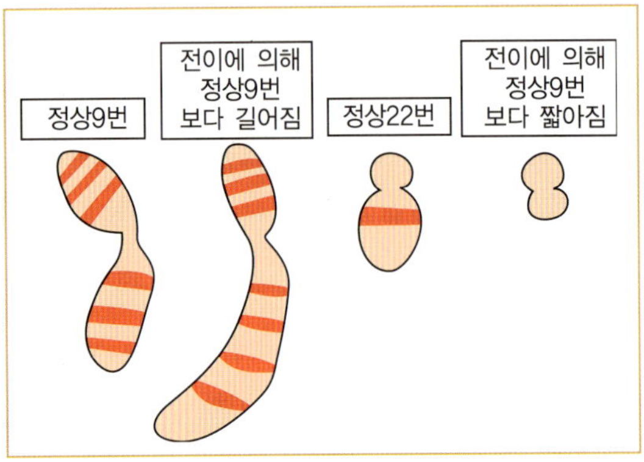

그림 3-23 B. 9번과 22번의 한개 염색체의 말단부분을 서로 주고 받음(전이). 결과적으로 9번이 길어지며 22번이 짧아짐 (이것이 소위 필라델피아 염색체임).

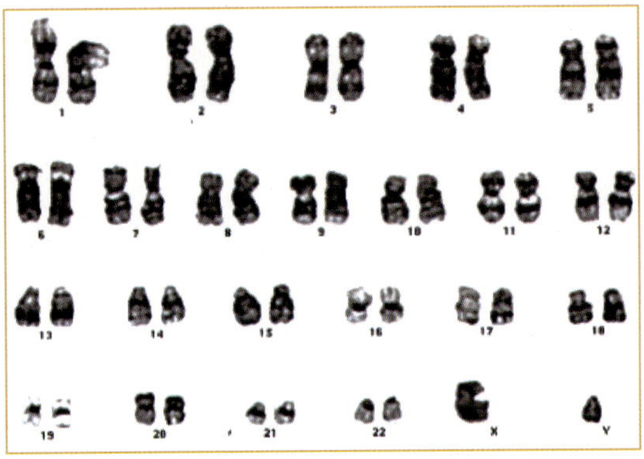

그림 3-24. 백혈병 치료가 잘 된 경우 골수 검사시 정상남자의 염색체 분석을 보여주고 있음.

ㅇ. CML에서의 DLI의 성적

만성기 재발시 -------- 60~70% 재 완치

가속기 재발시 -------- 40%

급성기 재발시 -------- 20-30%

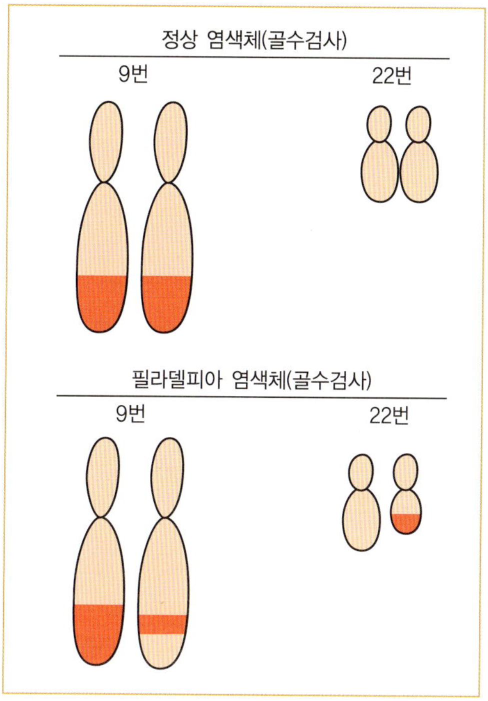

그림 3-25. CML의 FISH (골수)

상단:정상시에는 9번 끝에있는 염색체의 부분이 그 자리에 있음

하단:필라델피아(22번이 짧아짐)에서는 9번에서 치환(置換)된 염색체가 오게되며, 동시에 22번의 염색체는 9번으로 이동

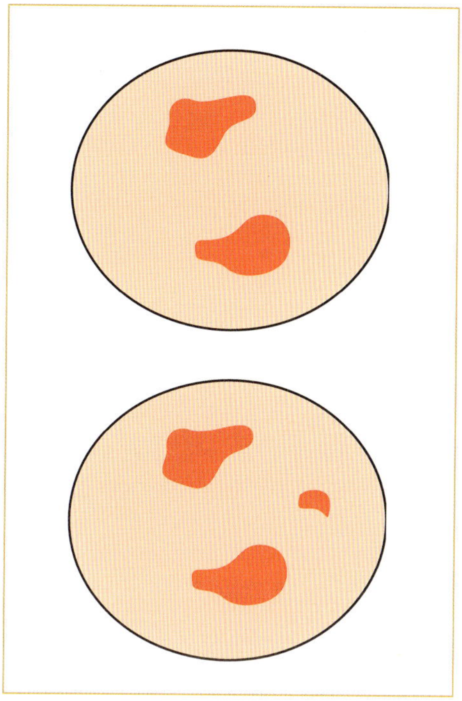

그림 3-26. CML의FISH(말초혈액)

상단:정상에서는 9번 염색체의 부분이 골수세포에 묻혀있음

하단:CML에서는 9번 염색체의 부분이 22번으로 이동하며 3번째 조각을 골수세포에서 보이고 있음

나. 급성골수성백혈병(AML)

ㄱ. 이 경우에는 화학요법을 투여해서 급한 대로 백혈병을 조절한 후 DLI를 시행한다. 만성골수성백혈병에 비교하자면, 급성기의 CML에 해당한다.

ㄴ. 1차 DLI의 효과에 대한 판단의 원리는 CML과 비슷하지만 AML의 경우에는 3~4주를 기다린 후 판정하여 보다 신속하게 2차 DLI 및 3차 DLI를 결정해야 한다.

ㄷ. 치료성적: 20~30%

다. 골수이형성증후군(MDS, Myelodysplastic Syndrom)

ㄱ. RA(Refractory Anemia, 불응성 빈혈), RARS(Refractory Anemia with

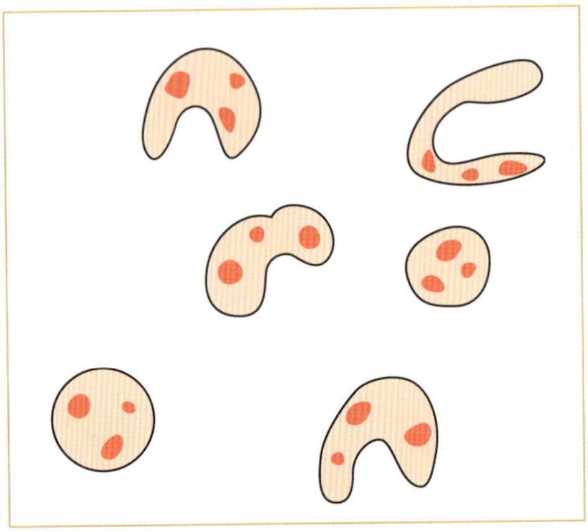

그림 3-27. CML 환자의 말초조혈액(FISH)
각각의 백혈구에는 3번 조각(9번에서 떨어져나간)이 형광물질을 발현하고 있음.
이것이 바로 필라델피아 염색체에 해당

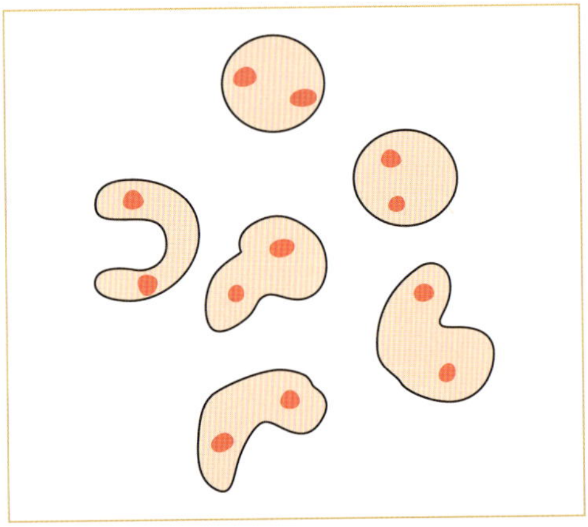

그림 3-28. CML 이 치료된 이후 말초혈액(FISH)
그림3-24에서 보였던 3번째 조각이 사라져서 정상백혈구에서 보이는 2개의 형광물질만 보임.

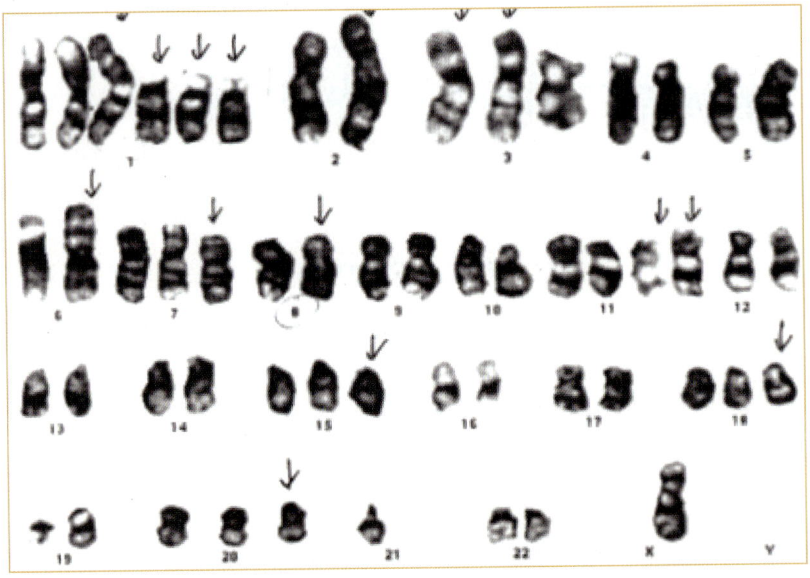

그림 3-29. 백혈병 환자들의 염색체는 위에서 보는 바와 같이 많이 망가져 있다(화살표). DLI 전 병의 상태

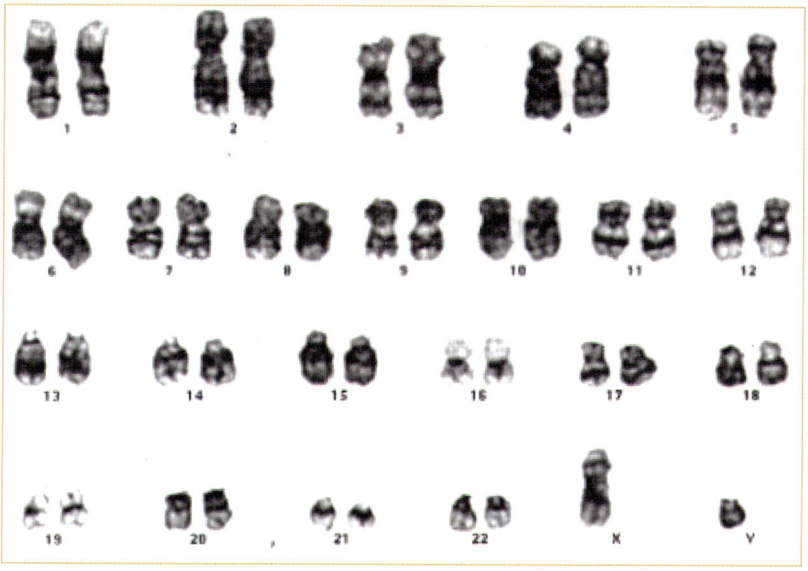

그림 3-30. 정상남자의 염색체 분석을 보여주고 있음. DLI 이후 치료가 성공적으로 된 사례

Ringed Sideroblast), CMML(Chronic Myelomonocytic Leukemia) 등은 만성골수성백혈에서의 DLI 이후의 과정을 따르며 RAEB(Refractory Anemia with Excess Blast), RAEB-T(Refractory Anemia with Excess Blast in Transformation) 등은 급성골수성백혈병에서의 DLI 이후의 과정을 따른다.

ㄴ. 치료성적: CML/AML에 준함

라. 다발성골수종(MM, Multiple Myeloma)

ㄱ. 치료의 원칙 및 2차, 3차 DLI의 결정은 만성골수성백혈병의 원리에 준한다. 즉, 혈액학적 재발(피수치가 비정상)보다는 소량의 M-단백질 등이 발견될 때 DLI를 시도함이 더 유리하다. 다만 이 경우는 필라델피아 염색체를 추적하지 않으며 M-단백질(피검사), 소변의 BJP(M-단백질과 비슷한 암지표(癌識表)), 골수검사 등을 하며 2, 3차 DLI를 결정한다.

ㄴ. 치료성적: 50 % (향상 추세임)

마. 급성림프구성백혈병

이 질환은 DLI만으로는 효과가 거의 없으며 심지어 화학요법과 함께 DLI를 한다

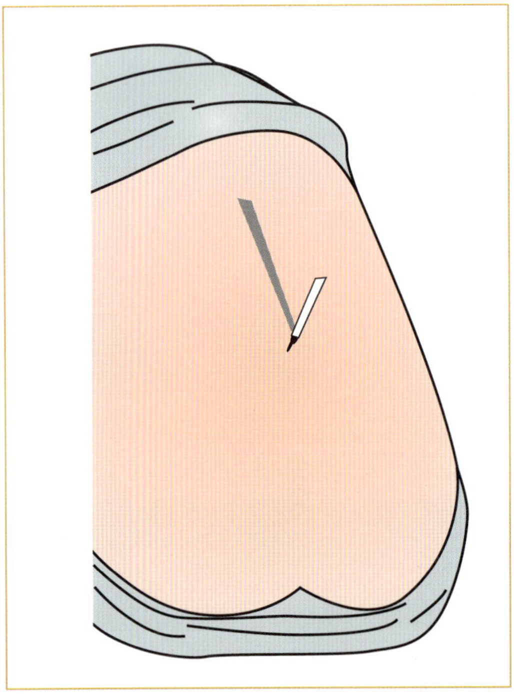

그림 3-31. 급성백혈병의 재발시, 특히 중추신경계에 재발된 경우에는 척추 속의 백혈병세포가 사라질 때까지 바늘로 찔러서 직접 항암제를 척추 속으로 투입해야 함.

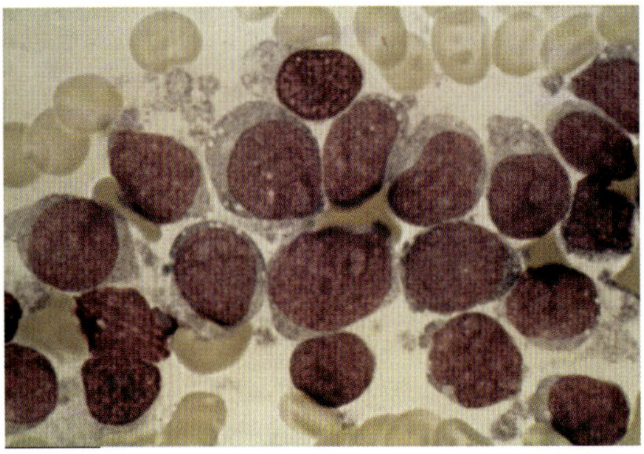

그림 3-32. 미성숙 백혈병 세포가 골수관찰시 보이고 있음

하더라도 완치의 기대는 1/10이다. 따라서 다음에 기술한 2차 동종이식을 시행하던가 혹은 미니골수이식(너무 독성이 예상되는 상황)을 시행해야 한다.

바. 재생불량성빈혈

동종이식 이후 재발(이 경우는 재발보다는 2차 생착실패 또는 거부가 적절한 용어임)된 경우 DLI만 주입하기보다는 조혈모세포(소위 CD34 양성 세포)를 주입(이식시 사용하는 양, 예; 4×10^6의 CD34 양성 세포/kg) 한다. 이 경우에는 면역억제제

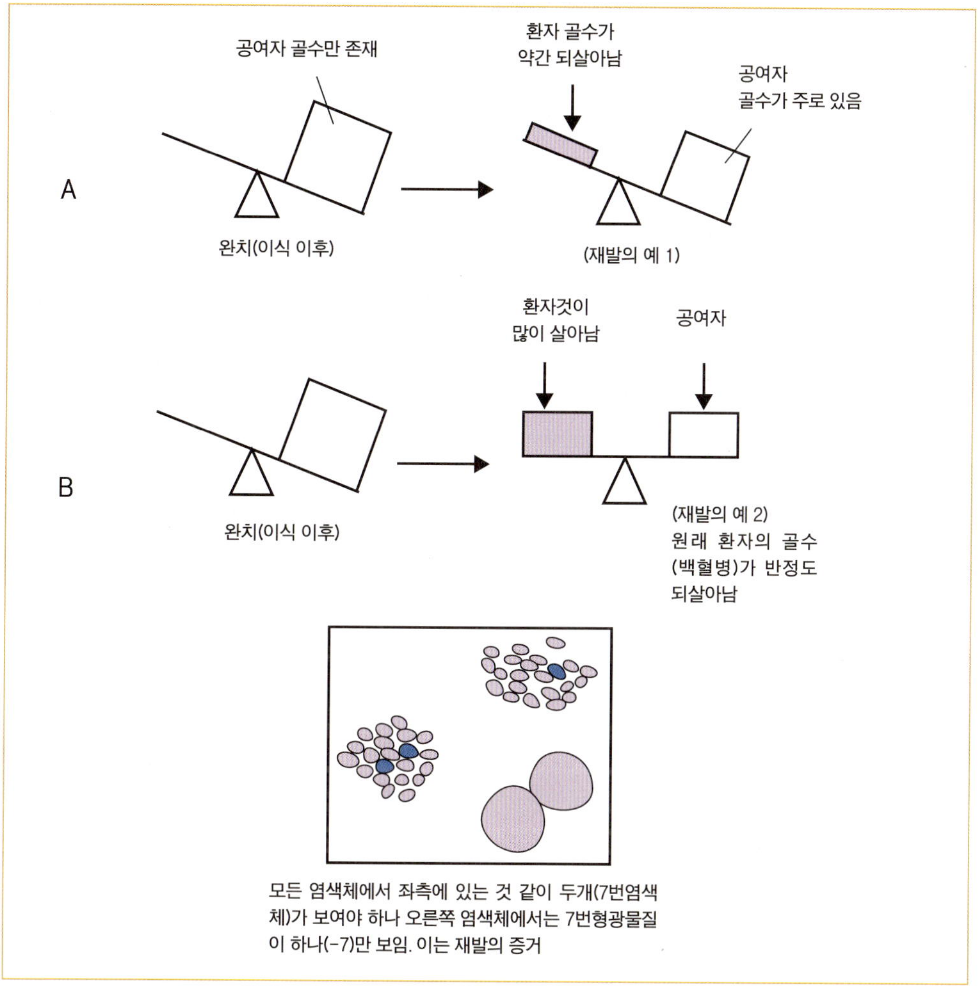

그림 3-33. 재발의 유형(Ⅰ)

(싸이클로스포린)를 사용한다.

한편 환자의 몸 안에 공여자 세포가 전혀 없는 경우에는 전처치(ATG +싸이톡산 등)를 다시 해 주어야 한다. 따라서 2차 이식이 되는 셈이다.

② 공여자 림프구를 뽑는 방법에 대하여

공여자는 약 2~3 시간 마취 없이 누워있게 되며 공여자가 보유하고 있는 약 5 리터(Liter)의 피를 팔꿈치 앞에 있는 큰 정맥을 통해 약 2번 정도(어른의 경우 9~10 리터) 걸

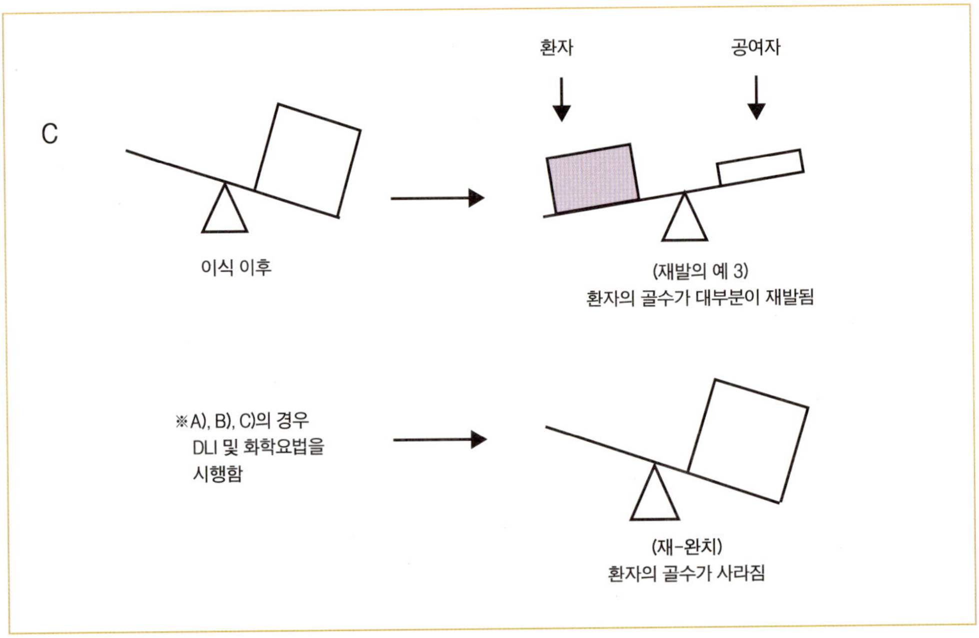

그림 3-33. 재발의 유형(Ⅱ)

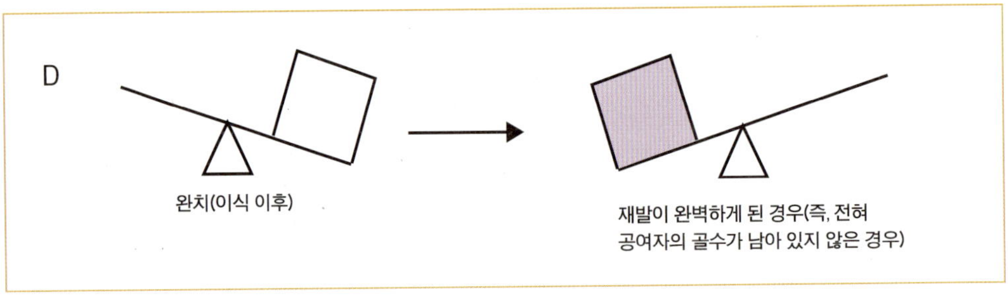

그림 3-34. 재발의 유형(Ⅲ):A), B), C)의 경우와는 달리 공여자의 것이 조금도 남지 않고 100% 환자의 것으로 골수가 애워진 경우((D)와 같은 상황)는 DLI만 갖고는 전혀 효과가 없다.

르게 된다. 이때 소위 CD3 이란 항체를 통해 뽑혀진 T-림프구를 정량(定量)하게 된다. 한편 뽑힌 T-림프구의 2/3 정도는 조그만 백(bag)에 약간의 배양용액과 DMSO라는 세포를 보호하는 화학약품을 첨가한 후 영하 150℃까지 낮춘 후 액체질소에 보관하게 된다. 액체 질소에 얼린 림프구들은 제2차, 제3차 공여자 림프구 주입이 필요한 경우를 대비하는 것이다. 한편 뽑힌 T-림프구의 1/3은 T-림프구의 정량이 끝나는 대로 그대로 환자에게 정맥을 통해 주입하게 된다.

③ DLI가 성공하게 되는 원리

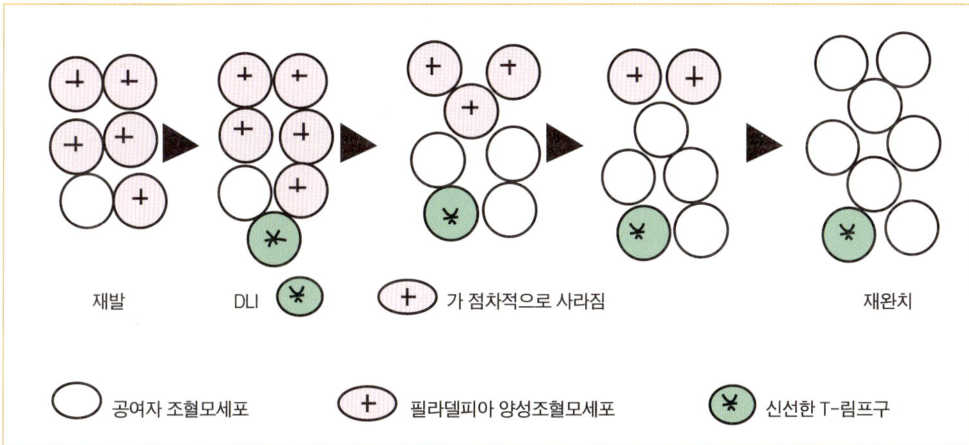

그림 3-35. DLI가 성공하게 되는 원리

④ T-림프구를 얼마나 주는 것이 적당한가? 또 얼마나 자주 주입하나?

제 1차 DLI는 환자 몸무게로 환산하여 T-림프구를 5×10^6/kg~1 $\times10^7$/kg로 시작하며 서서히 상당한 기간을 두고(4-6주 혹은 9주), 제 2차, 제 3차 DLI를 하게 된다(DLI시 싸이클로스포린 등 면역억제제는 사용하지 않는다. 그 이유는 공여자의 림프구가 최대로 그 역량을 발휘하게끔 하는 것). 한편 이렇게 조심스럽게 T-림프구의 양을 정해 주입하는 이유는 DLI 이후 다음의 부작용(⑥ DLI 이후의 부작용들 참조)을 우려해서 그러하다. 그러나 DLI의 양을 너무 극소화시킬 경우에는, 치료효과(항백혈병)가 없게 된다. 따라서 T-림프구를 너무 적지 않게 주어야 하며 또 동시에 너무 많은 양을 주어서도 안된다.

⑤ 반드시 이식편대 숙주반응이 선행되어야 DLI의 효과를 기대할 수 있는가?

DLI가 성공하려면 반드시 이식편대 숙주반응이 선행(先行) 되어야 하는 것은 아니다. 예로서 만성골수성백혈병의 경우, DLI의 부작용인 이식편대 숙주반응이나 피수치 감소가 있는 환자의 2/3에서는 DLI의 좋은 효과가 기대가 되지만 DLI를 시행한 1/3에서는 이러한 부작용이 동반이 되어도 DLI의 효과(재-완치)가 오지 않을 수가 있다. 반면 DLI의 부작용들(이식편대 숙주반응, 피수치 감소)없이 DLI를 시행한 환자의 1/2에서는 여전히 좋은 결과를 기대할 수 있다.

⑥ DLI 이후의 부작용들

가. 이식편대 숙주반응

1/3에서 올 수 있으며 개중에는 심하게 올 경우 위험할 수 있다. 이에 대한 치료는 타 골수/말초 조혈모세포이식 이후 온 급성 이식편대 숙주반응 때에 대처하는 것과 동일하다(237쪽의 (1)참조).

나. 심한 백혈구 및 혈소판 감소증

DLI를 시행할 당시, 즉 재발할 경우(즉, 대부분은 환자세포이며 극히 일부만 공여자 세포이기 때문에) 피검사에서 백혈구의 수치가 낮지는 않다. 그러나 DLI 이후, 새롭게 밖에서 들어간 T-림프구는 환자 몸에 남아있는 환자 세포를 인식하면서 퇴치시키기 때문에 백혈구 수치는, 1000개 또는 500개 이하로 내려가며 또한 혈소판 수치 역시 5만 또는 2만 이하로 떨어질 수 있다. 이 때에는 폐렴이나 출혈이 잘 동반되니 특히 유의해야 하며, 열이 38℃ 이상 시에는 즉시 주치의와 접촉하거나 응급실로 가야한다. 이러한 부작용(수치 감소)은 DLI시 1/5에서 올 수 있으며 혈액학적 재발(염색체 검사에 의한 재발이나 분자생물학적 재발에 비해)시 더 완연하게 온다.

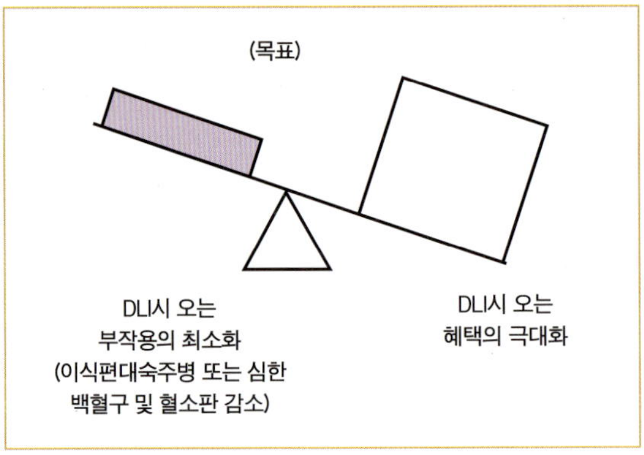

그림 3-36. DLI의 목표

(2) 항암제 + 공여자 림프구 주입

위의 DLI 적응증 중에서 급성백혈병 및 골수이형성 증후군의 후반부인 RAEB/RAEB-T에서 항암제+공여자 림프구 주입을 언급한 바 있다.

급성백혈병이나 골수이형성증후군의 치료로서 동종골수이식을 한 이후 재발된 경우는 (만성골수성 백혈병에서 동종이식을 한 후 재발된 것과는 달리) 상황이 비교적 다급하다. 즉 재발된 세포들은 신속하게(불과 24~48시간 내에 두 배로 늘어남) 환자의 골수를 침입하기 시작하며 결국은 말초혈액까지 백혈병 세포들이 튀어나오게 된다.

이때 단순히 공여자 림프구만을 주입해서는 역전이 되지 않으며 우선 항암치료로서 상당부분을 퇴치시킨 후 공여자 림프구를 주입해서 기회를 보는 것이다. 이때 쓰는 항암치료는 결국 항급성 백혈병에 쓰는 화학요법으로 아라씨(Ara-c)와 엔쓰라싸이클린(Anthracyclin)을 많이 쓴다. 그 외에도 고량의 아라씨 등도 간혹 쓰인다. 요점은 독성을 최소한으로 하면서 효과는 극대화시키는 것이며 따라서 너무 심한 독성의 화학요법 또한 피하는 경향이다.

(3) 2차 동종이식

질환이 급하게 진행하는 급성백혈병(특히 급성림프구성백혈병)시 고려해 보아야 하며 공여자(graft)의 골수가 완전히 환자의 몸 안에서 사라졌을 경우에도 DLI 또는 항암제+DLI 보다는 2차 동종이식을 해야 한다. 만약 선택의 여지가 있다면 1차 이식시의 공여자가 아닌 조직항원이 맞는 제 2의 공여자 또는 공여자 조직항원이 맞는 타인 공여자가 항 백혈병 효과를 올릴 수 있다고 볼 때 더 나은 결과를 가져올 수 있다.

한편 전통적인 동종골수이식을 2차에 걸쳐 한다는 것은 상당히 위험하다. 왜냐하면, 이미 고량의 싸이톡산을 투여 받거나 전신 방사선조사를 받았기 때문에 여러 장기기능이(심 · 폐 · 콩팥) 2번째 이식시 잘 버티지 못할 수 있기 때문이다. 30대 초반 이하의 나이가 아닌 경우의 2차 이식시, 치사율을 65%까지 보고되기도 한다. 따라서 정확하고 신중한 장기기능의 평가 이후, 2차 이식을 시행해야 한다.

(4) 미니동종이식

도저히 전통적인 2차 이식을 못할 경우, 미니 골수이식을 충분히 검토해 볼 필요가 있다. 미니골수이식은 이미 여러 상황, 특히 동종이식 이후 재발된 경우 표준 치료로 자리 잡고 있다.

보다 자세한 것은 제4부, 1장의 미니골수이식을 참조.

(5) 골수이식이후 만성골수성백혈병에서의 재발시 기타 방법들

① 인터페론

만성골수성백혈병에서 동종이식 이후 재발된 경우, DLI 이외에 인터페론을 충분히 시도해 볼 수 있다. 전세계적으로 많이 시도가 되지는 않았지만 그간의 결과는 약 30%까지 「재완치」로 갈 수 있다는 보고도 있다. 그러나 인터페론 주사 이후 이식편대 숙주반응이 갑자기 생기는 수가 있으니 유의해야 한다.

② 글리벡

1988년 인터페론에 실패한 만성기의 만성골수성백혈병 경우에서 글리벡의 효과가 검증된 이후, 진단시부터 글리벡을 투여한 경우와 인터페론/사이타라빈으로 치료한 경우의 성적을 비교한 대규모 제3상 연구(IRIS trial)가 시행되었다. 그 결과에 따르면 진단시부터 글리벡을 투여하는 경우에 상당히 좋은 결과(필라델피아 염색체가 완전히 정상으로 환원될 확률 : 76%(처음 진단된 만성기), 24%(가속기), 5-10%(급성기))를 보여, 현재 만성골수성백혈병의 처음 치료로 글리벡이 표준치료로 자리잡았다.

이식 후 재발된 만성골수성백혈병 환자를 대상으로 글리벡을 투여할 경우, 만성기로 재발한 경우에서는 100%, 가속기 경우에는 83%, 급성기 경우에는 43% 정도에서 필라델피아 염색체가 정상으로 환원되는 고무적인 성적들이 나오고 있어, 공여자림프구주입술 이후에 오는 심한 이식편대 숙주반응과 피수치의 감소 등과 같은 부작용이 글리벡에는 없으므로 현시점에서는 동종골수이식 후 재발시 공여자림프구 주입술에 앞서 우선 글리벡이 선호되는 경향이다.

또한, 글리벡에 내성을 보이는 경우에서는 소위 슈퍼 글리벡으로 불리는 2세대 신약인 nilotinib (Tasigna®), dasatinib (Sprycel®)등이 좋은 성적을 보이고 있다.

***CML에서 언제 이식을 권하는가?**

글리벡의 등장으로 동종조혈모세포이식을 시행하는 사례는 전 세계적으로 급격하게 감소하였다. 젊고(55세) 형제 중에 조직적합 공여자가 있는 경우 진단 후 즉시 동종 조혈모세포이식을 시행하는 것에 대해 연구자나 센터마다 방침이 다를 수 있지만 현재로서는 대개 글리벡 치료를 먼저하고 3개월 간격으로 여러가지 추적검사를 시행하여 효과가 만족스럽지 않은 경우에 동동 조혈모세포이식을 시행하는 것이 일반적인 추세이다.

동종조혈모세포이식의 적응증

① 글리벡에 대한 혈액학적 내성을 보이는 경우

② 글리벡에 반응을 보임에도 불구하고 급성기로 진행되는 경우

③ 글리벡 용량을 증량해도 치료에 실패한 경우

④ 2세대 신약에도 세포유전학적 내성을 보이는 경우

⑤ T315I 돌연변이 또는 2세대 신약 불응성인 그외 돌연변이가 있는 경우

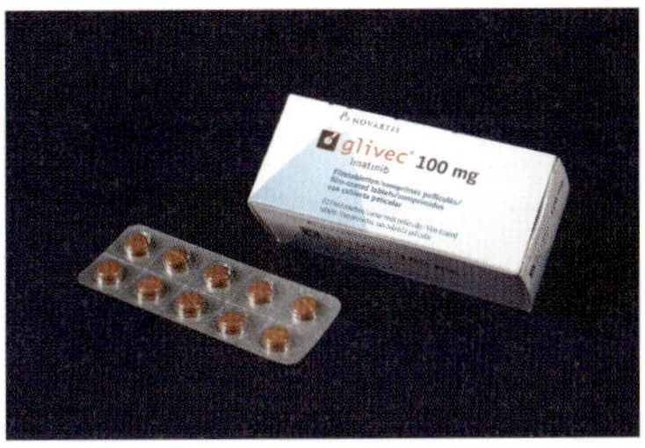

글리벡(2004년 7월부터 시판된 새로운 제형)

2) 자가이식 이후 재발된 경우

자가이식 이후 또는 화학요법 이후 재발된 경우 동종이식(형제간 또는 타인)의 효과가 검증된 질환은 다음과 같다.

(1) 급성골수성백혈병

(2) 다발성 골수종

(3) 급성림프구성백혈병

(4) 만성골수성백혈병

(5) 악성 림프종

(6) 호지킨스병

(7) 전이성 신장암

(8) 유방암

10. 이식 이후 1-2년이 지나면서 시행하는 예방주사 (Vaccination)에 대해

1) 골수이식 이후의 면역체계에 대해

신생아의 출생 후 2개월에서 1년에 걸쳐 예방주사를 맞는 것은 다 알려진 사실이다. 예방주사라는 것은 다당성 항원 또는 독소형과 면역 운반 단백을 인위적으로 결합시킨 것으로 주사 후 특정 단백(특정 감염을 일으키는)에 대해서 특정한 항체를 만들 수 있도록 림프구를 교육시키는 것이다. 신생아에서처럼 성인에 있어서 골수(조혈모세포)이식 후(동종이식이든지 자가이식이든지) 새로 생기는 림프구의 모세포는 면역능력이 없는 미성숙상태이다. 이들은 흉선 등의 림파구 교육기관을 거쳐서 자기와 타인을 인식할 수 있도록 교육받으며 외부에서 예방주사 등의 자극이 있으면 특정 항체를 만들 수 있도록 림프구들이 교육받아야 한다.

이식시 사용되는 항암약물요법과 방사선 요법은 대개 환자들의 T 및 B 림프구들을 없애버리게 되고, 이식 후 새로운 상태에서 림프구들이 교육받을 수 있게 된다. 만약 이식시의 공여자가 자가면역질환이나 특정 알러지가 있는 경우에는 이식 후 환자에게서도 똑같은 반응이 나타날 수 있다. 즉 골수이식시 공여자의 면역체계가 일정정도 전수되기도 한다.

그렇기에 이식 후 새로운 예방요법이 필요하다. 그렇다고 해도 이식 후 바로 예방주사를 맞는다고 해서 항체가 발생하는 것은 아니다. 이식 직후에는 예방접종에 의한 면역반응은 일시적인 항체가의 상승이 있을 수 있으나 지속적인 항체의 생성은 T 림프구의 기능이 완전할 때 가능하다. 항체에 대한 T 림프구의 기능의 시작은 대개 만성 이식편대 숙주질환이 없는 경우 골수이식 이후 3-6개월에 시작된다. 세포독성 기능과 식세포 기능은 이식 후 100일이 지나야 회복되며, 림프구의 면역기능은 1년 이상이 경과되어야 회복된다. 만성 이식편대 숙주질환을 앓고 있는 환자는 T, B 림프구의 면역이 지속적으로 저하되어 있다.

표 3-14. 만성 이식편대 숙주병 유무에 따른 예방요법의 차이점

백신	만성 GVHD가 없는 환자	만성 GVHD가 있는 환자
DTP	3-6개월	3-6개월
경구용 소아마비	권장하지 않음	권장하지 않음
불활성화 소아마비 백신	6-12개월	면역 글로불린 투여 중에는 적응증이 되지 않음
MMR	1-2년	권장하지 않음
수두	2년	권장하지 않음

골수이식 이후 3-6개월에는 파상풍, 디프테리아 톡소이드로 예방접종을 할 경우 이 기간동안 특정 항원에 대해 T, B 림프구의 증식이 가능하지만, 비결합 다당질 백신은 이 기간동안에는 항원에 대항한 충분한 항체를 만들어내지 못한다.

표 3-15. 동종이식 이후의 예방요법

백신	횟수	접종시기 (이식후)	비 고
인플루엔자 바이러스	매년 1회	6개월후	9세이하 소아에서는 첫백신접종시에는 한달간격으로 2회접종, 이후 매년 1회
디프테리아-파상풍 (Td)	2개월 간격으로 3회 이후, 매 10년마다	1년후	매 10년마다 접종 Td 한국에는 없음
B형 헤모필루스 인플루엔자(Hib)	이식 후 12, 14, 24개월, 총 3회	1년후	
소아마비 (비활성백신:IPV)	이식 후 12, 14, 20개월, 총 3회	1년후	
B형 간염	1, 2, 7개월 (총 3회)	1년후	1)항체가 없는 경우 접종한다. 2)접종완료 후 1-2개월 후에 항체가를 측정하여 음성인 경우 다시 접종한다.
일본 뇌염	첫회는 2주 간격으로 2회 12개월후 3번째 접종후 격년으로 1회씩 접종	1년후	
MMR	1회	2년후	
폐렴구균(23가 pneumococcal polysaccharide vacine)	1회	2년후	
폐렴구균(7가 conjugated vaccine)	2개월 간격으로 2회	2년후	

*이화조혈모세포이식센터 지침

대개 골수이식 후 이식편대 숙주질환이 없는 환자에서 이식 후 1년 후에는 인플루엔자, 불활성화 소아마비 백신, 디프테리아, 백일해, 파상풍 톡소이드, B형 헤모필루스 인플루엔자 결합백신에 반응을 한다. 이식 후 만성 이식편대 숙주질환이 있는 환자는 적절한 항체를 형성하지 못한다. 홍역, 볼거리, 풍진, 경구용 소아마비 백신, 경구용 장티푸스 백신, BCG(결핵)과 같은 생백신은 2년 이후에 접종하는 것이 좋다.

자가/동종 이식 후 만 2년 이내의 환자, 만성 이식편대 숙주질환을 앓고 있는 환자, 면역억제제를 복용 중인 환자, 이식 후 악성종양이 재발한 환자는 생(生)백신에 의한 예방접종은 금기이며, 만약 이들이 생백신(eg, 결핵(BCG), 경구용 소아마비 생백신, 홍역-볼거리-풍진(MMR), 장티푸스)을 접종받게 되면 주입된 균에 의해서 병이 발생할 수 있다.

11. 장기 생존자가 겪는 부작용에 대해

1) 장기 생존 환우에게 오는 주요 부작용들

해마다 전 세계에서 수만 케이스 백혈병, 재생불량성빈혈 및 고형암(유방암, 악성 림프종)의 치료로써 골수이식 및 말초 조혈모세포이식이 시행되고 있다. 그 치료의 결과는 해가 갈수록 좋아져서 만성기의 만성골수성 백혈병에서는 형제간의 동종이식을 한 경우 75% 까지도 완치가 되며 재생불량성빈혈에서는 80% 이상 완치가 되고 있다. 또한 급성 백혈병에서 동종이식과 더불어 자가이식도 그 성적이 많이 향상되고 있다. 한편 그 동안 벽에 부딪혀 왔던 고형암의 치료에서도 고량요법과 이식으로써 새로운 발전을 시도하고 있다. 이식 이후 장기생존자들이 많이 문의해 오는 여러 문제들을 저자가 미국의 MD Anderson Cancer Center에서 10여 년간 경험을 한 것들을 토대로 항목별로 정리해 보고자 한다.

(1) 내분비 질환(内分泌疾患, 특히 갑상선)

화학요법은 흔히 갑상선 기능에 손상을 흔히 주지는 않는다. 그러나 갑상선에 방사선을 주게 되면 갑상선 기능저하증, 갑상선염, 갑상선 종양 등이 발생할 수 있다. 방사선 조사 후 갑상선의 기능부전은 어린이의 경우 1년 내에 30~55%가 발생하는데 처음에는 증상 없는 경한 갑상선 기능저하증에서 시작되지만 수십 년이 지나면서 뚜렷한 갑상선 기능저하를 보이게 된다. 갑상선 기능저하증은 어린 나이에서 키 성장을 둔화시킨다. 호지킨병으로 7.5~44Gy 방사선 치료를 받은 1677명 중에서 실제적인 갑상선 질환의 발병율은 25년 후 52%에 달했다. 갑상선 악성종양의 위험률은 19년 후 1.7%로써 정상대조군의 0.07%에 비하면 의미 있게 높다.

(2) 성장저하(成長低下)

성장 키의 성장은 지속적으로 조절되는 현상으로서 영아기에는 주로 영양에 따라 결정되고, 아동기 때는 성장호로몬에 의해, 사춘기 때는 성장호르몬과 성호르몬의 상승작용으로 조절된다. 따라서 성장호르몬은 성장과정에서 가장 중요한 역할을 한다. 보편적인 화학요법은 연골세포에 영향을 미침으로써 정상이하의 성장을 야기한다. 화학요법은 동물모델에서 뼈의 생성과 골모세포의 기능을 감소시킨다는 것이 알려져 있다.

사춘기 정상 사춘기 성장률은 사춘기 전의 1.5-2배이다. 사춘기 성호르몬의 분비가 없으면 성장속도는 증가하지 않으며 또 제 2차 성장의 발달은 지연되거나 소실된다.

(3) 불임(不姙) 및 무정자증(無精子症)

성선 생산과 생식세포의 활성도는 고용량의 화학요법과 방사선에 영향을 받는다. 이때 환자의 나이, 성 등과도 관련된다. 알킬화제제는 생식기능에 장애를 초래한다. 동종이식 시 사용되는 부설판(Busulfan) 치료 후에 난소가 위축된다고 알려져 있다. 사이클로포스파마이드 후에 난자를 생검해 본 결과 난자가 소실된 것이 발견되었다. 난자 소실의 가역성 여부는 환자의 나이와 치료받은 사이클로포스파마이드의 용량에 달려 있다. 난자의 수는 나이가 듦에 따라 서서히 감소한다. 26세 이하의 여자에서는 사이클로포스파마이드 투여 후 9개월 만에 난소기능이 돌아오지만 나이든 여성에서는 조기 폐경을 수반한다. 골수이식을 받은 모든 환자는 내분비 기능장애의 발생을 알기 위해서 오랫동안 추적관찰해야 한다. 비정상적인 내분비기능이 발견되면 적절한 호르몬 치료가 성장과 발달을 호전시키며, 난소 기능부전과 연관된 영향을 방지할 수 있다. 일차성 난소기능 상실은 대개 사춘기 전에 고용량(예, 사이클로포스파마이드: 18그람 이상) 화학요법을 주었을 때 동반된다.

고환기능의 장애 정도는 사이클로포스파마이드 총량과 관계 있다. 18gm이상의 사이클로포스파마이드로 사춘기 전에 치료받은 환자에서 무정자증이 발생하며 사춘기 이후의 환자에서도 대부분 영구적인 성선의 손상을 가져와 무정자증이 발생한다. 그러나 단기간동안 적은 용량의 사이클로포스파마이드를 받은 경우는 일시적인 정자 감소증이 발생한다. 정자생성은 1년 이후에 회복된다. 또한 24Gy 이상으로 고환 방사선조사를 받은 소년들은 이차성징이 늦게 나타나거나 중단되고 더불어 남성호르몬이 감소한다.

(4) 기도(氣道) 및 폐질환

기도와 폐질환 폐조직은 항암제와 방사선 조사에 민감하며 이것은 특히 간질(癎疾)조직에서 뚜렷하다. 그 결과 가스교환을 방해한다. 또한 기관지는 이식편대 숙주반응의 목표장기로서 심한 변화를 초래할 수 있다. 그러므로 골수이식후 10~15%의 환자는 이와 같은 합병증을 갖게 된다. 한편 "폐의 만성 이식편대 숙주반응"에서 더 많이 기술하고 있다.

(5) 자가면역(自家免疫) 질환들

이식된 동종세포의 숙주에 대한 면역반응을 동종반응이라고 부른다. 그러나 공여자 기원의 면역체계가 환자의 것을 대신하기 때문에 숙주에 대한 새로운 환경을 자기의 것으로 인지해야 하며 이 부분에 장애를 초래하는 것을 자가면역반응이라고 한다. 이것은 골수이식후 흔히 발견되는데 가장 흔한 예가 류마티스 인자이다.

(6) 이차 악성종양

조혈모세포 이식을 받은 환자들에서는 수년후 림프계 증식성 질환, 급성 림프구성/골수성 백혈병, 골수이형성 증후군, 악성 흑색종, 기저세포암, 편평세포암, 갑상선암, 다형신경교아종, 육종, 기타 선암등 각종 이차 악성종양의 발생 위험이 증가한다. European Cooperative Group for Blood and Marrow Transplantation의 연구에 따르면, 조혈모세포 이식을 받은 1036명의 환자들을 평균 10.7년 추적 관찰했을 때 이식후 각종 이차 악성종양의 발생률은 10년에 3.5%, 15년에 12.8% 정도이며 일반 인구와 비교하였을 때 약 3.8배 정도 위험도가 증가한다고 알려져 있다. 특히 환자의 연령이 젊거나, 방사선 전처치의 용량이 고용량이었던 경우 (특히 구강내 편평상피세포암이 호발), 만성 이식편대 숙주병이 있었던 경우에 호발한다.

(7) 중심 및 말초신경계의 부작용

대부분은 급성기에 나타나지만 지연되어 나타날 수도 있다. 감염, 출혈, 구조적인 변화뿐 아니라 뇌하수체 기능장애, 기억장애, 언어장애가 동반된다.

(8) 정신적 장애 및 사회적응

각종 혈액암으로 조혈모세포 이식을 받은 환자 220명을 대상으로한 3년간의 전향적 연구에 따르면, 이식후 추적 관찰기간동안 약 22%의 환자에서 우울, 불안, 적응장애 등의 정신적 장애가 발생하며, 특히 젊은 환자, 여자환자, 통증이 심한 경우, 치료관련 부작용의 정도가 심한 경우 및 기존에 정신과적 기왕력이 있었던 경우에 이식후 정신적 장애가 호발하는 것으로 알려져 있다.

질병의 재발에 대한 염려와 함께 여러 요소(체중감소 및 약물 부작용)들이 환자로 하여금 우울증에 빠지게 하고, 인간관계와 가정에서의 역할에 영향을 미치게 된다. 골수이식 후 시간이 지나면서 날마다 환경에 적응하는 것이 더욱 중요하다.

만성적인 문제를 안고 있는 환자들은 골수이식 후 1~2년 내에 정상생활을 할 수 있으나 만성 이식편대 숙주병이나 폐질환을 앓고 있는 환자는 수 년 간 장애를 가지고 살아야 한다. 관절이 굳어지고 근육이 위축된 환자들은 일상생활과 직업에 적응하는 것이 중요한 문제가 된다. 청소년과 성인의 경우 골수이식 후 성욕에 대한 문제도 발생한다. 건강한 배우자는 이식을 받은 환자에게 부적절한 요구를 할 수 있고 나아가서는 가정불화와 이혼에 이를 수도 있다. 고용과 보험에 관한 문제도 발생할 수 있다. 소아환자의 경우 성장과 발달에 골수이식이 미치는 영향은 매우 크다. 내과의사, 내분비의사를 포함해서 여러 가지로 훈련된 접근을 하는 것이 중요하다. 재활치료는 진단과 함께 시작되어야 하고, 장기간의 계획 하에 이루어져야 한다. 한편, 환자 자신이 그 처지를 원망하고 비관할 수도 있겠지만 역으로 이러한 이식치료 이후 삶의 목표가 기도생활을 통해 뒤바뀌고 무척 영적으로 또 심리적으로 자유하는 환자들도 보게 된다. 어떤 환자들은 암치료를 받으면서 자신의 삶이 정돈되고 자신만을 위한 생활이기보다는 오히려 타인까지 도우면서 행복하게 살기도 한다.

(9) 기타

① 만성 이식편대 숙주병

② 감염

③ 치석(齒石)

④ 골다공증(骨多孔症)

⑤ 괴사성(壞死性) 대퇴골두(大腿骨頭)의 무혈성괴사(無血性壞死)

제 4 부

새로운 이식법의 개발

- 미니(Mini) 골수이식 또는 경(經)한 동종이식
- 부모 또는 조직적합항원의 절반(折半)이 맞는 경우의 골수이식
- 제대혈 이식(臍帶血移植, Cord Blood Transplantation)
- 모세포의 조작(造作)과 모세포(母細胞)의 체외증폭 (體外增幅, ex-vivo expansion)
- 전국의 골수이식의료기관
- 골수 공여자의 확대로 골수이식의 폭을 넓히기 위한 제안
- 타인 골수이식을 위해 공여자로 등록하고 싶을 때…
- 더 많은 정보를 원할 때(유용한 인터넷 사이트들)

제 4 부
새로운 이식법의 개발

1. 미니(Mini) 골수이식 또는 경(經)한 동종이식 (Non-Myeloablastive Stem cell Transplantation:NST)

1) 미니 골수이식이란?

미니-골수이식의 개념은 20여 년 전부터 개나 쥐를 대상으로 동물모델은 있었으나, 90년 초반부터 MD 엔더슨 골수이식센터, 이스라엘, 또 시애틀 그룹에서 환자에게 본격적으로 시도되어온 기술이다. 그러나 현재는 우리나라를 포함하여 전 세계에서 널리 시술되고 있다. 지금도 기억이 나는 MD 엔더슨병원의 Johnson이라는 환자는 급성골수성 백혈병 환자로서 나이가 61세이었다. 다행히 조직적합항원이 일치하는 형제가 있었으나 관해요법을 통과하면서 간과 신장의 기능이 정상인보다 2배 이상 망가져 있었다. 따라서 전통적인 골수이식은 위험하기 때문에 못하는 상황이었고 보통 공고요법도 그 양을 줄여서 줘야 되는 상황이었다.

한편, Johnson씨가 갖고 있는 급성골수성백혈병은 예후가 나쁜 쪽이어서 반드시 형제간 이식이 필요한 경우였다. 따라서 30여명의 골수이식팀과 백혈병 치료팀 의사들이 장시간 회의를 하였으며, 그 결론은 골수이식은 하되, 전처치(이식 전에 환자에게 투여하는 항암치료)를 경하게(Mini)하는 작전이었다. 그 당시 나를 포함하여 여러 M.D. 엔더슨 교수들은 그 시술에 대해 회의적이었다. 왜냐하면 밖에서 들어간 형제의 골수가 Johnson씨의 몸에 들어가 자리를 잡으려면 막강한 전처치를 통해 환자의 골수를 완전히 비워야 한다고 생각했기 때문이었다. 그러나 시술은 진행이 되었다.

경한 전처치였기에 환자는 이식기간 동안 열 한번 나지 않고, 또 백혈구 수치가 1000개 이하로 불과 며칠만 내려간 후 회복이 되었다. 이식 이후 1달이 지나면서 골수검사를 하게 되었는데, 골수검사 결과 놀랍게도 완전히 공여자로 바뀌어 있었다(즉, 백혈병이 다 사라진 것이었다). 이러한 리포트는 주요 연구잡지에 보고가 되었고 그 이후 전 세계에서 열심히 미니 골수이식이 수천 건 이상 시행이 되고 있다. 즉, 동종이식이 젊고(50세 이하) 몸의 기능이 좋아야만 했던 그 제한이 이러한 'Mini-골수이식'을 통해서 나이가 많은 환자에게도 더 넓게 적용이 되고 있다. 종전의 전통적인 골수이식에서의 문제는, 동종이식을 받고자 하는 환자가 거의 정상의 심장 기능, 폐 기능, 간 기능 및 신장 기능이 있

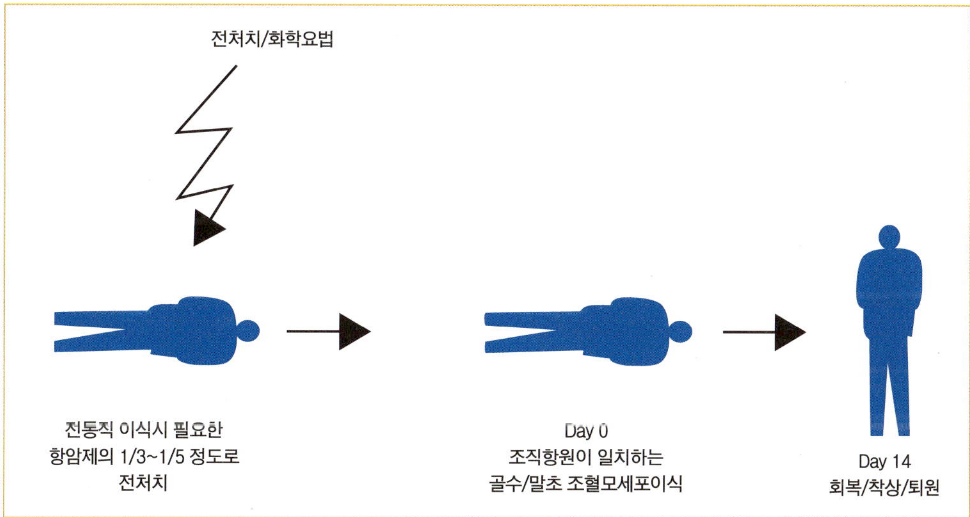

그림 4-1. Mini 골수이식의 원리(*Day 0부터 Day 14까지 굳이 무균실에 있지 않아도 됨.)

어야 한다. 그 이유는 전형적인 동종이식의 경우 소위 전처치(대개 싸이톡산, busulfan과 방사선 조사)라는 과정을 겪어야 한다. 그 치료과정에서 환자에게 있는 숨어 있는 백혈병을 포함하여 환자의 조혈기능에 관한 세포가 완전히 사라지게 되며 또한 고량의 싸이톡산을 투여함으로써 밖에서 들어갈 형제의 골수가 자리잡도록(생착) 면역체계를 조절내지는 억제해 주어야 한다.

그러나 환자의 심, 폐, 간, 신장 기능 등이 정상이 아닐 경우에는 위에서 말한 심한 싸이톡산 및 busulfan 또는 전신 방사선조사를 감당할 수가 없어서 동종이식을 시행하지 못하게 된다.

동종이식의 또 다른 문제로는, 환자가 격리실(무균실)입원 기간을 포함하여 오래 입원을 해야 하는 점과 경제적인 부담이다. 즉, 전처치시에 필요한 기간 7일, 이식후 생착기간 2~3주(말초 조혈모세포이식의 경우에는 2주, 골수이식의 경우는 3주) 및 2주 회복기간을 포함하여 최소한 1달 이상이 소요된다. 그 기간동안 많은 혈소판 수혈(80~100units이상), 적혈구 수혈 및 백혈구촉진제 투여(G-CSF) 등이 필수이며 이에 따른 입원비 또한 막대하다. 이와 더불어 각종 항생제, 특히 고가의 3세대 약들은 1주만 사용해도 약값만 100만원 정도가 들어간다.

그러면 이제부터 초점을 바꾸어 위의 문제를 어떻게 'Mini-골수이식'을 통해 극복할 수 있는가를 설명해 보면, 첫째, 과거에는 동종이식시 환자의 골수의 공간을 완전히 비워야만 새로운 공여자의 골수가 가서 자리를 잡는 것인 줄 알았던 기존 개념이 바뀌고 있다. 따라서 독한 busulfan이나 전신방사선조사(TBI)가 꼭 필요한 것은 아니며, 동종 골수 혹은 동종 말초혈액조혈모세포가 자리만 잡도록 Mini-골수이식을 통하여 면역조절을 하면 되는 것이다.

둘째, 골수이식은 필요하지만 장기 부전(특히 심, 폐, 신장 장애) 등이 심해 표준 골수이식을 못하는 경우에도 미니 골수이식은 가능하다는 것이다. 'Mini-골수이식' 시의 전처치는 보통항암요법의 용량과 별 차이가 없으며 환자가 잘 감당하는 특징이 있다. 또한, 심하게 입이 헌다든지, 심한 설사 등이 장기화되는 등의 예가 거의 없다. 따라서 전통적인 동종이식 이후 혈소판 부족시 오는 출혈 및 심한 감염, 폐렴 등에 의한 치사율이 거의 없다고 보아야 한다. 그 이유는 혈소판 수치가 2만 이하로 며칠 정도만 감소했다가 곧 회복이 되며 또한 백혈구의 ANC(호중구)도 1주일 남짓 낮은 수치를 갖다가 곧 회복이 되기 때문이다.

셋째, 'Mini-골수이식' 은 입원 경비를 경감시킬 수 있다. 전형적인 동종이식시 필요한 고량의 전처치가 훨씬 경하게 투여되기 때문에 무균실이 거의 필요 없다. 최근 61세 남자 환자를 본 병원일반병실(6인실)에서 이식을 성공적으로 치루었다. 이 환자는 보통 표준 이식에서는 이식을 통과하며 혈소판이 80-100units가 들어가야 함에 반해, 단지 4차례 수혈만 필요했으며(전체 16units가 소요), ANC(백혈구)도 8일 만에 회복하였다. 또한 그 기간동안 전혀 열이 나지 않아서 3세대 항생제 등이 거의 들어가지 않았다.

따라서 만성기의 만성골수성백혈병 환자의 경우에는 이식을 할 경우 미니-골수이식이 표준치료라고 전해 주었다. 다발성 골수암, 또한 관해중인 급성백혈병 환자(특히, 나이가 너무 많거나, 장기기능이 너무 저하된 경우), 재생불량성빈혈 및 low grade 림프선 종양 등에서 활발히 미니 골수이식이 시행되고 있다. 또한 고형암 특히 신장암(이 경우에도 전형적인 전처치는 불필요하며 미니-골수이식의 방법을 씀)에서 활발히 시도되고 있다. 또한 'Mini-골수이식'은 심한 소아의 선천성 면역질환에서도 이미 시도가 되고 있으며 그 효과가 증명되고 있다.

그러나 관해가 오지 않은 급성백혈병이나 급성기의 만성골수성백혈병 등에서는 이러한 'Mini-골수이식'은 아직 역부족이어서 권하지 않는다(왜냐하면, 이 경우에는 고량의 전처치를 통해 환자의 골수를 깨끗하게 하는 것이 여전히 필요하기 때문임). 그러나 미니-골수이식의 영역은 백혈병은 물론 고형암에서도 계속 넓어질 것이다.

결론적으로 이러한 'Mini-골수이식'은 지난 40년 동종이식의 역사 중에 큰 개혁임에 분명하며 과거에 높은 치사율과 비싼 경비의 동종이식을, 안전하며 보다 저렴한 동종이식으로 제공할 수 있다는 것이 큰 장점이다. 또한 이식시 필요한 장기간 병원입원이 앞으로는 불과 10여일(항암제 받는 기간동안)로 줄어들 수 있게 되었으며 병원비가 비싼 서구에서는 심지어 처음부터 끝까지 입원이 전혀 필요 없는 '통원치료-골수이식'이 이미 실행되고 있다.

2) 전통적인 골수이식과 미니골수이식의 개요

표 4-1. 전통적인 골수이식의 개요

D-7	Day0	D+7	D+14	D+21	D+28
↑	↑			↑	↑
Bu/Cy(치사량) Cy/전신 방사선조사	골수 주입			Engraftment (착상)	퇴원
	|◄··········	··········	“무균실”	··········►|	

표 4-2. “Mini- 골수이식”의 개요(Non-Myeloablative)

D-7~D-10	Day 0	D+14	D+21	D+28
↑	↑	↑	↑	
“보통 용량의 Chemo” (Immunoablative)	골수 주입	착상 Engraftment	퇴원	
	|◄·········· “일시적 cytopenia” (무균실 +/-)	··········►|		

3) Mini-골수이식(or NST) 데이터

동종이식 중에서 NST의 시행건수는 크게 증가하고 있는데 IBMTR에서 2002년 이후 시행한 동종이식 중 25%가 NST였다. Fred Hutchinson 암센터에서의 결과에 따르면, 1년 치료 관련 사망(NRM)이 NST의 경우 16%로 일반 이식의 경우 30%정도인 것에 비해 유의하게 낮았다.

50세 이상이거나 50세 미만이지만 동반질환으로 인해 통상적인 고용량 전처치 항암치료를 받을 수 없는 다양한 종류의 혈액암 환자 89명을 대상으로한 연구에서, fludarabine(90mg/m^2)과 2Gy 전신 방사선 조사(TBI)를 이용하여 Mini-전처치를 한후 주조직 적합 비혈연 공여자로부터 조혈모세포 이식을 받은 경우, 3-4도의 중증 급성 이식편대 숙주질환의 발생률은 약 10% 정도였으며, 100일 치료관련 사망(non-relapse mortality, NRM)은 11%, 1년 전체 생존률(overall survival, OS)은 52%이었다.

급성 골수성 백혈병의 경우에는 씨애틀에서는 122명의 급성 골수성 백혈병 환자를 대상으로 Flu/TBI(Fludarabine/전신 방사선 조사)를 사용한 NST 결과를 보고하였다. 3-4도의 중증 급성 이식편대 숙주질환의 발생률은 12%였으며, 100일 치료 관련 사망은 3%, 2년 전체 생존률은 48%였다. 또한 1차 관해 시 타인이식이 형제간 이식보다 재발율이 낮아 (16% vs. 50%, p=0.0005) 이식편대 백혈병 반응(GVL)의 가능성을 보여주었다.

2. 부모 또는 조직적합항원의 절반(折半)이 맞는 경우의 골수이식 : Bone marrow transplantation from a parent or an HLA-haploidentical sibling (상보성(相補性) 골수이식 ("Complementary" transplantation))

동종 골수 이식을 위한 기증자의 자원 범위가 크게 한정되어 있다. 가능한 혈연관계가 없는 타인으로부터 이식을 받는 것이 효과가 우수하고 이러한 골수 이식을 위한 기타 제반 상황이 결과에 여러 영향을 미친다고 알려져 있다. 따라서 이러한 어려움을 극복하기 위해 강력한 면역 억제 치료를 시행하거나 CD34 조혈 세포의 다량 수혈, 체외 항암 유도 요법 등을 시도하였으나 그다지 큰 효과를 보지 못하였다.

최근 "permissible" or "acceptable" HLA mismatches 라고 하여 상대적으로 면역성이 낮은 noninherited maternal HLA antigens (NIMAs ; 어머니로부터 온 유전되지 않은 항원)에 대한 관심이 높아지고 있다. 만약 이러한 시도가 성공적으로 시행된다면, 동종 골수 이식 기증자의 범위가 환자의 가족들로 더욱 확대될 수 있기 때문이다. 이것은 태아일 때 모체와 미세 혈류이동(micochimerism)을 통하여 태아의 아버지측 유전형질 (IPA) 에 대하여 모체의 면역 체계가 관용(tolerance)적 일 것이라는 가정에서 시작되었다. 즉 임신으로 인해 모체의 면역 체계는 태아의 아버지측 유전형질에 대해 "primed cytotoxic T cells" 생산하게 되고 이 세포가 임신 기간 동안 지속적으로 존재하며 심지어 출산 이후에도 상당기간 이러한 세포가 모체의 말초혈속에 유지되어 있다고 보는 견해이다. 이러한 가정은 여타의 동물 실험에서 일부 확인되었으며 일본에서 말기 혈액암 환자를 대상으로 시행한 연구에서 긍정적인 결과를 얻었다.

"Complementary" transplantation ("상보성(相補性)"이식)

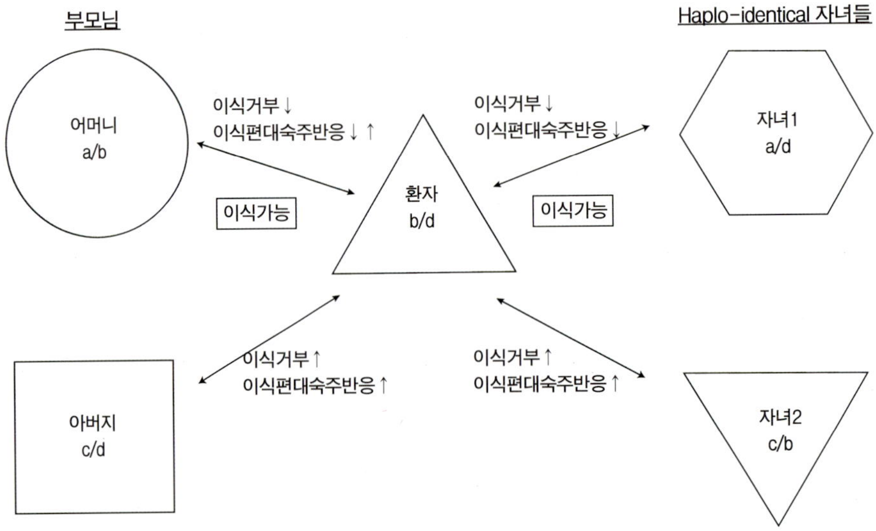

설명: 환자△는 자녀 1, 또는 어머니○와 이식이 가능하다.

그 치료의 성적은 다음과 같다.

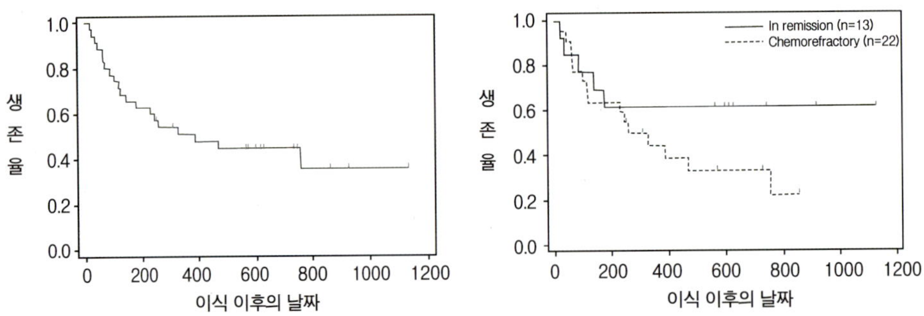

A. 이식 이후의 총괄적인 생존율(약 40%)

B. 이식 당시 관해상태인 경우(생존율 60%)-실선
이식 당시 관해가 오지 않았던 경우(생존율 20%) - 점선

(자료: BLOOD(2004) 204:3821~3828)

3. 제대혈 이식(臍帶血移植, Cord Blood Transplantation)

1) 제대혈 조혈모세포(제대혈 이식) 이식의 개요

1970년대 초반, 무심코 버려져 왔던 아기의 탯줄 혈액(제대혈)에 성인의 골수와 같이 풍부한 조혈모세포(Stem cell)가 존재한다는 사실이 알려졌었다. 그 이후 1988년 프랑스의 여의사인 Gluckman 등이 19kg의 Fanconi 빈혈 환자에게 HLA가 일치하는 형제의 제대혈을 처음으로 이식하는데 성공하였다. 이 환자는 10년이 지난 현재까지 매우 좋은 치료 상태를 유지하고 있다. 1995년 Wagner 등이 International Cord Blood Transplant Registry(ICBTR)에 등록한 44명의 형제간 이식의 결과를 성공적으로 보고하면서 제대혈이식은 널리 각광을 받기 시작하였고 특히 제대혈이식이 골수이식에 비해 이식편대 숙주반응이 적다는 것이 알려지면서 비혈연관계 또는 조직적합형이 일치하지 않는 혈연관계의 경우에서도 널리 시행되고 있다. 현재 미국, 유럽, 일본 등 전 세계에서 제대혈 조혈모세포 공여은행 및 자가 조혈모세포은행이 설립되어 제대혈 조혈모세포 이식은 꾸준히 증가되어 최근까지 4,000여명 이상에서 이식이 시행되었다. 국내에서도 이러한 제대혈 은행의 필요성을 인식하여 1995년부터 기본적인 연구를 시작하여 2001년 7월, 국내에서도(한국조혈모세포은행협회 산하) 중앙제대혈 데이터센터를 발족하여 비혈연간 이식을 위한 제대혈 공급을 시행하고 있다.

제대혈 조혈모세포 이식의 가장 큰 장점은 쉽게 구할 수 있으며 채취과정이 안전하고 간편하다는 것이다. 기존의 타인 골수이식은 공여자 검색에 많은 시간이 걸리고 공여자를 찾은 후에도 공여자로부터 동의 및 이식에 필요한 여러 검사와 골수를 채취하는데 적어도 약 3개월간의 시간이 소요되나 타인 제대혈은 검사가 완료된 상태로 냉동 보관이 되어 있으므로 적어도 한달 이내에는 이식을 받을 수가 있다. 또 제대혈은 골수이식에 비해 이식편대 숙주반응(graft-versus-host disease)이 현저하게 적다는 것이다. 이는 제대혈 조혈모세포가 면역학적으로 미성숙하기 때문인데 최근에는 조직적합형이 2개 또는 3개까지 다른 비혈연간에도 성공한 제대혈이식이 보고되고 있다. 또한 제대혈은 조혈기능 재구성 능력이 크다는 것인데 이는 제대혈 50~150 cc에서 분리된 조혈모세포만으로도 성인 골수 500 cc 이상을 이식한 효과를 볼 수 있다.

제대혈은 골수이식 또는 말초 조혈모세포 이식에 비해 생착(engraft)이 되기까지의 기간이 길며, 채취할 수 있는 제대혈의 양이 한정되어 있어 체중이 큰 소아나 성인에서의 이식에 제한되어 왔다는 단점으로 인해 골수이식을 대치하는 데는 큰 제한이 있다. 그러나 최근 85 kg의 성인에서 성공적인 이식을 보고되고 있고, 또한 2개의 다른 제대혈을 섞어서 이식하는 기술과 조혈모세포의 체외증폭에 관한 많은 연구들이 진행되고 있어 이러한 단점들이 서서히 해결되리라 생각된다.

지난 10여 년간 제대혈 조혈모세포에 대한 많은 연구가 진행되어 왔는데 그 특징들을 요약해 보면 다음과 같다.

2) 제대혈 조혈모세포의 특성: 골수 및 말초 조혈모세포와의 비교

표 4-3. 제대혈이식과 골수 또는 말초 조혈모세포이식의 비교

<table>
<tr><th colspan="2"></th><th>제대혈이식</th><th>골수 또는 말초 조혈모세포 이식</th></tr>
<tr><td colspan="2">조혈모세포의
분화정도</td><td>① 분화가 미비
② 원시적</td><td>① 상대적으로 분화가 되어있음
② 상대적으로 덜 원시적</td></tr>
<tr><td colspan="2">조혈세포의
자가복제능</td><td>① 원시적인 조혈모세포가 많음
② 조혈줄기세포의 분화세포인 CFU-GM, CFU-Meg, BFU-E 등을 생산하는 복제능력이나 증식능력 높음
③ 여러 조혈성장인자에 대한 증폭능력 우수</td><td>①-③ 이 상대적으로 약함</td></tr>
<tr><td rowspan="3">면역학적 특성</td><td>1) B 세포</td><td>B 세포수 적고 약 절반이 미성숙함
(체액성 면역 능력 회복이 늦음)</td><td>상대적으로 높음</td></tr>
<tr><td>2) T 세포</td><td>T 세포의 절대수 감소
CD4+/CD8+ 비 증가</td><td></td></tr>
<tr><td>3) Allogeneic cytolytic activity</td><td>10-1,000배 감소</td><td>상대적으로 높음</td></tr>
<tr><td colspan="2">채취방법</td><td>출산시 주사기로 간단히 채취</td><td>무균실에서 전신마취 후
골수에서 채취</td></tr>
<tr><td colspan="2">이식편대 숙주반응</td><td>급성: 골수이식보다 적음
만성: 골수이식과 비슷함</td><td>제대혈보다 빈번함
제대혈과 비슷함</td></tr>
<tr><td colspan="2">1) 조혈모세포의 양
2) 단핵구
3) CD34+ 세포</td><td>60-150 mL
3.8×10⁷/kg(범위 0.2-13×10⁷/kg)
2.8×10⁵/kg(범위 0.4-9.4×10⁵/kg)</td><td>1-1.5 L
2-4×10⁸/kg
2-4×10⁶/kg</td></tr>
<tr><td colspan="2">이식 후 착상까지의
소요되는 시간
1) 백혈구 (호중구>500)
2) 혈소판(>2만)</td><td>

21-28일
1달-3달</td><td>

18-25일
25-29일</td></tr>
</table>

3) 제대혈의 채취과정, 분리 및 저장

(1) 제대혈의 채취과정

① 개요 및 준비사항

신생아가 분만되고 나면 산모의 몸 속에는 태반과 제대가 남아있게 되는데, 이때 제대혈을 채취하게 된다. 채취방법에는 항응고제가 들어있는 주사기로 찌르거나 또는 중력에 의해서 흘러내리는 혈액을 채취하게 된다. 무균적 방법으로 하되, 산모혈액이 섞이지 않아야 하며 응고되지 않도록 채혈 즉시, 잘 흔들어 주어 항응고제와 잘 혼합되도록 하여야 한다. 대개 60~150㎖의 제대혈을 채취할 수 있다. 이런 방법으로 받아진 제대혈은 실온상태로 실험실로 운반되고 여러 과정을 거쳐 조혈모세포를 분리하여 영하 196도 액체질소 냉동고에 저장된다.

② 질식분만

가. 중력에 의한 채혈

ㄱ. 10 unit/㎖의 헤파린이 담긴 50㎖ Corning tube를 3개 정도 준비한다.

ㄴ. 태아가 분만되면 제대를 결찰하여 절단한 후, 절단면 부위를 소독하고, 그 상단을 멸균거즈로 잡은 다음 결찰을 풀어 제대혈이 중력에 의해 준비된 Corning tube에 배출되도록 한다. 동시에 자궁을 마사지하여 자궁수축에 의해 태반내 제대혈 배출이 용이하도록 한다.

ㄷ. milking : 배출되는 제대혈의 양이 현저히 감소하면 제대를 다시 결찰하여 태반을 만출한 후 소독된 구멍 방포 위에 올려놓고 제대가 절단된 곳 바로 위를 멸균거즈로 두껍게 싸 제대 바깥을 타고 흘러내리는 혈액을 흡수할 수 있도록 한 다음 태반 내 제대혈이 다시 중력에 의해 배출되도록 한다. 이때 태반과 제대를 milking하여 제대혈 배출을 도와주도록 한다.

나. 주사기를 이용한 천자에 의한 방법

ㄱ. 10 unit/㎖의 헤파린이 코팅된 50㎖ 주사기를 2개 정도 준비한다.
(ACD 용액이 들어있는 채혈 bag을 이용할 수도 있다.)

ㄴ. 태아가 분만되면 제대를 이중으로 결찰하여 가운데를 절단한 후, 태반이 자궁에서 분리되기 전에, 탯줄 상단을 멸균거즈로 잡은 후에 천자부위를 betadine

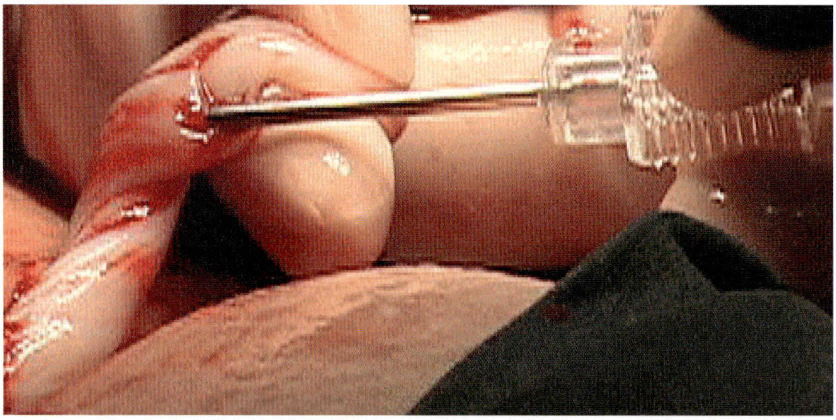

그림 4-2. 주사기를 이용한 천자에 의한 제대혈 채혈

으로 소독한 후 준비된 헤파린 주사기로 천자하여 서서히 가능한 한 많이 채혈하도록 한다(그림 4-2).

③ 제왕절개술

가. 태아가 만출되면 제대를 결찰한 채로 자궁에서 태반을 도수 박리하여 만출되면 질

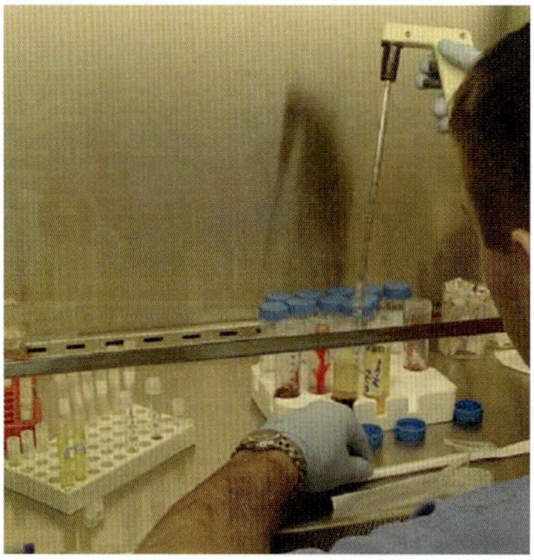

그림 4-3A. 채취된 제대혈은 혈장과 적혈구로 분리한 후 조혈모세포가 존재하는 단핵구층을 뽑아낸다. 분리, 정제된 조혈줄기세포(단핵구)는 조직적합성항원(HLA)검사와 전염성 질환, 오염유무 검사 등의 검사를 거친다

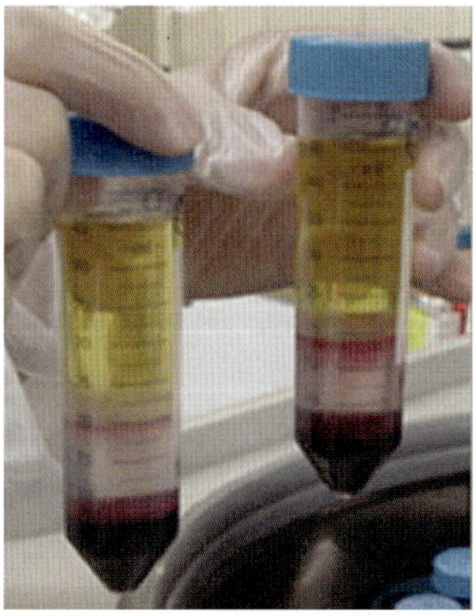

그림 4-3B. 원심분리에 의한 유핵세포층 분리

식 분만에서 태반만출 후 시행한 것과 같은 방법으로 채혈을 시작한다.

나. 태반을 자궁에서 도수 박리하기 전 제대정맥을 2군데 천자하여 제대혈을 채혈한다.

(2) 제대혈의 분리 및 저장

얻어진 제대혈은 무균상태에서 조혈모세포만을 분리하여 저장하게 된다. 첫 단계로 제대혈을 혈장과 적혈구로 분리한 후 유핵세포만을 얻고, 여기에 보관 용액(DMSO)을 더하여 몇 개의 작은 용기에 분리되어 영하 196도 액체질소 냉동고에 저장된다. 이런 분리 단계를 거치는 동안 세포의 생존율, 세포 수, 각종 세균과 바이러스에 대한 검사가 이루어진다.

(3) 세포저장 기간

냉동보관된 제대혈 조혈모세포는 언제까지 사용할 수 있는지에 대해서는 아직 뚜렷하지는 않지만 현재까지의 연구에 의하면 10년 동안 냉동 보관된 제대혈 보혈모세포는 90% 이상의 생존율을 보고하고 있다.

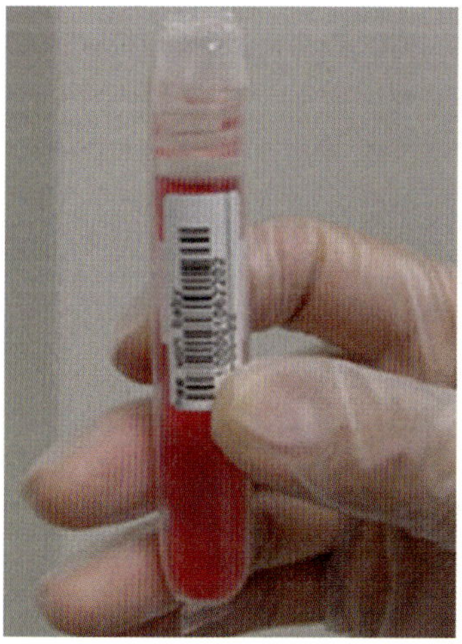

그림 4-4. 분리된 유핵세포와 보관 용액(DMSO)을 섞어 보관되는 tube

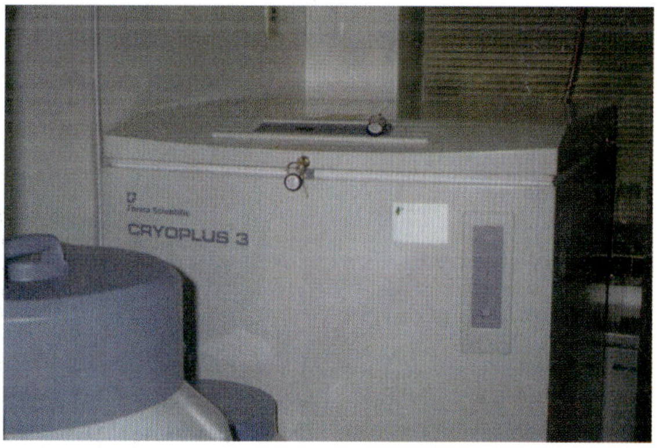

그림 4-5. 조혈모세포가 담긴 tube는 컴퓨터 제어로 1분에 1도씩 내려서 영하 196도의 질소 냉장고에 보관된다.

4) 제대혈이식의 문제점/부작용과 성적

현재까지 시행된 타인 제대혈이식을 골수이식과 비교해 볼 때, 치료 성적은 타인 골수이식과 비슷함을 보고하고 있다. 이식한 제대혈의 주조직적합항원이 일치된 경우는 물론, 2-3자리가 불일치하는 경우에도 이식이 성공적으로 시행되고 있다. 실시되었던 질환으로서는 AML이 가장 많으며, ALL, CML, MDS, 중증 재생불량성빈혈은 물론, 비교적 드문 Fanconi 빈혈, Gaucher disease, adrenoleukodystrophy 등에서도 이식이 시행되고 있다. 이식 후 생착 성공률은 82~90%이나 제대혈은 생착되기까지의 시간이 골수이식에 비해 길기 때문에 치명적인 감염이나 출혈, 이로 인한 사망 등의 합병증 빈도가 증가한다.

최근 이식 성적에 의하면 제대혈이식 후 중성 백혈구 생착까지의 기간은 ANC〉500/㎕의 기간 18(10~37)일, ANC〉1,000/㎕의 기간 20.5(11~45)일이며, 혈소판〉20,000/㎕ 되기까지의 기간은 1~3달이 걸린다. 2도 이상의 급성 이식편대 숙주반응은 2개 이상의 HLA 자리가 맞지 않는 경우에도 불구하고 35~40%에서만 관찰되었으며 평균 생존율은 70%, 무병생존율은 58.2(22~62)%를 보고하고 있다. 성공적인 제대혈이식에 영향을 미치는 인자로는 주입되는 유핵 세포 수와 CD34 양성 세포 수, 단핵구 수 이외에도 병의 상태(즉 관해시 백혈병, 재생불량성빈혈시 우수함. 반면에 2차, 3차 관해시의 급성백혈병 및 관해가 오지 않은 급성백혈병 등에서는 성적이 부진) 연령, 체중, CMV 감염 및 치료 약물 등이다.

제대혈의 다른 문제점은 탯줄혈액에서 얻을 수 있는 조혈세포의 수가 제한되어 있어 주로 소아 혹은 저체중 성인 환자에서 제대혈이식이 시행되어 왔다. 성공적인 제대혈이식을 위해서는 주입되는 유핵 세포수는 적어도 체중 당 1×10^{7}/kg 이상이어야 하는데 성인이나 체중이 많이 나가는 소아의 이식은 제한되어 왔던 것이 사실이다. 이러한 제한점을 극복하기 위해 증식력이 높은 제대혈 조혈모세포를 체외에서 증폭한 후 이식에 사용하고자 하는 노력을 하고 있다. 그러나 증폭된 제대혈에서 원시 조혈모세포가 계속 유지되는지 또한 증폭이 되는지에 대해서는 아직 더 많은 연구가 되어져야 할 부분이다.

비혈연간 제대혈이식의 생존률은 21-76% 정도로 연구에 따라 차이가 나기는 하지만 주조직적합 비혈연간 골수이식의 성적에 필적하는 것으로 알려져 있다.

따라서, 전처치 항암치료의 강도를 줄이거나 체외 증폭, double unit 제대혈 이식 등을 통해 주입되는 유핵 세포의 수를 증가시킴으로써 생착되기까지 걸리는 시간을 단축시키고, 감염의 효과적인 예방 및 치료, 기타 여러 보존적 치료의 발전을 통해 제대혈 이식의 치료관련 사망을 줄이고 생존률의 향상을 도모할 수 있을 것이다.

이식에 따른 합병증들을 정리하면 다음과 같다.

가. 고용량항암제(구토, 출혈성 방광염, SIADH, 울혈성 심부전, 경련, 구내염 등등)

나. 골수억제(각종 감염, 출혈)

다. 골수 주입(아나필락시스, 쇽, 폐부종, 용혈성 빈혈)

라. 간정맥 폐쇄성 질환(체중증가, 황달, 복수, 간비종대)

마. 전신부종, 체중증가, 늑막염, 심막염

바. 급성 이식편대 숙주병

사. 만성 이식편대 숙주병

5) 국내외 제대혈은행 현황

1988년 프랑스에서 Fanconi 빈혈환자에게 동생의 제대혈을 이용한 이식이 성공하였고 1992년 뉴욕 가족 제대혈 은행의 시작을 기점으로 1997년 말에서 현재까지 미국 및 유럽 등지에서 혈연관계뿐만 아니라 비혈연관계의 제대혈이식까지 포함하여 총 4,000건 이상 이루어질 정도로 최근 들어서 급속한 발전을 하고 있다. 특히 조직적합항원이 2~3개 틀린 제대혈로 이식을 한 경우라도 골수이식에 비하여 이식편대 숙주질환과 같은 합병증의 발생빈도와 심각도가 적음을 보고하고 있다. 또한 향후 제대혈에 있는 줄기세포(Stem cell)를 이용한 간, 뇌조직치료를 위한 세포치료(Cell Therapy) 분야에서도 제대혈은 유용하다. 따라서 세계적인 제대혈운행의 설립과 운영이 활성화되고 있는 추세이다. 국내에서는 1997년 계명대학교 동산의료원에서 재생불량성 빈혈환자에게 형제의 제대혈을 처음 이식을 시도한 이래로, 현재까지 여러 대학 병원 등에서 재생불량성빈혈 환자, 백혈병 환자 및 유전성 질환 환자들에서 시행되어 40~60% 정도의 평균 생존율을 보고하고 있다.

1992년 뉴욕혈액센터에서 제대혈은행이 설립된 이래 지금까지 미국은 약 20,000

units, 유럽은 약 30,000 units 이상의 제대혈을 보관하고 있으며, 일본은 정부 하에 9개 제대혈 은행에서 약 5,300 units 이상의 제대혈을 보관하고 있는 것으로 알려져 있다. 현재 중앙제대혈데이터센터 이외에도 주요 대학에서 각각 운영하는 제대혈은행이 있으며 라이프코드㈜, 메디포스트㈜, 히스토스템㈜ 등 민간 벤처기업이 설립되어 제대혈은행 사업을 운영해 오고 있다.

국내 제대혈은행이 활성화되고 있는 것에 비해 실제 행해지는 제대혈이식은 아직 활발히 이루어지지 않고 있다. 골수 공여자가 절대적으로 부족한 상황에서 많은 환자에게 새로운 혜택을 줄 수 있는 골수 이식을 보완할 수 있는 대체 수단으로서 제대혈이식은 앞으로 더 활성화될 추세이다. 활성화를 위해서는 제대혈은행 상호간의 협력 네트워크 구축이 필요하다. 또한 빠른 시일 내에 성인에서도 의료보험이 인정되어 환자들의 경제적 부담이 덜어져야 하며 의사들도 환자의 치료비 부담에 신경 쓰지 않고 적극적 치료수단으로 소신껏 시술할 수 있는 환경이 정착되어야 겠다.

4. 모세포의 조작(造作)과 모세포(母細胞)의 체외증폭 (體外增幅, ex-vivo expansion)

「모세포의 조작 및 체외증폭」이란 용어는 일반인과 환우들에게는 무척 생소한 단어다.

그러나 이 분야는 굳이 '모세포의 증폭'이나 '조작' 등의 용어를 쓰지 않기는 했었지만, 지난 10여 년 동안 이미 그 원리가 이용되어 온 것이 사실이다. 현재 그 이용의 범위가 서서히 확산되고 있으며 치료에 직접적으로 조금씩 이용되고 있다.

다음의 경우가 「모세포의 조작」을 현재 부분적으로 사용하고 있는 예이다.

1) 형제간이나 타인간에 동종이식을 시행하고자 할 때 6개의 조직항원이 완벽하게 맞지 않고 2~3개가 틀리는 경우, 전체골수 중에서 이식편대 숙주반응에 관여하는 T-림프구 제거를 해서 이식함으로써 이식편대 숙주반응을 막고자 하는 조작을 시행한다.
2) 타인이식의 경우 공여자와 환우가 6개의 조직항원이 다 맞는다 하더라도 환우의 나이가 많은 경우에는 이식편대 숙주반응이 심히 우려가 되는데 이 경우 T-림프구를 제거하거나 부분적인 T-림프구의 제거(예 T8 또는 T6 양성 림프구 등: 이식편대 숙

주반응에 관여한다고 생각되어지고 있음)해서 이식을 해왔다.

3) 조혈모세포를 위와 같이 조작하는 과정에서 간혹 항 백혈병(抗白血炳) 역할을 담당하는 중요한 세포(T-림프구 중 T4: Helper-T 림프구 등)들이 빠져나가 버리는 경우가 종종 있다. 이때 원하는 세포의 항체(T4 림프구에 관한)를 주사기 같은 관 옆에 붙이게 한 후 조혈모세포를 그 관으로 통과시켜주면 필요한 세포들이 빠져나가는 것을 방지할 수가 있게 된다.

4) 자가이식시 강력한 전처치 이후 자가말초 조혈모세포(自家末梢造血母細胞: autologous peripheral blood progenitor)만을 추출해서 환자에게 재주입하는 경

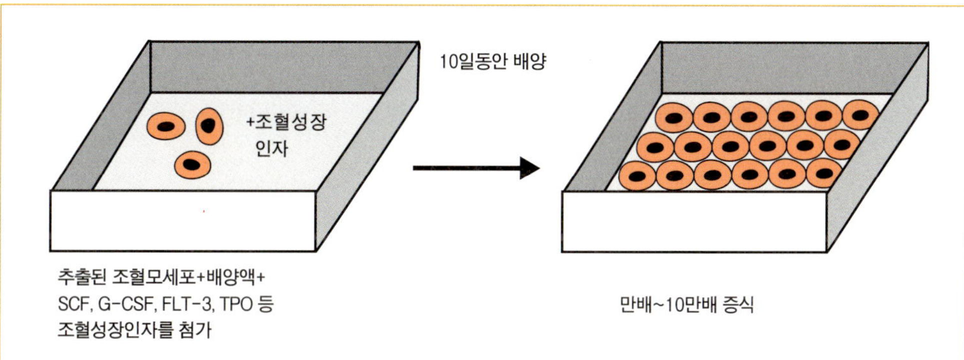

그림 4-6. 체외증폭(體外增幅)의 원리

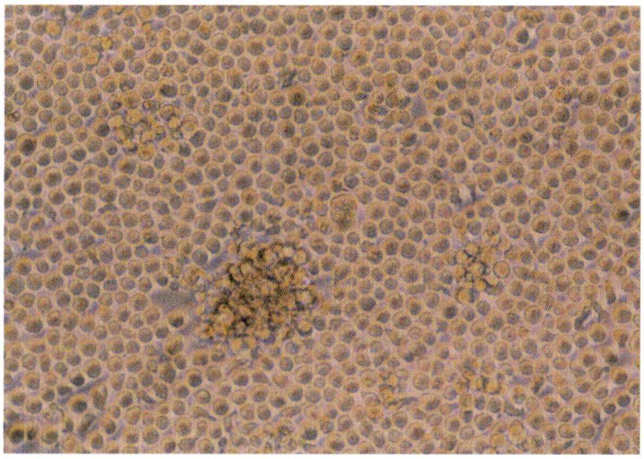

체외증폭한 제대혈의 실제

우 암세포의 오염(암세포가 그 자가 조혈모세포에 들어 있음)을 방지하고자 할 때는 특수한 항체를 이용하여 조혈모세포만 골라 낸 후(주사기와 같이 생긴 관의 벽에 조혈모세포만 달라붙게 하고 나머지는 흘러 내려가게 함) 깨끗이 걸러진 자가 조혈모세포를 주입(이식)한다.

5) 한편, 몸안에 있는 세포중 항 백혈병 역할을 하는 세포로 잘 알려진 수상돌기세포(Dendritic Cell)가 있다. 최근 환자의 골수 또는 말초 조혈모세포를 특수한 성장인자로 7~10일간 자극시키는 경우, 이러한 수상돌기세포를 집중적으로 증폭시킬 수 있다. 이렇게 함으로써 동종이식 만큼이나 항 백혈병 효과를 낼 수 있는 동물실험의 결과가 보고되었으며 현재 임상실험 중이다.

이러한 모세포의 조작은 아직까지 세분화되어 있지 않고 또 전문화되어 있지는 않지만 앞으로 보다 정밀하게 세분화될 것이다. 마치 한 고객이 양복점에 가서 자기의 체형에 맞게 양복을 맞추듯이 앞으로는 나이 많은 급성 및 만성백혈병 환우에 따라 또는 상황에 따

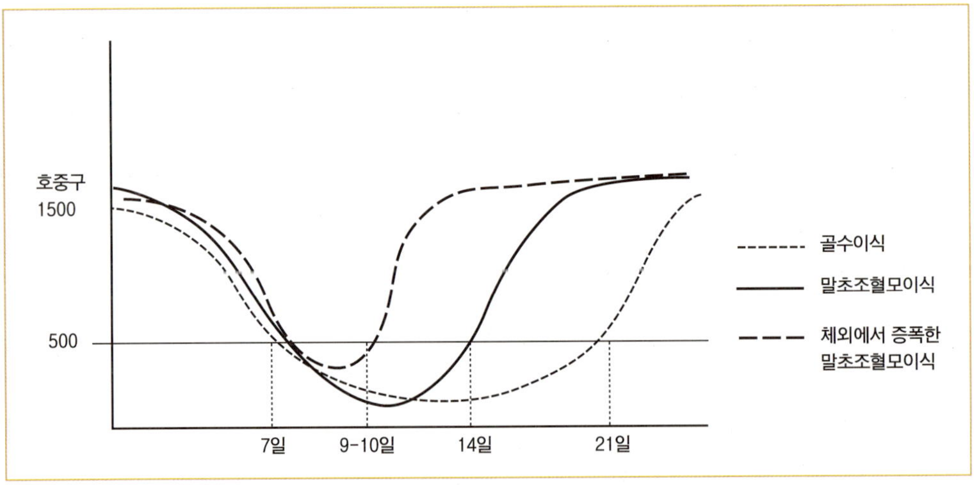

그림 4-7.

* 전통적인 말초조혈모이식의 경우 약 14일 가량 호중구가 500개 이하로 떨어지는 위험한 기간이 소요되지만, 체외에서 증폭한 말초 조혈모세포이식의 경우 불과 수일 동안만 호중구가 500개 이하로 떨어진다. 현재까지는 체외에서 증폭한(- - -) 이식이 전통적인 이식 보다 호중구 회복을 불과 4-5일 정도만 앞당기지만, 앞으로는 1주 내지 그 이상 이식 이후 호중구 회복을 앞당길 가능성이 높다.

라 항백혈병(抗白血炳) 효과를 올리고, 또 동시에 동종이식 이후 생길 수 있는 이식편대숙주반응(원치 않는 부작용)을 줄이거나 없애는 것이 가능해 질 것이다.

한편,「모세포의 체외증폭(體外增幅)」은 아직도「모세포의 조작(造作)」보다는 덜 실용화되어 있다.

그러나 다음의 경우는「모세포의 체외증폭」이 보다 활발히 적용이 될 것 같다.

1) 자가 또는 동종이식시 강력한 전처치(이식 전에 환자의 골수를 완전히 깨끗하게 만드는 일) 이후 하루라도 일찍 백혈구의 호중구가 500개 이상 되도록 회복하는 것이 무척 중요한데, 이때「모세포의 체외증폭」을 통해서 모세포보다 더 분화된 세포를 부어 넣어주면서 수치가 낮은 상황을 극복하는 것이다.
2) 제대혈(臍帶血, cord blood) 이식은 현재 전 세계에서 활발하게 시행되어 그 성적이 보고되어 있다. 형제간 공여자가 없어 타인이식을 위해 골수은행에 조회를 해 보았지만 공여자가 없는 경우 제대혈이식을 시행해 오고 있으며 소아 백혈병, 소아 재생불량성빈혈, 기타 소아 악성 선천성 질환에서의 이식 성적은 거의 타인 골수이식과 맞먹고 있어서 무척 고무적이다. 그러나 70~80㎏의 몸무게가 나가는 어른의 경우에는 제대혈에 (70~140㎖ 정도) 있는 조혈모세포의 수가 충분하지 않을 경우 안전하게 이식하기에는 부족하다. 따라서 이 경우 뽑는 제대혈에 각종 성장인자(成長因子)를 넣고 체외(體外)에서 증폭(增幅)시키는 것이다.

5. 전국의 골수이식의료기관

표 4-4. 전국의 골수이식 센터

병원명	대표전화	소 재 지
가톨릭 성모병원	02) 3779-1114	서울 영등포구 여의도동 62번지
가톨릭 강남성모병원	02) 590-1114	서울 서초구 반포동 505번지
가톨릭 성빈센트병원	031) 249-7114	경기도 수원시 팔달구 지동 93-6
가톨릭 대전성모병원	042) 220-9400	대전광역시 중구 대흥2동 520-2
건국대학교병원	02) 2030-2503	서울 광진구 화양동 4-12
건양대학교병원	042)600-9999	대전광역시 서구 가수원동 685
경북대학병원	053) 422-1141	대구 중구 삼덕2가 50번지
경상대병원	055) 750-8000	경남 진주시 칠암동 90
경희대학병원	02) 958-8114	서울 동대문구 회기동 1
고려대 안암병원	02) 920-5114	서울 성북구 안암동 5가 126-1번지
고신대학교 복음병원	051) 240-6012	부산시 서구 암남동 34
국립암센터	031) 920-0001	고양시 일산구 마두1동 809
길병원	032) 460-3114	인천시 남동구 구월동 1198
단국대학교병원	041) 550-6802	천안시 안서동 산16-5
대구가톨릭대학병원	053) 623-8001	대구시 남구 대명4동 3056-6
대구파티마병원	053) 952-4051	대구광역시 동구 신암동 302-1
동아대학교병원	051) 247-6600	부산 서구 동대신동 3가 1번지
부산대병원	051)240-7493	부산 서구 아미동 1가 10
부산백병원	051) 894-3421	부산진구 개금동 633-165
분당차병원	031) 780-5000	경기도 성남시 야탑동 351
삼성서울병원	02) 3410-3114	서울 강남구 일원동 50
서울대학교병원	02) 760-2114	서울 종로구 연건동 28
서울아산병원	02) 310-3114	서울 송파구 풍납동 388-1번지
순천향대학교병원	02) 709-9114	서울 용산구 한남동 657
순천향대부천병원	032) 621-5114	경기도 부천시 원미구 중1동 1174
순천향대천안병원	041) 570-2114	천안시 봉명동 23-20
아주대학교병원	031) 219-5114	경기도 수원시 팔달구 원천동 산5번지
연세대세브란스병원	02) 361-5114	서울 서대문구 신촌동 134번지
영남대학교병원	053) 623-8001	대구시 남구 대명5동 317-1
울산대학교병원	052) 250-7000	동구 전하동 290-3
원광대학교병원	063) 850-1114	전북 익산시 신용동 344-2
이화조혈모세포이식센터	02) 2650-5061	서울 양천구 목6동 911-1
인하대학교병원	032) 890-2114	인천시 중구 신흥동 7-206
전남대학병원	062) 220-5114	전남 광주시 동구 학1동 8번지
전북대병원	062) 220-3114	전북 전주시 덕진구 금암동 634-18
조선대학교병원	042) 220-7114	전남 광주시 동구 서석동 588
충남대병원	062) 250-2114	대전시 중구 대사동 640번지
한림대 성심병원	031) 380-1500	안양시 동안구 평촌동 896
한림대 강동성심병원	02) 2224-2114	서울시 강동구 길 1동 445
한양대학교병원	02) 2290-8114	서울시 성동구 행당동17 한양대학교 내
화순전남대학교병원	061) 379-7114	화순군 화순읍 일심리 160

(2007년 현재)

6. 골수 공여자의 확대로 골수이식의 폭을 넓히기 위한 제안

· 2007년, 현재 KONOS(국립장기이식관리센터)에 등록되어 있는 14만 여명의 타인 공여자의 data 속에서 A라는 환자가 조직적합항원을 조회하면 적합한 공여자를 찾을 확률은 40%를 웃돌아....

2차 대전이후 태어난 베이비 붐("baby boom") 세대들이 70년 80년대에 들어 결혼을 하며 자녀들을 갖기 시작했으며 과거의 부모들과는 달리 1명~2명 정도의 자녀들을 낳기 시작하였다. 이렇게 하나 내지 둘만 낳는 경향은 70년대 이후에 태어난 연령 그룹에서 더욱 뚜렷해지고 있다. 2000년대에 들어서서는 심지어 1명의 자녀만을 두는 부부들도 크게 늘고 있다. 이러한 현상은 조직적합항원이 일치(HLA-identical)하는 형제들 사이에서의 골수이식(sibling transplantation)을 대단히 어렵게 하고 있다. 즉, 이론적으로 5남매가 있는 사람은 본인을 뺀 4사람 중에서 한 사람은 골수이식에 필요한 조직적합항원이 한명은 일치할 확률이 높다. 그러나 요사이 4~5남매의 형제를 갖는 사람은 대단히 드문 경향이다. 한편 부모와 자녀가, 또는 자녀와 부모가 조직적합항원이 일치해서 서로 골수를 주는 수가 있지만, 그 확률은 고작 5% 이하이며 4촌, 8촌을 조사해 볼 경우에는 그 확률은 더 낮아진다. 결과적으로 2000년대에 태어나는 사람들에게는 형제간의 이식은 그 기회가 현격하게 줄 것이며 결과적으로 점점 타인 이식에 기대를 걸 수밖에 없게 되었다.

국립장기이식관리센터(KONOS)에는 2007년 현재, 고작 14만 여명의 공여자가 등록되어 있다. 이는 4,500만 남한 인구에 비하면 대단히 미약하다. 또한 일본골수협회의 28만 여명, 대만골수협회의 28만 여명, 또 미국골수협회의 650만 여명에 비하면 빈약하기 조차하다. 그럼에도 불구하고 A라는 환자가 KONOS에 조회해 볼 경우 적합한 공여자를 찾을 확률은 40%나 된다. 이는 예상을 초월하는 고무적인 확률이다. 그러나 만약 KONOS의 공여자 수를 20만 명까지 올릴 경우 약 60% 이상이 맞을 확률이 높아지게 된다. 한편, 1995년부터 국내골수기증자를 통해 2007년까지 1127건의 타인이식이 진행된 바 있다. 우리가 심장이나 간과 같은 장기는 우리 몸에 1개밖에 없고 또 그것을 공여했을 때는 공여자에게 치명적이겠지만, 골수의 경우에는 우리가 살아가는데 필요한 양의 10배 이상을 우리 몸에 보유하고 있다. 우리는 그 많은 양의 골수를 잉여(剩餘)로 갖고 있다가 타인에게 공여를 하건 안 하건 소모되어 버리게 된다. 따라서 그 일부(1/10)를 주어도 공여자는 생리적으로 거의 문제가 없게 된다.

요사이 각계각층, 남녀, 노소 등이 더불어 사는 것이 많이 거론되는 마당에 필요한 사람에게 귀한 골수를 서로 나누어 갖는다는 것은 정말 보람있는 이야기라고 생각된다. 물론 형제도 아닌 필요한 타인에게 나누어준다는 것, 특히 받는 사람이 누구인지도 모르고(한국 및 전 세계적으로 타인 이식시는 공여자의 이름, 주소 등을 밝히지 않음. 그 이유는 이식팀이 최선을 다 했지만 혹시 이식이 잘못될 경우 서로 입장이 곤란해지는 상황이 있을 수가 있기 때문) 공여할 때 그 사랑의 감동은 더 깊은 것 같다. 특히 한국에서는 피를 나눈 형제간의 사랑과 헌신은 대단히 뜨거운 편이지만 그 선을 조금만 넘는 남의 경우는 관심이 대단히 낮아지는 것이 현실이다.

그러나, 이제는 한국의 인색한 공여문화(Donation)가 바뀔 때가 된 것 같다. 이제까지는 한 세상을 마치고 세상을 떠날 때 자녀에게 100% 모든 재산을 상속해왔던 관례이었지만 앞으로는 공공단체 등에 기증하여 사회전체가 유익해지면 좋지 않을까 생각한다. 현재 활발하게 활동하는 대표적인 후원단체를 몇개 소개하자면 다음과 같다. 한국복지재단, 한국심장재단, 백혈병 소아암 어린이 새생명 지원센터, 사단법인 한국 백혈병 소아암 협회, 백혈병 어린이 후원회 등이다.

한편 2007년의 경우 나라에서 골수공여자 검사를 위해 배정한 예산은 약 35억 5천만원으로 32,700명 정도가 검사할 수 있으며, 2010년까지 20만명의 골수공여자 모집을 목표로 하고 있다고 한다.

저자는 미국 텍사스 대학 부속 M.D. 엔더슨 이식센터에서 7년간의 교수생활을 포함하여 11년간 근무하면서 무척 감동적으로 기부하는 사례를 수차례 경험하였다. 어떤 시골 농부가 일생동안 열심히 농사 지어 절약한 재산의 90%를 병원에 기증하기도 하고, 어떤 미망인은 큰 돈은 아니지만 생전에 남편이 고생했던 백혈병 치료의 발전을 위해 집을 정리하여 수십만불(이는 일생을 바쳐 모은 돈)을 흔쾌하게 공여하는 것을 여러 차례 경험하기도 했다. 또한 경제적으로 별로 여유가 없는 노인의 경우에도 몇 불 안되는 작은 돈이지만 성의껏 기부해서 엘리베이터 앞에 환우들이 앉을 수 있는 의자도 살 수 있게 하였다(이 경우에는 의자 뒤에 기부한 사람의 이름 명패를 자그마하게 붙여 줌). 이러한 기부문화는 M.D. 엔더슨 골수이식센터의 경우, 일년에만 기백억원이 되며 이러한 돈으로 어린이 백혈병 병동의 놀이터, 필요한 건물증축, 백혈병 연구 등에 활발히 이용되고 있다.

요사이 한국사회는 IMF도 벗어나고 점점 풍요로워지는 것 같다. 그러나 우리 마음은 여전히 개인적인 것 같으며 여유가 없어 보인다. 골수가 필요한 곳에 사랑의 희생과 도움(골수 기증), 그리고 필요한 곳에 물질의 희생(기부)이 있을 때 그 사회는 감동이 넘쳐나며, 또 그 사회는 살맛 나는 것 같다. 신약에 나오는 과부의 동전 한 닢(마가 12:41-44)은 부자들에게는 별로 큰 돈이 아니었지만 그 과부에게는 자기의 전 재산에 해당하는 희생과 포기이었기에, 그 곳에 큰 역사가 일어났으며 결과적으로 치유가 있었던 것을 성경을 통해 접하게 된다. 우리 모두 주어진 여건에서 사랑의 빚진 자로서 사랑을 실천해 보자.

7. 타인 골수이식을 위해 공여자로 등록하고 싶을 때…

빈혈 등 질병이 없는 신체 건강한 자로 골수기증을 희망하는 경우, '대한적십자사 혈액원 또는 헌혈의집' 을 방문하여 골수기증희망신청서를 작성하고 조직적합성항원(HLA)형 검사용 혈액 8.5ml를 채혈하면 자동 등록이 된다. 이후, HLA형이 일치하는 환자가 있을 경우, 조혈모세포은행의 코디네이터는 등록된 기증희망자께 연락하여 등록 후의 변화된 건강상태, 생활환경, 가족동의 등에 따라 기증여부를 재확인하게 된다.

기증을 동의한 경우에 HLA형 확인검사용 혈액을 채취하여 재검사를 시행하고 그 결과 환자와 적합할 경우에 기증을 진행하게 되며, 기증자 및 환자의 형편을 충분히 고려하여 이식일정을 협의 조정하게 된다. 기증자의 건강진단 등 자세한 2차 검사를 통하여 기증자로서 적합한지 확인한다. 골수채취일이 결정되면 채취를 위한 준비와 골수채취를 하게 되며, 완전한 건강 회복을 위해 2~3일간 입원한 후 귀가한다. 기증자는 골수 채취를 위해 실시하는 일체의 검사 및 골수채취비용을 부담하지 않는다.

8. 더 많은 정보를 원할 때(유용한 인터넷 사이트들)

보다 많은 정보를 얻을 수 있는 국외의 인터넷 사이트들을 기술해 놓았다.

1) The University of Texas M. D. Anderson Cancer Center - Stem Cell

Transplantation & Cellular Therapy

http://www.mdanderson.org/departments/bmt/index.cfm

2) Fred Hutchinson Cancer Research Center – Transplant Center

http://www.fhcrc.org/patient/treatment/choose/trans_cent.htm

3) Stanford Cancer Center – Bone and Marrow Transplantation

http://bmt.stanford.edu/

4) Johns Hopkins Medicine – The Sidney Kimmel Comprehensive Cancer Center, Bone marrow Transplant Program

http://www.hopkinskimmelcancercenter.org/specialtycenters/facility.cfm?facilityid=21

5) University of Michigan Comprehensive Cancer Center – Blood & Marrow Transplantation Program

http://www.cancer.med.umich.edu/cancertreat/treatment/bmt/about_the_program.shtml

6) Memorial sloan-kettering Cancer Center – Pediatric BMT Service

http://www.mskcc.org/mskcc/html/70018.cfm

7) Duke University School of Medicine – Adult Bone Marrow & Stem Cell Transplant Program

http://bmt.mc.duke.edu/index.htm

8) Harvard University, Massachusetts General Hospital Cancer Center – Bone Marrow Transplant Center

http://www.massgeneral.org/cancer/care/adult/bone/index.asp

9) University of Chicago Medical Center – Bone Marrow Transplantation

http://www.uchospitals.edu/online-library/content=P00086

10) University of California, San Francisco – UCSF Bone Marrow Transplant

http://www.ucsfhealth.org/adult/medical_services/blood/bmt/index.html

제 5 부

골수이식으로 새로운 삶을 얻은 사람들의 생생한 이야기들

- 환우수기
- 임상수기

1. 환우수기

환우 수기(1)

재생불량성빈혈 / 40세 / 타인이식

소제목 : 형제들이 8남매이건만 조직항원이 맞는 사람이 없어...

나는 40세의 평범한 회사원이었다. 1년 전부터 쉽게 멍이 들고 피곤했었다. 처음에는 과로와 자주 있는 회식에 이은 과음으로 그러한 줄 알았으나 감기가 떨어질 듯하면 다시 걸리곤 했다. 결국은 주변 사람들에게서 '건강치 않은 사람' 으로 통하기까지 했다. 그러다가 동창회에 나갔는데... 친구들이 너무 얼굴이 창백하다고 당장 건강검진을 받아 보라는 것이었다. 그간 건강검진을 해마다 받게 되어있으나 너무 바쁘다는 핑계로 못하게 된 것도 벌써 4년이나 된 상황이었다.

나는 대학병원을 찾았고 중증재생불량성빈혈(골수조직검사시 25%이하의 세포밀도, 교정망상구 1%이하, 절대중성구 500/㎕이하, 혈소판 2만/㎕이하)의 진단을 받았다. 지나고 보니 빈혈로 인해 계단을 오를 때 숨이 차고, 또 얼굴은 창백했으며, 백혈구 수치 감소로 인해 계속 감기몸살이 지속되었고, 혈소판의 부족으로 잇몸에선 출혈이 되고, 조금만 부딪혀도 쉽게 멍이 들고 했던 것을 뒤늦게 알게 되었다.

주치의 선생님께서는 주기적으로 적혈구 및 혈소판을 수혈 받아야 한다고 했으며, 그렇지 않을 경우 2~3년 내에 3/4에서 치명적인 출혈이 생길 수 있다고 했다. 치명적인 출혈이란 폐출혈, 장출혈 및 뇌출혈 등이었다. 이런 이야기를 듣는 순간 하늘이 무너지고 정신이 나간 느낌이었다. 40대에서는 면역요법으로 완치가 되는 확률은 1/5~1/4 정도이었기에 나는 주치의 선생님이 제안한 골수이식으로 60%~70%의 완치에 도전하고자 희망을 갖게 되었다.

다음날, 8남매 중 비교적 시간에 여유가 있는 가정주부인 누이 둘이 검사에 임했지만, 수일 후에 나온 검사결과에 의하면 맞지가 않았다.

골수가 맞는가를 알아보는, 소위 조직항원 검사(HLA)라 해서 단순 피 검사이었는데 1차에서 HLA-A, HLA-B, HLA-C를 보는 것이었다. 이번에는 나머지 6남매 중 3남매(누이 2명, 남동생 1명)를 검사했는데 또 맞지 않았다. 주치의 선생님은 통계적으로 환자를 빼고 4남매(각각 25%)가 있다면 큰 이변이 없는 한 누군가는 맞으니, 마지막 나머지 3남매에서는 꼭 맞을 것이라고 격려하셨다. 하늘에 기도하는 심정으로 나머지 3남매(형 2명, 여동생 1명)를 검사했다. 그러나, 정작 골수가 필요한 나와는 맞지 않고... 형과 누이, 또 누이와 여동생이 서로 맞는 것이었다. 더할 나위 없이 큰 실망이었다.

그러나 주치의 선생님은 한국조혈모세포은행, 일본골수은행 및 대만골수은행을 뒤져서 맞을 확률이 여전히 30%라고 격려를 해 주셨다. HLA의 A, B, DR가 4자리로 완결된 내 검사(소위, 분자생물학 검사)를 갖고 computer로 뒤지는 작업이 시작된 후 2주가 지나자 연락이 왔다. "좋은 뉴스가 있다!"고 흥분된 목소리로 주치의 선생님은 한국조혈모세포은행에 6명이 2자리 검사결과에서 HLA, A, B, C, DR이 모두 맞는다고 했다. 이어서 수주가 지나면서 제2차 정밀검사(2차 confirmation test)가 들어갔고 그 중 두 사람이 4자리로 검사하는 분자생물학적 검사에 일치하는 것이었다(국외에서 조직항원이 맞는 공여자를 찾을 경우 한국에서 타인공여자를 찾을 때보다 경비가 2배 가량 더 드는 것을 감안할 때 한국에서 찾을 수 있었던 것은 감사한 일이었다.

다시 2개월이 지나가며 4자리까지 일치한 2사람 중 1명이 기증의 의사를 밝혔고 그 분(공여자)에 대한 기본검사(피검사로 간염 등 감염질환의 여부와 채취 시 전신 마취를 잘 견딜 수 있는지를 보는 가슴사진, 심전도 등)를 골수를 채취하는 병원에서 점검하였고, 나 역시 이곳 이식센터에서 심 · 폐 · 신장 · 간 검사 등을 하였다. 결과는 다 양호해서 공여하는 쪽과 받는 쪽 모두 골수이식이란 시술을 잘 통과할 수 있다고 했다.

그 사이 본 센터에서는 보험공단에 보험인정 사전심의 절차에 들어갔으며 약 한 달이 지나가면서 통과가 되었다는 소식을 접할 수가 있어서 전체 입원비의 약 50% 가량을 나라에서 지원 받을 수 있었다.

또한 본 센터의 코디네이터 선생님은 성분헌혈(혈소판 및 백혈구)을 위해 약 10~20명 정도 확보해 달라고 했다. 본인은 O형의 피를 갖고 있었으나 타인공여자는 A형이어서 전처치가 들어가면서 수혈이 필요할 때 혈소판은 미리 A형을 받아야 한다고 했다. 한편 적혈구 수혈은 전처치부터 착상이 될 때까지는 본인의 것인 O형 피를 맞아야 하지만 착상이 되면서는 A형을 맞아야 한다는 것이었다. 주변에서는 여러분들이 적극 협조해 주셨으며, 특히 학교동창 및 경찰서에서 흔쾌히 자원하여 헌혈자가 되어 주셨다.

지금 나는 이식 이후 3년을 지나고 있다. 지난 시간을 돌이켜 보면 정말 꿈만 같다. 피 수치는 계속 정상(헤모글로빈 12.5/적혈구 4800/혈소판16만)을 유지하고 있으며 골수밀도 등 완전히 정상이다. 또한 최근에는 직장에서 승진까지 했다. 나를 위해 공여하신 분이 누군지는 모르지만, 내게 새생명을 주신 은혜의 분으로 마음속 깊이 간직하며 살아가고 있다.

환우 수기(2)

만성골수성백혈병 /급성기 / 45세 / 형제간이식

소제목 : 조직항원이 6개중 1개 틀릴 경우 형제간 이식이 가능...

우연히 직장에서 종합검진시 백혈구가 15,000까지 올라가 있었다. 나는 그 당시 감기몸살에서 회복하는 때이어서 일시적으로 그러려니 생각을 했었다. 그러나 3주가 지나서 다시 피검사를 하니 이번에는 혈소판도 정상수치보다 높은 50만이었다. 이어서 대학병원을 찾았고 골수검사시 염색체 검사에서 '필라델피아' 염색체가 발견되었다. 다행히 골수에서는 아세포가 5% 이하로 만성기 만성골수성백혈병으로 진단이 붙었다.

첫 1년은 글리벡으로 혈액학적으로 정상수치로 돌아오고(관해) 필라델피아도 부분적으로 풀렸었지만 2년 지나면서 글리벡을 열심히 맞아도 피 수치가 잘 조절이 않는 상황에서 하이드리아를 자꾸 올려 4gm까지 복용하게 되었다. 동시에 비장은 커지고 혈소판은 10만으로 떨어졌다. 그 당시 골수검사에서는 아세포가 20%까지 올라가게 되었고 이번에는 주치의 선생님이 가속기라고 하셨다. 결국 나는 입원하게 되었고 급성골수성백혈병에 준하는 강력한 항 백혈병 치료를 받게 되었다.

폐렴 및 출혈 등 많은 문제들로 인해 우여곡절이 있었지만 4주가 지나면서 아세포는 사라지고 필라델피아 염색체도 부분적으로 풀리고 비장도 정상 크기로 내려왔다. 그 후 다시 글리벡이 시작되었다. 그러나 이 기간도 불과 4개월을 넘기지 못하게 되었고 이번에는 열이 나고 극도로 빈혈이 심해졌으며 혈소판을 불과 1만 정도로 떨어지는 것이었다. 실망스럽게 골수검사 결과 아세포가 50%나 되는 급성기였다. 나는 다시 입원하였고 담당선생님께서는 이번에는 상당히 위험하니 치료가 잘 안될 것에 대한 마음준비도 동시에 하는 것이 좋겠다고 심각한 이야기를 하셨다. 나는 다시 소위 HDAC(고량의 아라씨 요법)를 맞으면서 4~5주 동안 82병동에 입원하게 되었다. 그 사이에 또 다시 각종 폐렴 및 크고 작은 출혈과 심한 장염/설사로 고생을 하였지만 제3의 만성기로 환원시키는데 일단 성공하였다.

그 사이 두 명의 누이와 1명의 남동생에 대한 조직항원검사(HLA)가 진행되었다. 그러나 누이와 남동생은 6개중 3개가 틀렸고 큰누이에 있어서는 6개 항원중 5개는 맞았지만 1개가 틀리는 상황이었다. 동시에 조사를 해본 한국조혈모세포은행에서는 두 자리

검사에 맞는 사람이 있었으나 4자리 검사시 1개가 틀리는 상황이었다. 선생님은 물론 완벽하게 맞으면 좋겠지만 형제 공여자중 1개 틀리는 경우 이식이 충분히 가능하다고 이야기하셨다. 문제는 여기에서 해결된 것이 아니라 계속되었다. 나라에서는 완전히 HLA가 맞고 만성기여야 보험 case로 인정할 수 있다는 점이었다. 3차 만성기도 만성기여서 그 점은 그리 문제가 되지는 않았지만 HLA가 맞지 않으니 보험에 해당이 안 되는 것이었다.

또 하나의 문제는 공여해 주는 누이의 나이가 거의 60세가 다 되어가는 점과 폐가 좋지 않았다는 것이다. 그러나 주치의 선생님은 나이 자체는 그리 문제가 되지 않는다고 하셨다(최근 본 기관에서 70세의 언니가 60세의 동생의 이식을 위해 말초조혈모세포를 성공적으로 뽑았다고 이야기해 주셨다). 그러나 폐가 안 좋아 전신마취 하에 골수공여시 문제가 생길 수 있다고 하셨다. 따라서 시도한 것은 촉진제를 맞고 뽑는 말초조혈모세포채취였다. 누이는 외래에 와서 하루에 1번 피하주사로 그라신이란 촉진제를 맞았고 4일째 되는 날에 몸의 피를 걸러내는 성분헌혈의 방식을 통해 250ml 정도 말초조혈모세포(末梢造血母細胞)를 채취하였다. 그러나 놀라운 것은 이러한 말초 조혈모세포를 이용해서 이식을 받은 것이 오히려 전화위복이 되어 골수이식과는 달리 이식하면서 불과 2주만에 회복이 되었고 일반병실로 나올 수가 있었다. 오히려 1차 및 2차 급성기시 투여되었던 항암제 치료보다 더 수월하고 부드럽게 회복되었다.

선생님 말씀은 나이가 든 누이에게서 뽑은 말초 조혈모세포의 양은 불과 250ml(cc)밖에 되지 않지만(골수채취는 무려 1000-1500ml) 그 내용이 충실하여 숫자적으로는 10배의 조혈모세포가 있다는 것이었다. 그러한 이유로 동종골수이식시 약 3주가 지나야 회복(착상)이 되는 것에 비해 동종 말초 조혈모세포 이식시는 이식 이후 2주만 지나면 착상이 되는 것이었다. 즉 무균실의 기간을 1주간 줄일 수 있고 폐렴의 감염기회가 적어서 항생제와 수혈에 드는 비용을 현저히 줄일 수 있었다.

이식과 이식 이후의 과정 자체는 의외로 부드러웠다.

현재 이식 이후 2년이 다 지나가고 있다. 그간 내 몸은 남자이지만 골수와 피에 한해서는 여자(누이)이다. 물론 필라델피아도 다 사라졌다. 나를 위해 수고한 누이에게 매우 감사한 마음으로 지내고 있다.

환우 수기(3)

동종 급성골수성백혈병/첫째관해/49세/형제간이식

소제목 : 무균실 안에서의 생활과 착상

백혈병 진단을 받으면서 비교적 순조롭게 관해요법에 의해 관해가 온 내 경우에는, 보험공단에서의 골수이식에 관한 보험 허락도 순조로웠다. 또한 형제간에 공여자도 있어서 순조로운 편이었다.

첫 번째 관해 이후, 한 차례 더 복합화학요법(소위 공고요법이라 함)을 통과한 후 각종 이식을 위한 준비 검사(가슴사진, 심장 및 폐 기능검사, 간염 및 CMV여부에 관한 검사 및 착상의 여부를 판단하기 위한 VNTR검사)를 잘 마쳤었다. 또한 나와 조직항원이 동일한 내 여동생 또한 각종 검사(폐 사진, 심전도 및 간염여부 등과 마취과 선생님을 만나 전신마취시 잘 견딜 수 있는지 여부 등을 점검받음)에 통과된 상태였다. 드디어 6인실에서 부설판(Busulfan)을 한 웅큼 씩 6시간 간격으로 하루에 4번씩 4일간 복용을 하게 되었다. 약 자체가 그리 구토를 하게 하지는 않았지만 기십개씩 먹어야 하는 것이 무척 괴로운 일이었다. 가끔 1~2번 토했는데... 간호사는 그 토한 약의 수를 침대 옆에서 일일이 세더니 새로운 약 주며 다시 먹어야 한다고 강조하는 것이었다. 지긋지긋한 부설판 복용이 끝나면서, 나는 무균실에 들어가기 전에 간호부에서 준비하라고 한 필요한 여러 품목(세면도구 등)들을 미리 제출하였다. 자외선(UV)을 통과시키며 멸균을 시키는 것이었다.

무균실에 진입하며 고량(高量 high dose)의 싸이톡산을 이틀동안 투여를 받게 되었다. 나는 그간 관해요법(2가지 항암제, 아이다루비신과 아라씨로 7일간)및 제 1차 공고요법(중등도의 아라씨와 다우노루비신)을 통과해 보았지만, 이번에 싸이톡산처럼 지독하게 구토가 나는 것은 처음이었다. 담당팀의 의사선생님은 이미 이러한 것을 예상하며 '카이트릴'이라는 항 구토제를 단단히 넣은 상황이었다고 설명하시면서 '아티반' 및 '맥페란' 등을 더 보강해 주셨다. 상당히 완화가 되었지만 여전히 괴로웠다. 이틀째에는 '할돌' 이라는 약을 더 보강해 주시면서 차분해지는 것이었다. 그래서, 3일째는 완연히 구토증세가 경감되었고 그 후는 조금씩 미음 등을 삼킬 수가 있었다. 회진하는 선생님들은 매번 구토 증세를 자주 물어 봐주셔서 나는 구토는 물론 다른 상황들(특히 중심정맥주사를 넣은 부위의 통증, 피부가려움증, 항문주변의 통증 및 헐은 정도, 배아픈 것, 두통 및 변비 등등)을 이야기했으며, 그때마다 여러 보조요법으로 불편한 증상 등을 해소

할 수 있었다.

이틀동안 싸이톡산을 정맥주사로 맞은 후, 이틀이 지나면서 조금 편해지는 듯 싶더니 싸이클로스포린이라는 '이식편대 숙주반응'을 방지하는 약을 정맥으로 주입하기 시작했다. 동시에 '플루카노졸'이라는 항 곰팡이 약과 '조비락스'라는 항 '허피스' 바이러스 예방약을 복용하기 시작했다.

드디어 골수이식 날(day 0)이 왔다. 아침부터 이식 팀은 분주히 움직였다. 수술실로 여동생이 내려간다고 무균실의 유리창 너머로 이야기하더니 다 함께 사라졌다. 약 2시간이 흘렀을까, 담당 선생님은 환한 얼굴로 누이동생의 골수가 많이 뽑혔다고 하였고 동생은 이미 회복실에서 회복 중이라고 이야기 해 주셨다. 환자와 공여자의 ABO형 타입이 다른 경우에는 공여자의 골수에서 적혈구를 제거하고 조혈모세포(造血母細胞)만 뽑아서 주여야 하는데 내 경우에는 나와 누이동생이 동일한 B형이어서 다른 특별한 조치없이 그대로 피처럼 중심정맥관을 통해 수혈을 하는 것이었다. 전체 골수는 약 1300cc 정도라고 하며 수혈 받을 때처럼 내게 타이레놀과 멜파란으로 전처치를 한 후 약 1시간에 걸쳐 정맥을 통해 서서히 골수를 수혈해 주었다. 골수를 받으며 약간 심장박동이 빨라지고 혈압이 160까지 올라갔지만 다른 뚜렷한 조처없이 차분해졌다. 생각보다 그리 힘들고 까다로운 것은 별로 없었다.

그 이후의 무균실에서의 생활은 의외로 부드러웠다. 다른 사람들은 입이 심하게 헐고, 설사를 많이 하며 무척 힘들었다고 하지만 내 경우에는 열이 39도 이상 1~2번 있는 정도이었다. 물론 몸은 가라앉고, 입맛은 전혀 없었다. 골수를 주입 받고(골수이식 Day 0) 4~5일간(Day 4~5)은 통 먹지 못했다. 그때에는 선생님들이 영양제를 외부에서 약 2000칼로리까지 보충시켜 주셨다. 이식 첫날, 둘째 날이 지나면서 피 수치는 기가 막히게 바닥까지 내려갔다(백혈구 100/㎕, 혈소판 6천/㎕, 헤모글로빈 8.0 gm/㎗). 이때부터 매일 혈소판 수혈은 계속되었으나 몇일 괜찮더니 다시 2만 이하로 혈소판이 내려가는 바람에 자주 수혈이 필요하였다. 선생님 말씀에 의하면 정상인의 혈소판의 수명은 7일이지만 내 경우에는 그 수명이 그리 길지 않고 또 내부에서 혈소판에 대한 항체 등이 형성되어 혈소판이 불과 하루 이틀 정도 유지되는 것이 통례라고 하셨다. 동시에 간간이 혈소판 공여자가 연결이 되어 소위 성분헌혈을 채취방법을 통해 혈소판성분헌혈을 받게 되었다. 일반적으로 이 경우에는 혈액원에서 사다가 수혈 받을 때보다는 혈소판 수치가 잘 올라가고 비교적 혈소판 수치가 길게 유지가 되었다. 그래도 감사한 일은 심각한 폐렴이나 출혈(특히 장 · 폐 · 뇌출혈)은 전혀 생기지 않았다. 그러나 무균실에서 갇

혀 사는 것은 답답하였다. 처음에는 신문 · 잡지 · TV 등을 보며 버티다가 이것도 지루해져서 노트북컴퓨터를 무균실 안으로 가져오게 한 후 비교적 덜 지루했다. 한편 짬짬이 주치의 선생님이 쪽지에 적어 주시는 성경(시편 23편, 이사야 41장 10절 등)말씀이 무척 힘이 되었다. 가급적이면 외워보라고 하셔서 나는 외우게 되었다.

어느새, 골수이식 이후 많은 시간이 흘렀다. Day 18일부터 백혈구는 400개, 800개로 서서히 올라가기 시작하더니 Day 21일이 되면서 는 1500개까지 올라가기 시작하였다. 동시에 몸이 가뿐해지는 느낌이 완연하였다. 물론 입맛도 돌아오기 시작하였다. 이식 팀의 선생님은 Day 23일이 되던 날 절대중성구의 수가 500개/$\mu\ell$가 3일 이상 되기 시작했다고 이야기해 주시면서, 진정된 착상은 이미 Day 21에 된 것이라고 하시는 것이었다. 그 다음날은 마스크만 하시고 들어오셔서 서서히 정맥주사들을 먹는 약으로 바꾸겠다고 하시며 축하한다고 악수를 청하셨다.

오랜 기다림 끝에 내 생애에서 무척 흥분이 되며 기쁜 날로 기억이 된다. 그러나 일반병실로 나온 후 약 1주간은 여전히 혈소판이 2만 이하이어서 주기적으로 수혈을 받는 수밖에 없었다. Day 28일이 되면서 수혈 없이도 혈소판이 2만 이상을 유지하게 되었다. Day 30일이 되자 선생님은 골수검사를 하자고 했고, 결과는 무척 좋았다. 나쁜 백혈병 아세포는 다 사라지고 골수에는 분화 및 성숙이 잘 보인다고 하셨다. 반면 골밀도는 아직 낮지만 서서히 좋아질 것이라고 하셨다. 또한 진정된 착상을 보는 분자생물학적인 검사, VNTR이란 피검사를 하시겠다고 했으며 누이동생의 것으로(여성)바뀌었는지에 대한 여부를 염색체 검사와 FISH로 봐주셨다. FISH 결과는 수일 만에 돌아왔다. 결국, 피에 한해서는 여자세포로 완전히 바뀌었다고 환하게 웃으시며 이야기해 주셨고, VNTR과, 염색체검사는 2~3주 지나면서 그 결과가 다 좋다고(여자 것으로 바뀌었다고) 이야기해 주셨다.

이식 이후 2년이 지난 지금, 정기적으로 3~4개월마다 조혈모세포이식센터에 다니고 있다. 정기적인 검사에 계속 완치상태이다. 지금도 직장생활이 어렵거나 할 때는 무균실 생활을 떠올려보며 다시금 생활의 의욕을 회복한다. 하루하루가 하나님의 선물이라고 고백하며...

환우 수기(4)

자가 다발성골수종/64세/자가이식

소제목 : 구강염, 설사 등으로 고생은 했지만...

젊어서부터 직업적으로 운전을 많이 해온 터라, 내 경우는 의례 허리가 아파도 신경을 쓰지 못하는 상황이었다. 그러나 작년 여름부터는 부쩍 허리가 더 아파졌고 한방에서 침을 반년 이상 맞은 후 이번에는 물리치료를 받기 시작했으나 좋아지기보다는 목뼈까지 심하게 아파지는 것이었다. 그 이후 가정의학과를 찾았고 선생님은 내가 빈혈이 있으며 콩팥기능이 정상이 아니라고 했다. 또한 목과 허리 사진에는 뼈가 녹아내린 증거들이 있었으며 즉시 담당 선생님은 혈액종양 내과로 보내주었다.

이어서 골수검사 등 여러 검사가 시작되었다. 머리끝부터 발끝까지 뼈 사진을 다 찍고 각종 피검사와 24시간 소변을 제출하였다. 검사 결과가 나왔다. 우선 빈혈(헤모글로빈: 9.0)이 있었고 골수검사에 다발성골수종의 세포인 비정상적인 프라즈마세포가 60%를 차지하고 있었다. 또한 특수 피검사에서는 정상인에게는 보이지 않는 M-단백질이 30gm/dℓ가 보였고, 소변에도 M-단백질이 상당히 나오는 것이었다. 또한 뼈 검사에는 두경부, 왼쪽 팔, 대퇴부 및 왼쪽 다리뼈에 마치 벌들이 집을 이룬 것처럼 뼈에 침식이 되어 있었다. 담당 교수님은 제 3기의 다발성골수종이라고 하셨다.

이식센터에 입원하면서 소위 VAD라는 복합항암제치료를 2차례 받았다. 동시에 허리 부위의 병변은 거의 척추를 누르고 있으며 방치할 경우 하반신 마비도 가능하다는 이식팀의 평가에 따라 급하게 방사선조사를 2주에 걸쳐 받게 되었다. 놀랍게도 1차 VAD 치료이후 M-단백질이 75%가 줄더니 2차 VAD 이후에는 발견되지 않았으며 관해에 도달하였다. 도합 4차례의 VAD 치료 이후 뼈들도 많이 아물고 허리와 목의 통증은 더 이상 나를 괴롭히지 않았다.

항암제를 투여한 후 10일이 지나며 백혈구 수치가 회복 되어 말초 조혈모세포를 빗장뼈 아래 박은 중심정맥관을 통해 뽑게 되었다. 2일에 걸쳐 이식에 필요한 충분한 양(조혈모세포)을 뽑은 후 두꺼운 중심정맥관을 부드럽고 가느다란 중심정맥관으로 바꾸어 주었다.

담당팀은 심장기능에서의 펌프기능과 폐기능에서의 이산화탄소 교환능력이 괜찮다고 했다. 그러나 간과 콩팥기능은 정상인의 반밖에 되지 않았다. 자가이식을 받기 위한 최소한의 수치에 겨우 턱걸이로 넘는 상황이었다.

드디어 자가이식을 위한 전처치가 고량(高量)의 멜파란으로 4일 동안 정맥주사로 투여되었고 2일가량 쉬더니 Day 0에는 지난번 뽑아서 얼려두었던(영하–150℃) 말초 조혈모세포를 녹여 주입하였다. 주입시 마치 마늘 냄새가 강하게 나는 느낌이었으나 주치의께서 미리 그럴 것이라고 설명한 바 있기에 비교적 덜 불쾌했다. 이는 조혈모세포를 영하 150℃까지 얼리는 과정에 조혈모세포가 깨지는 것을 방지하기 위한 DMSO라는 화학물질의 냄새 때문이며 이것이 마늘 냄새를 나게 한다고 했다. 1~2일 지나면서 이 냄새는 무균실 안에서 사라졌다. 내가 통과하는 자가이식은 동종이식보다는 상대적으로 모든 면에서 덜 위험하다고(이식중 치사율 5%이하)하셨고 또 회복도 1주가량 빠르다고 했지만, 내 경우에는 심하게 입이 헐고 2주 이상 먹지 못했다. 구강염의 강도를 1~4로 판단하는데 내 경우는 4까지 와서 나중에는 입도 거의 열지 못했다. 또한, 낮은 혈소판으로 인해 입에서는 출혈이 꾸준히 있게 되었다. 다행이 정맥통증약(몰핀)으로 심한 구강 통증은 조절이 되었고 가글 중 특수가글(조혈성장인자를 가글 용액에 섞은 것)과 적극적인 혈소판수혈을 통해 다행히 구강이 아물기 시작하였다. 내 경우는 엎친 데 덮친 격으로 설사 또한 극심해서 하루에 10분 이상 상당량을 하게 되었다. 하루에도 다이퍼(기저귀)를 수도 없이 교환했으며 나간 양만큼 수분을 정맥주사로 보충하였다.

담당팀은 멜파란이 심한 설사를 유도하며, 심한 백혈구 감소와 맞물려 식도 · 위 · 장이 헐어서 설사가 왔다고 했다. 또한 간과 신장 기능이 정상인의 반밖에 되지 않았기에 멜파란의 독성이 오래갔을 것이라고 판단해 주었다. 심했던 설사는 지사제와 금식으로 서서히 좋아졌고 구강의 통증 및 점막염은 이식 후 Day 14일이 되면서 눈에 띄게 좋아지기 시작했다. Day 18일 지나면서는 서서히 미음도 먹을 수 있었다.

64세인 나이에 폐렴이나 극도의 위험한 출혈(폐 · 장 · 뇌)없이 잘 회복이 된 셈이었다. 이어서 일반병실로 나와서 1주가 더 지나면서 회복도 가능하게 되었다.

퇴원하면서 바이러스(특히, 허피스)의 예방차원으로 또한, 대상포진을 예방하기 위해서는 조비락스를 상당기간 복용하는 것이 좋다고 했다. 또한 곰팡이 방지를 위해 플루코나졸을 2~3개월 가량 복용해야 했으며 뉴머시스티스성 감염을 방지하기 위해 박트림은 6개월 가량 복용하였다.

이제 이식한지 1년 반이 지나가고 있다. 달마다 4일간 유지요법으로 덱사를 복용하고 있으며 현재 M-프로테인이 피와 소변에는 보이지 않고 있으며 상했던 뼈들은 지금 건강한 상황이다. 64세인 나이에 무사히 자가이식을 마친 것에 대해 감사한 마음으로 지내고 있다.

환우 수기(5)

급성림프구성백혈병/둘째관해/45세/타인이식

소제목:정맥 폐쇄증, 폐렴 및 통증으로 힘든 생활이 3주씩이나 지속...

내 경우는 쉽게 멍이 들고, 잇몸에서 자꾸 출혈이 되어서 우선 치과를 찾게 되었다. 나를 진찰하신 치과선생님은 아무래도 잇몸이 부어있는 상태와 출혈의 성향이 심상치 않다고 하시며 즉시 대학병원으로 다시 보내주셨다.

진단시 백혈구 수치는 10만이 넘었으며 혈소판 수치는 6천이었다. 골수검사 결과, 급성림프구성백혈병으로 진단이 붙었으며 곧 이어서 관해 요법으로 들어갔다. 다행이 4주 내에 관해가 오기는 하였지만 퇴원이 임박해서 보고된 세포유전학검사에는 필라델피아 염색체라는 것이 발견되었다. 1살부터 10세까지의 소아 림프구성백혈병의 경우에는 항암제로만 그 완치율이 80%을 웃돌지만 어른의 급성림프구성백혈병의 경우에는 기존 항암제로서는 약 30%라고 주치의께서 이야기하셨다. 특히 주치의 선생님은 관해는 비록 4주 내에 왔지만 진단시 높았던 백혈구 수치와 필라델피아 염색체의 발견은 그리 좋지 않다고 하시며 할수만 있다면 동종이식을 해야 한다고 하셨다. 그러나 문제는 나는 무남독녀이었다. 오빠가 계셨지만 불의의 사고로 수년 전 돌아가신 상황이었다.

그러나 다행이 한국조혈모세포은행에 조회한 결과, 조직항원(HLA)검사에 A, B, DR이 맞는 사람이 10사람이 나왔다. 다시 A, B, DR을 4자리의 분자생물학적 검사를 한 결과 2사람이 나와 일치했으며 그 중한 사람이 흔쾌히 공여의사를 밝혀왔다.

그 사이 나는 강도 있는 공고요법으로 약 두 달간 더 치료를 받느라 병원을 드나들었고, 정해진 공여자분은 그 분대로 일반검사(전신 마취에 가능여부) 및 간기능(주로 간염) 검사 등을 했으며 또한, 골수공여를 위한 수술(골수채취)을 위해 미리 자신의 피 두 unit를 뽑아두는 것 같았다. 나는 전처치가 시작되며 무균실에 입실하게 되었고 소위 Day 0(Zero)에 전혀 모르는 분으로부터 타인골수이식을 받았다. 골수를 수술로서 골수이식을 받는 줄 알았는데... 그것이 아니고 중심정맥관을 통해서 피 수혈처럼 정맥을 통해 이식을 받았다.

이식 이후 처음 4~5일은 그리 힘이 들지는 않았으나 5일이 지나며 무엇인가 오른쪽 간 있는 부위가 거북해져 왔다. 주치의 선생님은 간이 만져진다고 하시며 아프지는 않으냐고 물어보셨다. 그 이후 하루가 다르게 배는 부풀어오르고 숨이 답답해지는 것이 현격히 느껴졌다. 무균실까지 초음파 기계를 가져와 검사를 했으며 복수가 상당히 발견되었다고 하는 것이 아닌가? 그 뿐만 아니라, 거울을 보니 눈에 황달이 꽤 심한 것을 알 수 있었다. 소위 빌리루빈이라는 황달 수치가 8까지 올라가 있었다. 이식 팀은 이뇨제 및 각종 보조요법을 보강하더니 TPA이라는 피 응고를 막아주는 약제를 투여해야 했다. 그러나 TPA란 약은 그 부작용으로 심한 출혈 등이 생길 수 있다고 경고해 주었다. 무균실에 들어올 때 70Kg이었던 체중이 77Kg까지 약 10%가량 증가되었다. 그러나 기타 간수치(ALT, AST) 등은 약간만 오르는 상황이었다. 주치의께서는 소위 간 정맥 폐쇄증이 왔다고 하며 최선을 다해 보자고 했다. 그러나 내 경우에는 병의 심한 정도가 중간 정도이며, 약 20%의 치사율이 있을 수 있다고 걱정해 주셨다. 한편, 간 정맥 폐쇄가 심한 경우에는 80%까지 그 위험도가 있다고 하시며 그래도 그나마 다행스럽다고 하셨다. 약 10여일이 지나면서 다행스레 배에서 서서히 붓기가 빠지는 것이었다. 동시에 간수치가 떨어지고, 소변 등이 많이 나오며 옛 체중을 회복하는 것이었다.

그러던 며칠이 지난 어느날, 갑자기 숨이 차오는 것이었다. 자주 가슴사진을 찍는 터라 별로 신경을 쓰지 않았지만 이번에는 열이 38℃ 이상으로 며칠이나 계속 가는 것이었다. 가슴사진에 완연한 폐렴이 들어와 있다고 했다. 각종 항 박테리아 및 항 곰팡이 항생제를 다섯가지 정도 투여하는 것 같더니 이번에는 백혈구 수혈을 위해 공여자와 같은 피(O형)의 자원 봉사자를 불러 달라는 부탁이었다. 그 사이에 박트림 등 희귀한 균을 치료하는 항생제까지 더 보강되었다.

급하게 자원공여자들은 피검사(공복, 空腹)에 들어갔고 그 결과가 나오기까지는 24시간이 걸리기 때문에 그 사이에 백혈구를 올려주는 "덱사"라는 약을 하루에 3번을 먹이는 것 같았다. 백혈구 공여자들은 성분현혈기계 옆에 누워 2~3시간 몸의 백혈구 일부만 뽑고 다른 적혈구, 혈소판 등은 다시 몸에 돌려받는 것이었다. 나는 이렇게 백혈구 공여를 5차례나 받으면서 서서히 열이 떨어지기 시작하였다. 동시에 폐렴 역시 동시에 좋아지고 그제야 가슴사진도 서서히 정상으로 돌아오고 있었다.

나는 이 외에도 입안이 너무 극심히 헐고 또 몸이 아파 침을 못 삼키는 시간을 보내야만 했다. 동시에 식도 부위가 헐었는데 그 통증 또한 대단하였다. 처음에는 타이레놀 등으로 시작해 보았지만 삼키는 약은 무리였고 따라서 정맥주사 몰핀이 투여되면서 처음에 2~3일은 편했지만 다시 통증이 지속되어 이번에는 몸에 붙이는 통증약(펜타닐)도 시도되었다. 파스처럼 피부에 붙이면서 그 약이 서서히 흡수가 된다고 했다. 24시간 몰핀이 계속 들어가자 비로소 통증이 조절되기 시작하였다.

한편, 간호부에서는 가글을 하루에 8번 이상 하라고 독려하곤 했지만 도저히 2~3번

밖에는 입이 너무 아파 할 수가 없었다. 그러다가 입에 5분 정도 물고 있다가 뱉는 특수 가글(조혈촉진성장제가 포함되어 있는)을 시도하게 되었는데 이것에 상당히 효험이 있었다.

시간이 지나 백혈구가 생착이 되고(절대중성구가 500개 이상) 입이 아물기 시작했다. 믿어지지 않게 하루가 다르게 입안의 통증이 줄고... 이제는 무엇인가 먹을 수 있을 것 같았다. 하루에 물만 1~2모금 먹은 생활이 무려 3주가 지난 후 비로소 미음이 시작되었다. 무척 감개무량한 순간이었다. 코에 들어가는 산소호스로 인해 코가 다 헐었지만 이것 역시 아물기 시작하고 드디어 산소도 필요 없다고 했다. 좁은 무균실 침대 주위로 조금씩 걸을 수가 있었다. 창 너머 보이는 목동 주변의 아파트가 그간은 어떻게 생긴 줄도 몰랐었는데 여기저기 관심있게 보게 되었다. 내 눈에는 밖에 날씨가 어떻든 외부 세계는 무엇이든지 아름다워 보였다. 또한 나를 방문하는 간호사와 의료진들도 다 아름다워 보이고 사랑스러우며, 무엇이든 감사하였다. 그 험하고 괴로웠던, 또 두려웠던 무균실 생활을 생각하며 이식 이후 3년이 지난 지금도 감사히 살고 있다.

환우 수기(6)

중증재생불량성빈혈/48세/타인이식

소제목: 급성 이식편대 숙주반응과 거대세포 바이러스 (Cytomegalovirus)에 의한 폐렴으로 고전했으나...

약 3년 동안 각종 비타민제제, 영양제 및 한약으로 낮아진 피수치를 올려 보려고 애를 써 보았지만 다 허사였다. 그 다음 찾은 곳은 인근 대학병원이었는데... 나는 이곳 대학병원에서 비로소 정확한 진단인 재생불량성빈혈을 알 수가 있었다. 골수검사에서는 골밀도가 10%정도이었으며 염색체 검사는 정상이었다. 피 수치는 전반적으로 낮았고(백혈구: 1,000개, 혈소판: 6천개) 따라서 주기적으로 혈소판 수혈이 필요했었다.

형제간 골수이식을 위해 손위의 누이와 손아래의 여동생 모두 검사를 해 보았지만 조직적합항원(HAL)이 맞지 않았다. 물론 무척 실망이 되는 상황이었다. 이 상황에서 그래도 그냥 있을 수가 없어서 복합 면역억제요법(싸이클로스포린, 스테로이드, ATG, 조혈촉진제)을 수개월 받아 보았다. 그러나 결과는 무반응(25%에서만 복합 면역요법으로 반응)이었다. 그 사이 나는 쉽게 멍이 들고 잇몸에서는 계속 밤낮으로 출혈이 되는 것이었다.

면연억제요법이 진행되는 사이 주치의는 타인 공여자를 찾기 시작했고 그 결과는 의외로 좋았다. 6명이 1차 검사에서 조직항원이 맞았으며 이어서 시행된 2차 검사에서는 1명이 맞았다. 다행이 조직항원이 맞은 그 사람은 고맙게도 공여하기에 이르렀다.

내 경우에는 전처치 및 이식 자체는 아주 순조로웠다. 무균실내의 생활 또는 무척 부드러웠다. 열 한번 나지 않고 또 출혈 한번 없었다. 입안은 약간 허는 경향이 있었으나 수치가 회복되면서 곧 정상으로 돌아왔다. 나는 무균실에서 일반병실로 나왔고 곧 정규식사를 할 수 있었다. 이식 후 정확히 30일이 되는 날 나는 거의 정상으로 가는 듯 싶었다. 그러나 문제는 그때부터 시작되었다.

Day 35일째 되는 날 피수치 검사결과 백혈구수치는 정상이었으나, 백혈구를 구성하는 그 일부인 산성구(eosinophil)가 20%까지 올라가는(정상에서는 5% 이하) 것이었다. 이어서 다음날 몸에 피부 발진이 약 50%까지 생기더니 온 몸에 퍼지는 것이었다. 주치의는 피부에 이식편대 숙주반응(移植編臺宿主反應)이 왔다고 하며 피부의 발진이 50% 이하 시는 그냥 지켜볼 수 있으나, 50%가 넘을 때에는 스테로이드로서 치료를 해야 한다고 했다. 다음부터는 갑자기 설사가 하루에도 10번 이상 생기는 것이었다. 대변의 양으로 이식편대 숙주반응의 심함을 평가(내 경우에는 4기에 해당)하기 때문에 그 대변의 양을 일일이 재는 것(변을 받아서 다시 눈금에 있는 통에 넣는 일)도 보통 일이 아니었다. 설사는 하루에 2 liter 씩이나 지속되었다. 메틸론(Methylon)이란 스테로이드 약이 싸이클로스포린과 더불어 정맥으로 상당량(2mg/kg)이 투여되었다. 그러나 여기서 멈추는 것이 아니라 설사에 이제는 피변으로 바뀌었고 기력은 전혀 없고 고열 (38℃이상)까지 동반되는 것이었다. 주치의 선생님은 피변에 의한 적혈구의 손실을 막기 위해 수혈을 주기적으로 시행(1unit를 줄 경우 약 1gm의 헤모글로빈이 보충됨)하였고, 영양제를 하루에 2,000칼로리를 유지하는 반면 완전 금식을 지시하셨다(심지어 물 한 모금도 마시는 것이 허락되지 않았으며 단지 입이 건조하니 물로 적셔 주고 다시 뱉어내는 것이었다). 또한 입, 식도, 위, 장의 점막(粘膜)이 다 헌 상황이라 각종 균이 수시로 몸에 들어오는 위험한 상황이었다. 따라서 항 박테리아, 항 곰팡이(암포테레신) 등 항생제를 강도있게 투여하며 1주일 지나서 겨우 열이 떨어진 것도 무척 다행스러웠다. 부작용들은 여기서 멈추지 않았다. 고량(高量)의 스테로이드로서 피부와 장(腸)의 이식편대 숙주반응을 치료하는 과정에서 이번에는 기침이 잦고 서서히 숨이 차는 것이었다. 양쪽 폐에 좁쌀 같은 결절이 보이는 폐렴이 나타났고 피 검사를 했더니 '거대세포 바이러스(Cytomegalovirus)' 가 나타나는 것이었다. 거대세포 바이러스에 의한 폐렴이었다.

따라서 '겐싸이클로비르(Ganciclovir)' 라는 약과 IVIG라는 면역 항진약을 투여하기 시작하였다. 약 2주가 지나면 숨이 편해지고 가슴 사진도 조금씩 좋아졌다. 그러나 피설사는 여전하였으며 그간 투약된 '겐싸이클로비르' 로 인해 피수치가 낮아져서 성분헌혈을 통한 혈소판을 주기적으로 맞아야 했다. 따라서 '겐싸이클로비르' 는 '포스카넷' 이란 항 '거대세포 바이러스' 약제로 바뀌게 되었다. 피설사가 4주째 계속 되는 이 시점에서 주치의는 이식편대 숙주반응치료의 2차 약으로서 ATG라는 면역억제제를 투여하게 되었다. ATG는 약의 부작용(혈압이 떨어지는 등)이 생길 수 있기에 전처치 등에 신경을 쓰는 약이었으며, 이것을 5일간 맞게 되었다.

설사가 시작된 지 6주가(ATG를 맞고 2주가 지난)되면서 무엇인가 몸에서 변화가 생기기 시작하였다. 몸이 상당히 가벼워지면서 동시에 설사에 피가 완연하게 덜 섞여 나오기 시작하였다. 붉고 또 꺼먼 피변에서 푸른색의 변으로 바뀌더니 노란색으로 바뀌게 되는 것이었다. 또한 설사 속에 점점 찌꺼기들이 나오기 시작하더니 설사에서 이제는 묽은 변으로 변하기 시작하였다. 나와 내 아내는 너무 신기해했고, 1달 이상은 매일같이 냄새도 마다하지 않고 자세히 들여다보며 관찰해 온 간호사와 주치의는 안도의 숨을 몰아내었다.

다시 1주가 지나면서 드디어 미음이 허락되었다. 그 이후에는 일반 식사로 바뀌게 되었다. 너무 기력이 없어 침대에서 꼼짝 못하고 1달 넘어 있었던 터라 일어서서 움직이는 것도 보통 일이 아니었다. 다리의 근육이 너무 약화되어있기 때문이었다. 서서히 항 박테리아, 항 곰팡이, 항 바이러스(거대세포)약을 끊기 시작하였으며 '메틸론' 이란 스테로이드도 서서히 줄여나가다가 정맥으로 투여하던 것을 먹는 약으로 바꾸게 되었으며 조비락스라는 항 바이러스 약을 다시 복용하기 시작하였다.

타인이식을 통과하는 과정이 힘들 것이라고 주변에서 귀띔을 해서 각오는 했었지만... 정말 너무 힘든 2달여 기간이었으나 끝가지 투병한 보람이 있었다. 이제 이식을 한지 2년이 지났다. 내 수치는 지극히 정상이며 모든 약을 다 중단한 상황이며 2달에 한번에 외래에서 점검을 받고 있다.

환우 수기(7)

급성골수성백혈병/49세/형제간 이식

소제목 : 급성 이식편대 숙주반응으로 고생하더니 만성 이식편대 숙주반응으로 이어져...

관해 이후 예후가

좋은 쪽이 아니어서 형제들 중에 공여자가 있다면 형제간의 이식을 하도록 권유받았다. 그러나 3남매의 조직항원(HLA)검사는 실망스럽게 완전히 맞는 형제가 없었다. 다만 막내 남동생이 6개의 항원조사에서 5개는 맞고 1개는 틀린 상황이었다. 담당선생님은 많은 고민 끝에 1개 틀리는 남동생으로 동종 골수이식을 할 경우 이식편대 숙주반응의 빈도가 상대적으로 높을 것이라 하셨다. 염색체 분석에서 예후가 아주 좋은 것도 아니었지만, 동시에 예후가 아주 나쁜 것도 아니었다고 하시며 너무 강력한 치료인 동종이식을 조금 접어두자고 하셨다. 강도있는 공고요법이후 자가이식을 할 경우 50% 정도 완치율이 있다고 하셨다. 지금 이상적인 공여자가 없는 상황에서 우선 자가이식을 하며 완치에 도전해 보되 만약 자가이식 이후 재발이 되면 그때 1개 틀린 동생의 골수를 사용해서 동종이식을 하자고 하셨다.

나는 운이 없는 쪽으로 일이 벌어지면서, 자가이식 이후 4개월 만에 재발이 되었다. 그 당시, 무척 좌절이 되었었지만 동종이식에 들어갔다. 조직적합항원이 완전히 맞지 않는 상황이어서 보험공단에서는 이식의 시작부터 끝까지 전 과정을 비보험 처리하게 되었다. 이것 또한 보통문제가 아니었다.

무균실 생활은 그리 괴롭지는 않았지만 착상이 되면서 피부, 간 등에 이식편대 숙주반응이 오기 시작하였고, 결국 스테로이드로 강도있게 치료받으면서 이식 이후 80일 정도가 지나면서 겨우 조절이 되었다. 나는 그 시점에서 퇴원을 할 정도로 회복이 되었다.

집에 온 뒤, 첫 20여일은 비교적 밥맛도 나고 몸무게도 제법 늘어서 아프기 전에 몸무게를 회복하게 되었다. 그러나 이식 100여일이 지나면서 입안이 무척 까끌까글하면서 통 먹지를 못하게 되었고 눈에 안구 건조증 및 손발에 피부가 계속 벗겨지면서 거의 생살이 보이는 것이었다. 도저히 손이 아파서 무엇을 잡지 못하는 상황이 되었고, 또 발바닥이 아파서 걸어다닐 수가 없었다. 결국 나는 다시 입원하게 되었다. 그 사이 몸무게가 무려 10kg이나 감소해 있었다. 병원에서 검사한 간기능검사 역시 정상이 아니어서 황달치수(빌리루빈)가 6까지 올라가 있었다. 주치의 선생님은 우선 일절 금식을 시키신 후 정맥주사로 고 용량의 스테로이드를 하루 두 번에 나누어서 투여하셨으며 동시에 그간 끊었던 사이클로스포린도 다시 정맥으로 주사하기 시작하였다. 약 5일간은 차도가 없어 보였으나, 약 7일이 지나며 서서히 입과 피부가 조금씩 좋아졌지만, 손과 발에 심하게 벗겨진 피부는 생살, 여전히 그대로였다.

너무 아파서 계속 통증약이 24시간 들어가야 했고 성형외과 교수 team이 오셔서 피부관리를 위해 잘 싸매어 주셨다. 계속 토하며 구역질이 끊이질 않아 내시경까지 했으며 십이지장궤양까지 발견되었다. 아마 스테로이드투여의 부작용일 것이라 하셨다. 수일 후에는 가슴사진에 왼쪽폐의 윗부분이 허옇게 보이기 시작하였으며 가래검사에 결핵균이 발견되었다. 즉시 의료팀은 항결핵약을 투여했다. 결핵은 이식편대 숙주반응 그 자체와 치료용으로 쓴 너무 강력한 면역억제 때문에 오는 감염으로 설명해 주셨다.

상당한 시간이 지난 후, 피부, 입, 식도가 조금씩 좋아지는 듯 했으나 간기능은 오히려 나빠지는 경향이 있었다. 의료팀은 FK506이란 면역억제약을 싸이클로스포린 대신 투여하기 시작했다.

만성 이식편대 숙주반응이 생긴지 4달이 되면서 구강과 입, 식도는 조금씩 좋아졌고 그제야 손과 발에 새살이 돋아오기 시작하였다. 이 시점에서 나는 미음을 서서히 먹을 수가 있었다. 평상시는 먹던 식사가 이렇게 감개무량하게 고마웠는지 지금도 기억에 생생하다. 그러나 퇴원하고 나서도 간기능은 좀처럼 좋아지지 않아 무려 18개월 동안 메틸론이란 스테로이드를 하루에 두 번씩 복용을 하다가 서서히 줄일 수가 있었고 그 동안 항결핵약, 바이러스약, 주말에 먹는 박트림 등을 계속 복용해야 했다.

또한 사회사업과 여러분들이 한군데의 자선단체와 주요 메스컴의 방송을 연결해 주신 덕분에 2,000만원이란 큰 돈을 모금할 수가 있었다. 이식을 마친 후 3년 반이나 지나 거의 내 얼굴과 내 피부를 회복한 상황이다. 지금도 가끔 그 당시 사진을 보면(얼굴이 소위 달덩이처럼 동그랬음) 순간적으로 감회가 깊다. 지금 완치가 되어 가사에 충실하며 교회를 섬기고 있다.

환우 수기(8)

만성골수성백혈병/46세/형제간이식

소제목 : 천신만고(千辛萬苦)끝에 동종이식까지 했으나 9개월만에 재발이 돼…

고등학교, 대학입학시험에서 두번씩이나 재수를 했던 나는 골수이식에서도 한 차례 갖고는 충분치 않아 이식 이후에도 재발이 되었다. 그 이후, 소위 항암요법과 더불어 공여자 림프구(Donor Lymphocyte Infusion, DLI)주입을 2번이나 시행한 이야기를 여러분과 나누고자 한다.

수년동안 하이드리아와 인터페론으로 피수치가 비교적 잘 조절이 되어왔던 내 상황(만성골수성백혈병)은 그 내용면(피 수치 및 필라델피아 염색체)에서 점점 악화되고 있었다. 무려 하이드리아는 하루에 6gm까지 올리고 또 인터페론은 하루에 800만 단위까지 올렸것만 과거 1만 이하이었던 백혈구 수치는 3~4만을 웃돌기 시작하였고, 비장이 자꾸 커지기 시작하였다. 또한 체중이 현격하게 줄면서 밤마다 열이 38℃까지 올라가는 것이었다. 급기야 주치의 선생님은 골수검사를 하셨고 그 결과 아세포(미성숙세포)가 약 20%까지 상당히 올라있는 것이었다. 또한 염색체 검사에서는 늘 보았던 필라델피아 이외에도 i(17)이라는 새로운 염색체 이상까지 보이는 것이었다(위의 상황으로 가속기라는 판정을 하기에 이르렀다).

그동안 형제들이 골수공여에 비협조적이었던 것을 알고 있던 바였다고 말씀을 하시며, 골수이식에 대해 이번에는 식구들이 협조해야 된다고 주치의 선생님이 간곡히 부탁하는 것이었다. 가깝지 않았던 4명의 누이 전원이 HLA(조직항원)검사에 임하였고, 결국 막내 누이가 나와 HLA가 일치가 되어 동종이식을 했었다.

내 경우에는 이식 자체 및 무균실내의 생활은 비교적 쉬웠다. 거의 부작용 없이 퇴원하였고 이식편대 숙주반응을 방지해 주는 싸이클로스포린도 90일이 되는 날 완전히 끊을 수가 있었다. 이식 이후 6개월까지의 외래추적은 완벽하게 좋았다. 물론 필라델피아 염색체는 음성이었으며, 여전히 내 몸은 남자이었지만, 골수 및 피에 한해서는 막내 누이와 같은 여자로 유지하고 있었다. 골밀도 또한 정상을 유지하고 있었으며 피 수치는 적혈구, 백혈구, 혈소판 등 모두 지극히 정상이었다.

그러나 문제는 이식 이후 9개월이 되면서 생기기 시작하였다. 혈소판이 갑자기 10만/

μℓ이하로 떨어지더니 결국 5만/μℓ까지 떨어지는 것이었다. 한편 백혈구도 동반해서 4500/μℓ에서 1200/μℓ까지 떨어져 급하게 골수검사를 했으며 그 결과는, 급성기 상태로 재발된 케이스였다. 재발에도 만성기, 가속기 및 급성기로 재발될 수가 있다던데 하필이면 가장 극성스럽게(급성기) 재발된 나쁜 케이스였다. 주치의는 만성기로 재발된 경우에는 글리벡을 재투여하거나, 또는 항암요법 없이 소위 공여자림프구(Donor Lymphocyte Infusion, DLI)만으로 2/3에서 재관해가 되며 결국 완치로 가지만, 급성기로 재발된 경우는 항암요법과 함께 DLI를 해야 한다고 하시며 재역전이 되고 완치까지 가는 확률은 1/4~1/3 정도라고 상당히 걱정스럽게 이야기하시는 것이 아닌가? (과거에는 1차 동종이식 이후 재발된 경우에는 대부분 더 이상 치료를 하지 않고 포기를 했다고 했다. 왜냐하면 2차 동종이식을 할 경우 그 치사율은 60%~70%까지 되기 때문이었다.) 이번에 시행될 항암요법과 DLI로 예상할 수 있는 25%~30%의 완치 확률을 너무 낮게 보지 말자면서 격려하시는 주치의 말을 들으며 항암제와 더불어 DLI에 들어갔다.

이미 피 수치가 낮은 상황이었는데, 7일간 항암제를 맞으니 피 수치가 더 내려갔으며 항암제를 시작한지 9일이 되는 날에 DLI를 시행하였다. DLI을 위해 막내 누이는 그냥 성분헌혈 때와 같이 2~3시간 누워 있으면 되었고 누이에게 마취라던지 촉진제 주사 등의 부담을 더 이상 주지 않게 되어 다행스러웠다. 주치의는 혹시 2차, 3차 DLI가 필요할 때를 대비하여 뽑은 림프구들을 몇 봉지에 나누어서 영하 150℃에 얼려두겠다고 했다. 그날 뽑힌 것 중에 1/3가량을 나는 피처럼 정맥을 통해 수혈받았다. 2주가 지나면서 백혈구 수치는 700~800개로 더 떨어지고 혈소판은 2만 이하로 내려가서 주기적으로 혈소판 수혈을 받았었다. 다시 여러 주가 지났다. 이번에는 약간 피부 발진이 오기 시작하였으나 부분적이었기에 Grade 1의 이식편대 숙주반응이라고 하시며 스테로이드 등으로 치료를 할 필요는 없으니 그냥 지켜 보자고 했다. DLI이후 잘 완쾌/완치가 되는 사람들은 대개 이러한 이식편대 숙주반응이 약간씩 동반된다고 하셨다. 그러나 이식편대 숙주반응이 오지 않으면서 완치로 가는 사람들도 얼마든지 있다고 하셨다.

다시 시간이 흘렀다. DLI 이후 6주가 지났다. 놀랍게 피 수치는 서서히 올라가기 시작하였고 헐었던 입도 아물기 시작하였다. 백혈구가 3600/μℓ, 혈소판이 12만/μℓ까지 되었을 때 다시 골수검사를 하였다. 골수는 정상이었다. 문제의 아세포는 다 사라지고 분화/성숙 등이 정상이 되었다고 했다. 그러나 필라델피아 염색체 검사가 FISH라는 기술을 동원하여 분석이 되었는데, 이것에 의하면 아직 필라델피아가 100%끼어 있으며 여전히 남자세포(내것)가 대부분이라는 것이었다(수십개에서 수백개의 염색체 뭉치를 분석해서 퍼센트로 평가함). 결국 육안으로 보기에는 깨끗해졌고 다 좋게 보였지만 아직 그 내용은 다 좋아진 것이 아니라고 하셨다. 주치의 선생님은 조금 더 DLI만 하자고 제안하였다. 그러나 이번에는 항암제없이 그냥 DLI만 한다고 했다. 그 이유는 급하게 불어나는 아세포가 없으니 DLI만 갖고 숨어있는 나쁜 세포를 밀어 붙임과 동시에 막내 누이의 세포가 완전히 골수를 장악하도록 한다는 것이었다. 다시 제 2차 DLI가 시행되었다. 제 2차 DLI는 의외로 쉽게 끝났다. DLI를 받는 날만 입원하고 그 다음날 나는 퇴원을 했으며, 1주에 한번씩 통원치료만 하는 정도이었다.

다시 8주가 흘렀으며 골수검사를 했다. 놀랍게 이번에는 전부 여자(누이의 것)세포이었다.

물론 필라델피아 염색체도 다 사라진 것이었다. 재발했을 당시 암담했던 상황, 즉 최악의 상황인 급성기의 경우였고, 화학요법(항암제)과 DLI 치료로서 재발된 1/3에서만 재관해/완치가 된다고 했는데... 내가 그 케이스가 된 것이었다.

지금 DLI이후 어느새 2년 반이 지나고 있다. 최근의 골수 및 피 검사에도 여전히 여자 세포를 유지하고 있다. 몸무게도 3kg나 늘었다. 다시 직장생활을 계획하고 있다. 고등학교 입학시험 및 대학시험에서낙방의 아픔을 극복했듯이 이번에 재발의 상황을 통해 다시 한번 귀한 것을 경험한 것에 대해 너무 감사하다.

2. 임상수기

치료현장의 진솔한 수기(1)

죽음을 극복한 수진양의 찬양

소제목 : 아무리 최선을 다해도 치료가 잘 안되는 수가 있어...

"선생님, 빨리 달려와 보세요. 16살 먹은 수진이가 위험합니다." 떨리는 수간호사의 목소리다. 혈압이 떨어지고 맥박은 빨라지고 숨은 얕아진다고 했다. 수진양은 2년 전에 백혈병 진단을 받고 여러 차례의 화학요법으로 간신히 백혈구 수치가 튀는 것을 방지할 수 있었으나 최근 병이 더욱 악화되어 병원에 입원하게 되었다.

화학요법의 후유증으로, 감염을 방지하는데 꼭 있어야 할 백혈구가 정상의 10분의 1이었으며 그로 인해 심한 감염과 탈수가 당면한 급한 문제였다. 좋다는 항생제 여러 가지를 조합해서 여러 날 정맥주사를 했으나 4~5일간 별 차도가 없었다. 10여 일이 지나자 겨우 열이 떨어지기 시작했으며 입안 헌 것이 조금씩 아물면서 미음을 들 수가 있었지만 수진양의 건강 상태는 계속 위험수위에 머물러 있었다. 그러나 놀라운 것은 수진양의 투병하는 모습이었다. 이 환자의 경우에는 특히 예후가 나쁘기에 그 병실을 드나드는 의사, 간호사, 병리사들은 무거운 표정이었으나 그 가냘픈 수진양은 밝았으며 항상 웃음을 지으려고 애쓰고 있었다. 그 소녀의 머리맡에 있는 성경에는 고린도후서 12장의 바울의 고백 '내 은혜가 네게 족하도다. 이는 내 능력이 약한 데서 온전하여 짐이니라'가 눈에 띄었다.

그날 저녁 집에 오는 길에 무엇인가 내 머리를 때리는 것이 있었으며 그 소녀의 모습이 떠나질 않았다. 왜 이 소녀에게 이러한 열악한 백혈병이 생겼으며 또 괴롭히고 있는가 고심하기 시작했다. 그날 밤 그 소녀를 생각하며 성경을 묵상하며 몇 군데 내 눈길이 멈추게 되었다. 첫째는 욥기 2장에서 하나님 앞에 의인이었던 욥에게 하나님은 질병을 허락하고 계셨다. 그러나 그 모든 시험과 환난을 겪어낸 욥이 결국에는 한 걸음 더 나아가서 욥기 42장에 '내가 주께 대하여 귀로 듣기만 하였더니 이제는 눈으로 주를 뵈옵나이다' 라고 고백하고 있었다. 둘째, 날 때부터 소경된 자에 대한 제자들의 질문에 예수께서는 '이 사람이나 그 부모가 죄를 범한 것이 아니라 그에게서 하나님의 하시는 일을 나타내고자 하심이니라' (요한복음 9장)이었다.

이렇게 그날 밤 하나님의 주권에 대해 성경으로 조금은 이해할 수 있었으며 어떠한 여건에서도 우리가 해야 할 일은 감사와 찬양이라는 것이었다. 결국은 우리에게 다가오는 시련을 통해 우리의 믿음이 커가는 것을 원하시는 하나님의 마음을 알게 되었다.

이생의 자랑과 영원한 나라

그 다음날 아침 회진 때는 수진양과 그 부모하고만 앉아서 조용히 이야기할 기회가 있었다. 수진양은 지금껏 여러 면에서 모범생이었고 급우에게 많은 사랑을 받고 있었으며 또 착한 딸과 좋은 누이동생이었음을 대화 중에 쉽게 알 수가 있었다. 교회에서도 수진양은 열심히 찬양과 경배를 하는 하나님이 보시기에도 아름다운 아이였다. 날이 갈수록 수진양은 미음에서 부드러운 음식을 삼킬 수가 있었다. 그러면서 열심히 그 병실을 드나드는 이십 여 수련의, 간호사, 병리사들에게 하나님의 사랑을 증거하고 있었다. 이 일을 목격한 후 나는, 나를 포함한 의료계의 환자에 대한 여러 오류들을 반성해 볼 기회가 있었다. 즉 많은 경우에 환자를 단지 아픈 대상(육체적인 면만 강조)으로만 대하며 그 환자에 필요한 정신적, 더 나아가 신앙적인 면을 돌보지 못함이었다. 또한 현대의학은 육체적인 평안함만 중요시 여기며 육체의 죽음은 이 세상의 끝인 양 가르치고 있는 오류를 발견할 수가 있었다.

나는 그간 살아오며 몇몇 재벌을 만날 기회가 있었는데 그 누구도 자기들이 갖고 있는 돈에 자족하지 못했으며 또 대학에 근무하는 이유로 인해 여러 석학들을 만날 기회가 있었는데 그 누구도 자기가 갖고 있는 지식과 명예에 자족하지 못했다. 그렇다. 우리 인간은 이생의 자랑으로는 만족하지 못하는 존재라는 것을 발견하게 되었다. 그러기에 사도 바울은 그러한 이생의 자랑을, 주님을 만난 이후 배설물같이 버렸다고 고백하고 있는 것이다. 반면에 혼인집 잔치에 포도주가 떨어지자 생수로서 새 포도주를 만드시는(요한복음 2장) 예수님께 우리가 접목될 때에는 우리가 영생을 얻는 놀라운 체험을 하게 되는 것이다. 더 나아가 그 영원한 하늘나라에서 하나님과 교제와 찬양으로 보내게 될 세계를 갈급하게 기대해 보아야 하겠다고 생각이 들었다.

하늘나라로 간 수진양을 생각하며...

수일이 지난 후 불행히도 고열과 호흡부전으로 병세가 악화되기 시작하였으며 결국에는 간과 신부전으로 빠져들게 되었다. 수진양은 포기하지 않고 투병하였으나 폐렴은 좀처럼 좋아지지 않고 있었다. 오히려 시간이 갈수록 악화되어 가는 것을 피부로 느낄 수가 있었다. 결국 최대한의 첨단 현대의학의 지혜를 동원하였지만 그 소녀는 16살의 나이로 눈을 감았다. 임종시 수진양의 얼굴은 고통보다는 평화가 깃들여 있었다. 사실 수진양은 하나님께 죽는 순간까지도 찬양을 하고 있었다.

수진양이 죽은 뒤 며칠 후 골수이식센터로 편지가 수진양의 부모님들로부터 왔다. 여기 그 편지 마지막 부분을 소개하며 나의 생활 수기도 마감하고자 한다.

"주님, 정말 감사와 찬송을 드립니다. 제 아이를 거두어 가셨지만 그래도 제 딸 수진이를 이렇게 16년이란 귀중한 시간동안 저희들에게 허락해주신 하나님께 감사를 드리며 이제 다시 수진이를 당신 곁으로 데려 가심을 감사드립니다. 이 모든 것을 주님께 찬양과 영광을 드립니다."

치료현장의 진솔한 수기(2)

전이성유방암/53세/자가이식(진료수기)

소제목 : 서울에서 가장 부요한 여자

L환자는 우수한 석유업체의 엔지니어이다. 또한 두 아이의 어머니이며 아내이기도 하다. 고교부터 대학원에 이르기까지 좋은 두뇌, 부지런함, 그리고 적극적인 성격으로 인해 계속 학업에서 상위권이었다. 또한 매일 하루도 거르지 않고 에어로빅과 수영을 하며 건강과 젊음을 위해 시간과 정성을 투자해 오고 있었다. 허나 50대 초반밖에 되지 않은 L환자는 유방암으로 작년에 진단을 받고 수술과 방사선 치료를 받고 일단 암이 없는 상태로 지냈으나, 올해 재발이 되어 조혈모세포이식센터 병동에 입원하게 되었다. 예후가 나쁜 여러 요소를 안고 있기에 최근에 시도되고 있는 종전의 화학요법의 양보다 몇 배나 더 강하게 치료하였으며, 치료 이후 자가 골수이식에 들어가게 되었다. 골수이식후 수 주가 지난 후에는 우리 몸에 필요한 여러 정상 세포들이 생산되어야 하는데 수 주가 지난 후에도 백혈구가 위험 수위에 머물러 있었다. 따라서 계속적으로 수혈을 받으며 그 위험들(출혈, 심한 감염)을 모면하고 있었다. 결국에는 열이 너무 심하여 피 검사로써 원인을 찾으려 했으나 확실한 균을 발견할 수가 없었다. 항 박테리아, 항 곰팜이, 항 바이러스의 약을 정맥으로 투여하였다. 또 각종 약물로 매 두 시간마다 입안을 청소해 내야만 했다. 더 나아가서는 폐렴이 발견되었으며, 그 원인 균을 찾기 위해 내시경과 조직검사까지 했다. 설상가상으로 심부전의 증세와 신기능의 저하가 발견되었다. 갖가지 치료와 여러 전문의의 도움으로 폐렴은 좋아졌지만 이번에는 장을 통한 출혈이 문제였다. 이외에도 뇌막염이 돌아서, 척수액 검사후 고량의 항생제가 들어갔다. 처음에는 힘이 전혀 없어 앉지도 못했지만 L환자는 결국 겨우 천천히 혼자 앉을 수가 있었다. 미음을 먹기까지에는 다시 수 일이 흘러야만 했다.

생명의 위험수위가 지난 후 어느 날, 회진을 하러 방에 들렀는데 어느 침례교회에서 성가대 몇 분이 뒤따라 L환자의 병실로 들어왔다. 나는 주저함이 없이 찬송을 하라고 제스처를 했더니 '주는 나의 목자 되시니...'의 찬송을 감미롭지만 힘차게 하는 것이었다. 순수한 그 분들의 모습은 참 아름다웠다. 그네들의 사랑을 널리 병원에 알리고 싶어 나도 모르게 나는 L환자의 병실 문을 열어 놓게 되었다. 그 찬송 소리는 온 복도에 퍼져 나갔다. 그리고 의원 중의 의원인 예수께서 같이 하여 주시길 나는 그때 마음속으로 빌고 있었다. 과학자였던 '뉴우튼'이 이야기하였듯이 "과학자(의사를 포함해서)란 망망한 진리라는 바다 앞에서 모래 한 줌 가지고 노는 어린아이에 지나지 않는다."라는 표현이 생각이 났다. 그 표현은 너무나 맞는 이야기 같았다. 현대 의학은 사실 세포 한개 안에서 일어나는 생명 현상도 아직 모르는 것이 태반인 것이다. 하찮게 보이는 우리 몸의 모든 세포 하나하나가 46개의 염색체를 갖고 있으며 그 안의 모든 유전인자 속에 놀라운 하나님의 섭리와 경륜이 숨어 있으니 정말 하나님의 그 놀라운 솜씨에 감복을 아니 할 수가 없는 것이다. 그러나 마치 생명을 자기(의사)들이 좌지우지할 수 있듯이 자신만만하게 환자를 대하는 의사들을 볼 때 나는 심히 두렵고 떨리는 마음이다. 성경에 나오듯이 영원히 누릴 수 있어 보이던 부자의 부와 혼마저도 하나님이 원하시면 언제든지 데려가실 수 있는데 얼마나 많은 경우에 우리는 우매하게 지내는지 반문하기도 하였다.

그녀의 지금까지의 생은 원함의 연속이었으며 항상 자족을 하지 못하였다. 높은 성취감에 대한 기대 속에서 그에 따른 잦은 실패 속에 그녀는 항상 방어적이며 자신의 허물을 남에게 결코 보인 적이 없었던 사람이었다. 그러나 이젠 L환자는 그러했던 그녀의 삶을 후회한다고 했다. 사실 그녀는 대학 때부터 지금까지 계속 남자들 틈에서 경쟁하며 승진하느라 120%를 뛰어왔다고 했다. 그러기에 아이들은 대부분 경우 혼자 크거나 아니면 남들이 맡아주어야만 했고 그러는 사이에 이제는 10대가 되어버렸다. 그녀는 정말 아이들과 함께 눈을 마주치며 앉아서 여유 있게 이야기한 기억이 나지 않는다고 했다. 항상 서두르며 이야기했고 또한 이야기할 때면 지시와 훈계가 고작이었지 그 아이들을 칭찬해 주거나 또는 "너희들로 인해 내가 참으로 기쁘다." 등의 말을 해 준 적이 없었다고 했다. 바쁜 자기의 일정 속에 남편과도 별로 친한 관계가 아니었다고 했다. 두 부부는 직장의 승진과 인정받음이 항상 우선권이었으며, 어쩌면 그것이 행복의 전부인 것으로 알고 살았다고 했다. 그녀는 대인관계에서도 시간과 노력을 들여 타인과 사귄 적이 없고 그러한 관계는 마치 시간 낭비인 양 알고 살았다고 했다. 항상 자기중심이었지 타인중심이 아니었다. 이러한 L환자의 고백은 내 마음을 감동시켰으며 기도할 때마다 L환자에 대한 중보기도가 시작되었다. 다시 10여일이 흘렀다. L환자의 상태는 상당히 양호해졌다. 단단한 음식을 삼킬 수 있었으며 살살 병원 복도를 걸을 수 있었다. 몸 안의 백혈구의 수가 안정권에 들어오자 퇴원 결정이 내려졌다. 대부분의 암환자들은 불투명한 예후와 재발에 대한 두려움으로 퇴원하는 것이 상례이나 L환자의 경우는 대단히 얼굴이 밝았으며 더 나아가 기쁨이 있음을 피부로 느낄 수가 있었다.

여기 퇴원당시 L환자의 마지막 대화를 통해 그녀의 삶이 어떻게 변화하였으며 비록 강남의 부자동네에 사는 큰 부자는 아니었지만, L환자가 이 도시에서 가장 부유한 여자이었음을 설명할 수 있기를 원하면서 이 글을 마무리 짓고자 한다.

“선생님 이제 저는 새로운 삶을 살겠습니다. 앞으로는 자기중심적인 생활에서 타인 중심의 삶을 살도록 하겠으며 어떤 일이나 그 일의 결과보다는 그 일을 통해 형성되는 대인관계를 더 중요시하겠어요. 그리고 하나님이 주시는 사랑으로 타인 등을 많이 사랑하겠어요. 선생님, 저는 서울에서 가장 부요한 여자예요.”

참고문헌

1. Thomas ED,Blume KG,Forman SJ, eds. Hematopoietic Cell Transplantation. 2nd ed. Malden, MA: Blackwell Science; 1999.
2. Davies SM et al. Engraftment and survival after unrelated-donor marrow transplantation: a report from the National Marrow Donor Program. Blood 2000;96:4096-4102.
3. 한국호스피스 완화의료학회, 대한항암요법연구회. 암성통증관리 지침. 군자출판사, 2002.
4. Gluckman E: Umbilical cord blood biology and transplantation. Current Opinion in Hematology. 2(6):413-6, 1995.
5. Sender L. Cairo MS: Successful transplantation of HLA-matched and HLA-mismatched umbilical cord blood from unrelated donors: analysis of engraftment and acute graft-versus-host disease. Blood. 88(3):795-802, 1996.
6. Gluckman E: Umbilical cord blood biology and transplantation. Current Opinion in Hematology. 2(6):413-6, 1995.
7. Almici C. Carlo-Stella C. Wagner JE. Rizzoli V: Umbilical cord blood as a source of hematopoietic stem cells: from research to clinical application. Haematologica. 80(5):473-9, 1995.
8. Charles M. Haskell et al. Cancer Treatment, 5th edition, 2001, W.B. Saunders.
9. Hoffman et al. Hematology Basic Principles and Practice vol 1 and 2, 3rd edition, 2000, Churchill Livingstone.
10. E. Donnall Thomas et al. Hematopoietic Cell Transplantation 2nd edition, 1999, Blacksekk Science.
11. Corey Cutler and Joseph H. Antin. Peripheral Blood Stem Cells for Allogeneic Transplantation: A Review. Stem Cells. 2001:19: 108-117.
12. M. Boeckh. Current antiviral strategies for controlling cytomegalovirus in hematopoietic stem cell transplant recipients : prevention and therapy. Transpl Infect Dis. 1999:1:165-178.
13. Ian M. Paul et al. Chronic Hepatitis C Virus Infections in Leukemia Survivors : Prevalence, Viral Load, and Severity of Liver Disease. Blood. 1999:93(11):3672-3677.
14. Simone I. Strasser et al. Hepatitis Viruses and Hematopoietic Cell Transplantation: A Guide to Patient and Donor Management. Blood. 1999:93(4):1127-1136.
15. Charles D. Bolan et al. Delayed donor red cell chimerism and pure red cell aplasia following major ABO-incompatible nonmyeloablative hematopoietic stem cell transplantation. Blood. 2001:98:1687-1694.
16. Enric Carreras. Veno-occlusive disease of the liver after hemopoietic cell transplantation. Eur J

Haematol 2000:64: 281-291.

17. Raffaela Stocchi et al. Management of human cytomegalovirus infection and disease after allogeneic bone marrow transplantation. Haematologica 1998:84:71-79.
18. G Kobbe et al. Treatment of severe steroid refractory acute graft- versus-host disease with infliximab, a chimeric hyman/ mouse anti TNFα antibody. Bone Marrow Transplantation 2001:28:47-49.
19. Mark R. Somerfield et al. Coping with the physical and psychosocial sequelae of bone marrow transplantation among long-term survivors. Journal of Behavioral Medicine 1996:19(2): 163-184.
20. David Avigan at al. Vaccination Against Infectious Disease Following Hematopietic Stem Cell Transplantation. Biology of Blood and Marrow Tranplantation. 2001:7:171-183.
21. Anthony H. goldstone et al. Attempts to improve treatment outcomes in acute myeloid leukemia(AML) in older patients: the results of the United Kingdom Medical Research Council AML 11 trial. Blood. 2001:98: 1302-1311.
22. David Grimwade et al. The predictive value of hierarchical cytogenetic classification in older adults with acute myeloid leukemia(AML) : analysis of 1065 patients entered into the United Kingdom Medical Research Council AML 11 trial. Blood. 2001:98:1312-1320.
23. Hans-Jochem Kolb et al. Graft-Versus-Leukemia Effect of Donor Lymphocyte Transfusion in Marrow Grafted Patients. Blood. 1995:86: 2041-2050.
24. Robert H. Collins et al. Donor Leukocyte Infusions in 140 Patients With Relapsed Malignancy After Allogeneic Bone Marrow Transplantation. Journal of Clinical Oncology. 1997:15:433-444.
25. David L. Porter et al. Treatment of relapsed leukemia after unrelated donor marrow transplantation with unrelated donor leukocyte infusions. Blood. 2000:95:1214-1221.
26. 성주명, Sims S, Johnson E, Swan F, Lyding J, Lopez A, Talpaz M, Kantarjian H, Kane C and Deisseroth A: Identification of a transcriptional nuclear regulatory protein which exhibits specificity for expression of adult genes. Transactions of the American Association of Physicians, Vol. CIII 236-241, 1990.
27. 성주명, Mirza N, Huh Y, Anderlini P, Deisseroth A, Champlin R: Mobilization kinetics of $CD34^{+}/Thy\text{-}1^{dim}$ progenitor during rhG-CSF stimulation in normal donors. Transfusion 37:406-410, 1997.
28. 성주명, Giralt S, Fisher H, Hayes K, Glassman A, Arlinghaus R, Xu J, Kantarjian H, Siciliano M Champlin R: Usefulness of Detection of Minimal Residual Disease by hypermetaphase fluorescent in situ hybridization after allogeneic BMT for CML. BMT 19(6):565-570, 1997.
29. 성주명. 암치료의 최근발전(invited): 자가 및 동종 말초 조혈모세포 이식, 이화여대 의과학 연구소 심포지움 48-60, 1997.
30. 성주명, Weber D, Hayes K, Glassman A, Champlin R and Alexanian R: Prognostic value of

cytogenetics in multiple myeloma. Br. J. Hematology, 101:189-194, 1998.

31. 성주명. CD34+ 조혈모세포 가동화의 기전과 임상적용(symposium) (invited): 대한혈액학회지 33(1):10-18, 1998.
32. 성주명. 자가 및 동종 조혈모세포 이식의 발전, 생화학 · 분자생물학회지 16-20, 1998.
33. 성주명 and Hagop M. Kantarijian. Medical Management of Chronic Myelogenous Leukemia. Book Chapter. Editor: Moshe Talpaz, Hagop M. Kantarjian, Marcel Dekker, Inc. New York, 317-326, 1999.
34. 성주명, Kantarjian HM, Albitar M, Arlinghaus R, Xu J, Talpaz M, Rios M-B, Guo JQ, O'Brien S, Siciliano M : Analysis of Philadelphia chromosome-negative BCR-ABL-positive chromic myelogenous leukemia by hypermetaphase fluorescence in situ hybridization. Ann Oncol 10:955-958, 1999.
35. 유은선, 성주명. 장기 액상배양을 이용한 제대혈 CD34+ 세포의 체외증폭시 지지세포의 형성. 대한혈액학회지 35(2):126-133, 2000.
36. 성주명, Giralt S, Kantarjian H, Champlin E: Early detection of relapse by hypermetaphase FISH after allogeneic BMT for CML. J. Clin Oncol 18:1831-1826, 2000.
37. Seok Lee, Seock-Ah Im, Eun-Sun Yoo, Eun-Mi Nam, Mi-Ae Lee, Jee-Young Ahn, Jung-Won Huh, Do-Yon Kim, Soon-Nam Lee, Mi-Jung Kim, 성주명. Mobilization Kinetics of CD34+ cells in association with modulation of CD44 and CD31 expression during continuous intravenous administration of G-CSF in normal donors. STEM CELLS 18:281-286, 2000.
38. Eun-Sun Yoo, Kyung-Eun Lee, Jeong-Wan Seo, Eun-Hee Yoo, Mi-Ae Lee, Seock-Ah Im, Yeung-Chul Mun, Soon-Nam Lee, Jung-Won Huh, Mi-Jung Kim, Duck-Yeon Jo, Jee-Young Ahn, Sun-Mee Lee, Wha-Soon Chung, Jae-Hong Kim, 성주명. Adherent Cells Generated during Long-Term Culture of Human Umbilical Cord Blood CD34+ Cells have Characteristics of Endothelial Cells and have Beneficial Effect on Cord Blood Ex-Vivo Expansion. STEM CELLS 21:228-235, 2003.

나이별 정상 백혈구 및 헤모글로빈 수치

	전체백혈구		중성구			림프구			단핵구		호산구	
나이	평균치	범 위	평균치	범 위	%	평균치	범 위	%	평균치	%	평균치	%
Birth	18.1	9.0–30.0	11.0	6.0–26.0	61	5.5	2.0–11.0	31	1.1	6	0.4	2
1개월	10.8	5.0–19.5	3.8	1.0–9.0	35	6.0	2.5–16.5	56	0.7	7	0.3	3
6개월	11.9	6.0–17.5	3.8	1.0–8.5	32	7.3	4.0–13.5	61	0.6	5	0.3	3
1살	11.4	6.0–17.5	3.5	1.5–8.5	31	7.0	4.0–10.5	61	0.6	5	0.3	3
2살	10.6	6.0–17.0	3.5	1.5–8.5	33	6.3	3.0–9.5	59	0.5	5	0.3	3
4살	9.1	5.5–15.5	3.8	1.5–8.5	42	4.5	2.0–8.0	50	0.5	5	0.3	3
8살	8.3	4.5–13.5	4.4	1.5–8.0	53	3.3	1.5–6.8	39	0.4	4	0.2	2
10살	8.1	4.5–13.5	4.4	1.8–8.0	54	3.1	1.5–6.5	38	0.4	4	0.2	2
16살	7.8	4.5–13.0	4.4	1.8–8.0	57	2.8	1.2–5.2	35	0.4	5	0.2	3
21살이후	7.4	4.5–11.0	4.4	1.8–7.7	59	2.2	1.0–4.8	34	0.3	4	0.2	3

나이	헤모글로빈 (g/dℓ)	헤마토크릿 (%)	적혈구 수 (10^{12}/L)
Birth	16.5 ~ 13.5	51 ~ 42	4.7 ~ 3.9
1개월	14.0 ~ 10.0	43 ~ 31	4.2 ~ 3.0
6개월	11.5 ~ 9.5	35 ~ 29	3.8 ~ 3.1
2살	12.0 ~ 11.5	36 ~ 33	4.5 ~ 3.7
6살	12.5 ~ 11.5	37 ~ 34	4.6 ~ 3.9
12살	13.5 ~ 11.5	40 ~ 35	4.6 ~ 4.0
12–18살			
여자	14.0 ~ 12.0	41 ~ 36	4.6 ~ 4.1
남자	14.5 ~ 13.0	43 ~ 37	4.9 ~ 1.5
18살이후			
여자	14.0 ~ 12.0	41 ~ 36	4.6 ~ 4.0
남자	15.5 ~ 13.5	47 ~ 41	5.2 ~ 4.5

주요용어 찾아보기(한글)

[ㄱ]

- **가동화(Mobilization)** : 조혈모세포가 골수 안에 있는 환경(micro-environment)에 잘 적응하여 있다가 촉진제 또는 화학요법 등의 큰 외부 자극이 오면 내피세포 사이를 빠져서 말초혈액(末梢血液)으로 나오게 되는데 이 과정을 말한다.
- **가속기(加速期, Accelerated Phase, AP) 만성골수성백혈병(慢性骨髓性白血病, Chronic Myeloid Leukemia, CML)** : 만성골수성백혈병이 진행이되면서 체중감소, 비장이 커지고, 열이 나며, 또 말초혈액(末梢血液)에 혈소판 감소 및 아세포(芽細胞, Blast)가 출현하게 된다. 이 기간은 약 6개월 지속되며 충실히 치료를 하지 않는 경우 급성기(Blast Crisis, BC)로 빠지게 된다.
- **간 정맥 폐쇄증(靜脈閉鎖繒, Veno-Occlussive-Disease(VOD))** : 동종골수이식의 중요한 합병증의 하나로 이식 직후로부터 피 수치가 회복될 때까지 발생할 수 있다. 전처치 약물로 인한 부작용으로 간정맥에 혈전이 생겨 간 내의 정맥류가 막혀서 오는 제반 임상증상(체중증가, 복수, 우상복부압통, 황달)이 동반되면서 진단이 되며, 간조직검사, 도플러 간초음파 등이 진단에 도움이 된다.
- **간(肝)기능검사(Liver Function Test)** : 간의 기능을 보는 피검사로 ALT/AST 또는 SGOT/SGPT로 부른다. 공복시 검사를 해야 한다.
- **간 조직 검사(肝組織檢査, Liver Biopsy)** : 동종이식 이후 착상이 된 후 100일까지 또 이식 100일부터 1년까지 간수치가 올라가는 수가 흔하다. 이때 감별질환으로서는 간에 생기는 이식편대 숙주병, 약에 의한 간염, 바이러스에 의한 간염(Hepatitis A, B, C) 등이다. 이때 간 조직검사를 시행함으로써 감별이 가능하다.
- **간질성 폐렴(IP, Interstitial Pneumonia)** : 대개 CMV(거대 세포바이러스, Cytomegalovirus)에 의해 생기는 폐렴으로 동종이식 이후 30일부터 100여일 기간에 잘 동반된다.
- **감염(感染, Infection)** : 박테리아, 곰팡이, 바이러스 등에 의해 피부, 폐, 간, 피, 장, 뇌 등에 오는 염증을 말한다.
- **겐싸이클로비르(Ganciclovir)** : 가장 잘 알려진 항(抗) CMV(거대세포 바이러스,

Cytomegalovirus)치료제이다. CMV 감염은 이식편대 숙주병에 걸린 환자의 치료로서 스테로이드를 장기간 투여시 잘 올 수 있다. 겐싸이클로비르 치료의 부작용으로는 골수억제에 따른 피 수치 감소가 흔하다.

• **거대세포 바이러스(CMV, Cytomegalovirus)** : 동종이식 이후 착상이 되는 1달여부터 100여일 정도까지 특히 잘 생기는 바이러스 감염균이다.

• **거부(拒否, Rejection)** : 이식편 거부(移植片 拒否, Graft Rejection)를 보시오.

• **검색(檢索, Search)** : 이는 "공여자 검색(Donor Search)"을 보시오.

• **고용량(高用量) 화학요법(High-Dose Chemotherapy)** : 종전에는 치료의 독성 때문에 고량 화학요법을 쉽게 시도하지 못하였다. 그러나 말초 조혈 모세포 이식술의 발전으로 인해 기존의 화학요법보다 5배 이상의 양을 투여한 후 말초 조혈모세포를 부어줌으로 인해 독성을 줄이며 암세포를 효율적으로 퇴치함이 가능하게 된다.

• **고 칼슘혈증(Hypercalcemia)** : 뼈에서 피로 녹아 든 칼슘이 너무 많을 때 생기는 증상. 탈수가 되며, 의식이 떨어진다.

• **골수(骨髓, Bone Marrow)** : 조혈모세포(造血母細胞, Hematopoietic Stem Cell)가 있는 곳. 모든 뼈속에는 골수가 포함되어 있으나 기술적인 이유로 엉치뼈에서 골수 검사 및 이식을 위한 골수채취가 이루어진다.

• **골수검사(骨髓檢査, Bone Marrow Examination)** : 일반 피검사는 피에 있는 세포들(적혈구, 백혈구, 혈소판)의 조혈(造血)상태를 극히 부분적으로 알려주는 상황이다. 따라서, 더 자세한 조혈현상을 판단하기 위해 필요한 것이 골수검사이다. 국소마취 후에 10-20㎖정도의 골수를 뽑으며(소위 Bone Marrow Aspiration), 이어서 골수의 뼈부분을 떼어내어(Bone Marrow Biopsy) 현미경으로 보기도 한다.

• **골수 공여자(骨髓供與子, Normal(Bone Marrow) Donor)** : 동종이식시 전처치가 끝난 환자에게 필요한 골수를 기증하는 사람을 말한다. 이때 HLA(조직적합항원)이 동일(맞아야)해야 한다.

• **골수공여자 검색(骨髓供與子 檢索)** : 이는 "공여자 검색"을 보시오.

• **골수 세포 충실도(骨髓 細胞 充實度, Bone Marrow Cellularity)** : 사람의 골수는 어린아이의 경우에는 70-80% 정도 되지만 30대, 40대, 50대가 되면 골수 세포 충실도는 50, 40, 30%까지 감소하게 된다. 한편 백혈병의 상황에서는 비정상적으로 90-100%까지 골수 세포 충실도로 올라간다. 이때, 강력한 화학요법에 의한 관해요법, 공고요법

이후에는 골수 세포 충실도가 한동안 낮게 되다가 정상을 회복하게 된다.

- **골수이식(骨髓移植, Bone Marrow Transplantation)** : 이에는 동종(同種) 골수이식, 자가(自家) 골수이식 등이 있다.
- **골수이식 병동(骨髓移植 病棟)** : 이는 "무균실"을 보시오.
- **골수이식센터** : 골수이식을 전문적으로 시행하는 의료기관.
- **골수 이형성 증후군(骨髓 異形成 症候群, Myelodysplastic Syndrome, MDS)** : 골수안에 있는 조혈모세포의 질환으로 분화의 과정이 막혀있는 상황이다. 빈혈, 백혈구 감소, 혈소판 감소 등이 한꺼번에 찾아오기도 하지만, 빈혈만 생길 수도 있다. 골수검사시 아세포(芽細胞, Immature Cell)가 서서히 증식되면서 급성백혈병으로 진행되기도 한다. 빈혈, 백혈구 감소, 혈소판 감소가 동시에 있거나, 골수검사시 아세포가 20-30%까지 높게 보이거나, 또는 염색체 검사시 -5, 및 여러 염색체가 망가져 소위 "Complex"인 경우 특히 그 예후(豫後)가 나쁘다.
- **골수 주입(Bone marrow harvest/infusion)** : 전신마취 후 엉치뼈에서 여러차례 바늘로 찔러 채취하며 뽑혀진 골수를 전처치 이후 환자에게 피처럼 정맥을 통해 주입한다.
- **골수채취(骨髓採取, Bone Marrow Harvest)** : 전신마취하여 골반뼈에서 반복적인 주사바늘 천자(穿刺)로 1~1.5리터 정도의 골수를 뽑는 것을 말한다.
- **곰팡이** : "진균"을 보시오.
- **곰팡이성 폐렴** : "진균성 폐렴"을 보시오.
- **공고요법((鞏固療法), Consolidation 또는 Post Remission Therapy)** : 백혈병 치료시 관해 이후, 몸속에 숨어있는 세포들을 퇴치하기 위한 화학요법이다. 대개 2-4차례 하며 치료 전체가 마감된다.
- **공여자(donor)** : 조직적합성항원(HLA)이 일치하여 조혈모세포를 제공할 수 있는 환자의 형제, 부모나 타인을 말한다.
- **공여자 검사** : 이중 가장 중요한 것이 HLA(조직적합성항원검사)이며, 이밖에 간기능, 신장기능, 폐기능, 가슴사진, EKG(심전도)검사 등이 포함된다.
- **공여자 검색(供與子 檢索, Donor Search)** : 형제간에 조직항원이 맞는 사람이 없을 경우 국립장기이식관리센터(KONOS) 등에 조회를 해서 컴퓨터를 통해 조직항원의 A, B, DR 등이 맞는 사람을 찾는 과정이다.
- **공여자 백혈구 주입(供與子 白血球 注入, Donor Leukocyte Infusion)** : 이는 "공여자 림

프구 주입"을 보시오.

- **공여자 림프구 주입(Donor Lymphocyte Infusion, DLI)** : 동종골수(또는 동종 말초 조혈모세포이식)이식 이후, 상당수 재발이 생길 수 있다. 이때 상황에 따라, 특히 만성골수성백혈병(만성기)의 경우 화학요법 치료없이 처음에(이식시) 공여한 사람의 말초혈액을 뽑아 그중 림프구를 환자의 몸에 수혈함으로써 재완치가 가능하다. 이 상황(DLI를 시행할 때)에서는 반드시, 약간이라도 공여자의 골수가 환자의 몸안에 남아 있어야 한다.
- **과립백혈구(顆粒白血球, Granulocyte)** : 호중구를 가리킨다. "호중구"를 참조
- **관해 유도치료(Remission Induction Therapy)** : 관해를 목표로 시행하는 복합화학요법. 급성골수성백혈병에서는 소위 7+3(Ara-c: 7일간 투여, Idarubicin:3일간 투여)가 널리 사용되며 급성림프구성백혈병에서는 싸이톡산, 빈크리스틴, 아드리아마이신 및 스테로이드가 사용된다.
- **관해(寬解) 후 치료(Post-Remission Therapy)** : 백혈병 치료 이후 비록 관해는 왔지만 여전히 잔류(殘留) 백혈병세포(예: 10^{8-9}정도)가 남아 있다고 봐야 한다.
  따라서 관해 이후에 투여하는 항백혈병 치료를 통괄적으로 "관해 후 치료"라 부르며 동종이식으로 가지 않는 경우 보통 2~4차례 시도하면서 치료를 마치게 된다.
- **구강 건조증** : 이식편대 숙주반응 특히, 만성 이식편대 숙주반응시에 입안의 점막손상으로 인해 건조해지는 경우, 심한 통증이 동반될 수 있다. 스테로이드로 치료한다.
- **구강 점막염(口腔粘膜炎, Oral Mucositis)** : 화학요법, 이식을 위한 전처치, 방사선치료 이후 입안의 점막이 허는 상태로 통증이 있으며 헌 점막을 뚫고 균이 침입할 수 있다.
- **구염(口炎)** : 이는 "구강 점막염"을 보시오.
- **국소마취(局所痲醉, Local Anesthesia)** : 시술을 하고자 하는 부위에 마취약을 주사바늘을 이용해 투약한다.
- **글리벡(Gleevec, Glivec, STI-571)** : 만성골수성백혈병의 원인이 되는 필라델피아 염색체의 기능(신호전달체계)을 막음으로써 병을 치료하며 정상으로 환원시키게 하는 약제로 다른 이름은 STI571이다. 이는 복용하는 약으로 대개 400mg으로부터 시작한다.
- **급성골수성백혈병(急性骨髓性白血病, Acute Myeloid Leukemia)** : 골수안에 골수성 세포들이 급하게 증식하는 백혈병이다(급성백혈병 참조). 세가지 그룹으로 분류가 되어 예후가 좋은 그룹(염색체 소견이 t(15:17)또는 M3 또는 APL이라 부름, t(8:21), inv(16)이 여기에 속함), 예후가 중등도의 그룹 또 예후가 나쁜 그룹(염색체소견이 -5,

-7, complex 등을 보여주는 그룹)등으로 나뉜다. 한편 예후가 좋은 그룹에서는 화학요법만으로(골수이식 없이) 70~90%까지 완치가 될 수 있다.

- **급성기(急性期, Blast Crisis, BC) 만성골수성백혈병(慢性骨髓性白血病, Chronic Myeloid Leukemia, CML)** : 만성골수성백혈병은 3-4년의 만성기(慢性期, Chronic Phase, CP)를 지나면서 점진적으로 진행이 되며 가속기(加速期, Accelerated Phase, AP)를 거쳐 결국은 급성기로 빠지게 된다. 이 경우는 급성백혈병 또는 그 이상으로 여러 부작용(감염, 출혈) 등이 동반되며 적절한 치료(글리벡 또는 화학요법)를 신속히 하지 않으면 생명이 위험할 수 있다.
- **급성백혈병(急性白血病, Acute Leukemia)** : 골수에 아세포(芽細胞, Blast 또는 Immature Cell)가 급하게(급성) 증식을 함과 동시에 분화가 막힌 상태이다. 따라서 백혈병 세포들은 규모없이 계속 골수를 침범하게 되며 정상세포가 밀려나게 되어 빈혈, 정상백혈구 감소, 혈소판 감소가 동반된다. 이에 따라 부작용으로 폐렴, 패혈증과 출혈이 오게 된다.
- **급성(急性, Acute) 이식편대 숙주병(移植片對 宿主病, Graft versus Host Disease, GVHD)** : 이는 "이식편대 숙주병"을 보시오.
- **급성(急性)림프구성백혈병(Acute Lymphocytic 또는 Lymphoblastic Leukemia, ALL)** : 골수 안에 림파구성 세포들이 급하게 규모없이 증식하는 백혈병(급성백혈병 참조). 성인 ALL은 대개 염색체 검사시(진단시) 1/3에서 필라델피아 염색체(Philadelphia Chromosome)가 동반되며, 또한 많은 경우 백혈구 숫자가 5만/$\mu\ell$ 이상으로 진단이 된다. 위의 그룹과 더불어 관해요법 이후 4주 안에 관해가 않오는 그룹의 경우에는 특히 예후가 좋지 않다(완치율 10%이하). 따라서 가급적이면 성인의 ALL에서는 동종이식을 시도해야 한다.

  한편 소아의 ALL은 이식없이 화학요법만으로 80%이상 완치가 되며 동종이식은(몇몇 예외를 빼고는) 대개 재발된 경우에 고려하는 경향이다.
- **기관지 내시경(氣管支 內視鏡, Bronchoscopy)** : 골수이식 이후이거나 백혈병 치료를 위해 화학요법을 투여한 경우 수치가 낮아지며 폐렴 등이 동반된다. 대부분 폐렴은 항 박테리아 및 항 곰팡이 등의 치료로 조절이 가능하지만, 간혹 열이 지속되거나 폐렴이 진행되는 수가 있다. 이 경우 내시경을 코와 기도를 통해 폐렴부위까지 진입시켜 폐렴 부위에서 필요한 균들을 채취하게 된다. 채취된 검사액은 현미경 검사 및 배양을 통해 원인균들을 밝히는데 중요하다.

[ㄴ]

- **낙센**(Naproxen) : 널리 쓰이는 소염진통제 중 하나.
- **내분비(内分泌) 기능장애** : 전신방사선조사 혹은 고량의 싸이톡산치료 이후 올 수 있는 내분비(内分泌)장기의 기능저하.
- **냉동보관(冷凍保管, Cryopreservation)** : 주로 자가 조혈모세포이식을 위해 환자로부터 채취한 말초혈 조혈모세포를 전처치 이후 이식을 하기 위해 영하 -150℃의 질소에 보관하는 기법. DMSO라는 냉동보존제를 이용하여 얼리며 환자에게 주입시 다시 해동한다. 한편, 동종이식의 경우에도 공여자가 정확히 Day 0(이식하는 날)에 병원에 오지 못하는 경우에는 미리 채취하여 영하 -150℃에 얼릴 수 있다. 이 경우 10년 이상까지도 보존이 가능하다.
- **녹색연쇄구균**(Streptococcus viridans) : 감염을 일으키는 균 중 하나의 예.
- **누바인**(Nalbuphine) : 합성된 마약계통 중 하나의 예.

[ㄷ]

- **다발성 골수종**(Multiple Myeloma) : 골수의 질환으로 M-단백질이 상승하며, 빈혈, 고칼슘증이 생기며 뼈가 여러군데 녹아내린다.
- **다형핵구(多形核球, Polymorphonuclear Leukocyte)** : 호중구를 가리킨다. 호중구를 참조.
- **단순포진 바이러스**(Herpes Simplex Virus, HSV) : 면역이 억제된 사람에게 잘 오며 입주의 및 항문주위에 잘 온다.
- **대만골수은행**(Tzu Chi Taiwan Marrow Donor Registry)
- **대상포진**(Herpes zoster) : 가슴, 배 또는 얼굴에 신경분포를 따라 띠처럼 생기는 피부발진
- **더블-루멘도관**(Double lumen Catheter) : 이는 "중심정맥관"을 보시오.
- **데메롤**(Meperidine) : 통증약 중 하나.
- **독일 골수은행**(German National Bone Marrow Donor Registry; ZKRD)
- **동의서(同意書, Consent)** : 백혈병치료시 또는 동종골수이식시, 각각의 치료시 겪을 수 있는 위험도와 부작용 등에 대해 설명을 들은 뒤에 그 이후 동의서에 도장을 찍게 된다. 표준치료의 경우에도 동의서를 잘 읽고 서명이나 도장을 찍어야 한다(의료진은 자

세하게 가능한 모든 부작용들을 설명하는 것이 통례이며 보호자 및 환자 당사자는 이것에 대한 이해가 충분히 있어야 한다).

- **동종(Allogeneic)** : 자가에 대응하는 용어로 나 자신 이외의 개체에서 조혈모세포(골수 또는 말초 조혈모세포)를 얻어 이식에 사용되는 경우이다.
- **동종 면역반응(Alloimmunization)** : 형제자매 혹은 타인간 골수이식시, 주입되는 동종 골수공여자의 골수에 포함되어 있는 면역세포(주로 T-세포)와 환자의 체내에 순환하고 있는 면역세포 사이에 일어나는 면역거부반응. 이로 인해 이식편 거부 및 생착실패, 이식편대 숙주질환이 생긴다.
- **동종이식(同種移植)(Allo-graft)** : 항암제 또는 전신 방사선조사(Total Body Irradiation) 등 강력한 치료를 통해 몸에 있는 나쁜 세포를 박멸(撲滅)할 때 환자 자신의 골수에 있는 모세포도 동시에 심각한 타격을 받아 스스로 회복을 못하게 된다. 이때, 외부에서 골수조직형이 맞는 건강한 형제 또는 타인의 골수를 주입시키는 것이다.
- **디엠에스오(DMSO)** : 이는 뽑혀진 골수 조혈모세포나 말초 조혈모세포를 -150℃로 얼리는 과정에 손상될 수 있는 조혈모세포의 생명력을 보호하기 위해 첨가하는 화학물질이다.

[ㄹ]

- **림프계(Lymphatic System)** : 감염과 싸우는 백혈구 세포를 포함하는 몸 전체에 거미줄처럼 퍼져 순환하는 면역 조직.
- **림프구(Lymphocyte)** : 백혈구(白血球, White Blood Cell)중의 한 타입으로 몸의 면역체계에서 항체(抗體), Antibody)를 만드는 B-림프구와 이식편대 숙주병에 직접 관여하는 T-림프구 등이 있다.
- **림프구 주입** : 이는 "공여자 림프구 주입"을 보시오.
- **림프종(Lymphoma), 악성 림프종** : 인체 면역계에서 림프계에서 기원하는 악성 종양이며 주로 림프절, 비장 및 여러 실질 장기와 혹은 골수 등을 침범할 수 있다. 크게 나누어 호지킨과 비호지킨 림프종이 있다.
- **림프절(LN, Lymph Nodes)** : 동맥, 정맥, 림프관이 연결되어 있고 각각 T-림프구, B-림프구가 구성되어 있는 콩알만한 크기의 림프조직으로 전신에 림프관에 의해 연결되어 산재해 있다. 악성 림프종이 발생할 수 있는 림프조직이다.

[ㅁ]

- **마그네슘(Magnesium, Mg)** : 금속성 캐미칼로 인체구성의 중요요소. 항 곰팡이 치료인 Amphoterecin- B 투여시 또는 싸이클로스포린 복용시, 신장(腎臟)을 통해 Mg이 빠져나가면서 Mg이 낮아질 수 있기에 보충이 필요하다.
- **마약(Narcotics)** : 통증약 중 가장 강도가 있는 약제.
- **만성골수성백혈병(慢性骨髓性白血病, Chronic Myeloid Leukemia, CML)** : 골수 안에 백혈구 및 혈소판을 만드는 계열(系列, Lineage)이 증식(增殖)되어 빈혈이 오며 백혈구 및 혈소판의 증상이 동반되며 비장이 커져 있다. 소위 필라델리아(Philadelphia, PH) 염색체는 이 병의 원인 및 진행에 관여하고 있다.
- **만성 파종성 캔디다증(Chronic Disseminated Candidiasis)** : 면역이 떨어진 상태에서 캔디다(곰팡이)가 전신(피부)으로 퍼지는 경우.
- **만성(晩性) 이식편(移植片)대 숙주병(宿主炳)(Chronic Graft versus Host Disease, Chronic GVHD)** : 동종 골수이식 이후 환자에게 주입된 공여자의 T-림프구가 환자의 눈(건조증), 구강(통증), 관절(뻣뻣해짐), 피부(발진, 통증, 가려움), 소화기관(설사, 출혈), 간(황달, 간 기능이상) 등의 장기를 공격하는 것을 가리키며 특히 골수이식 후 100일째 이후에 나타나는 경우를 말한다.
- **만성기(Chronic Phase)** : 만성골수성백혈병의 한 유형으로 이 질환의 초기에 해당하며 골수이식시 재발이 가장 적어 골수이식을 하는 경우 이 병기에 골수이식을 시도하여야 한다.
- **말초혈(Peripheral Blood, PB)** : 혈액세포들이 생성되는 골수에 대응하는 용어로서, 성숙된 혈액세포가 골수에서 혈관을 통해 순환하는 혈액으로 나오는데 이것이 말초혈액이다.
- **말초혈 조혈모세포(PBSC, Peripheral Blood Stem Cell)** : 말초혈액에 존재하는 조혈모세포. G-CSF 또는 항암제와 더불어 G-CSF를 투여하면 골수의 조혈모세포가 말초혈에 많은 수가 방출되는데 이를 가동화(Mobilization)라고 하며, 가동화를 통하여 채취한 조혈모세포를 말초혈 조혈모세포라 한다.
- **말초 조혈모세포(末梢造血母) 이식(PBSCT, Peripheral Blood Stem Cell Transplantation 또는 Progenitor Cell Transplantation)** : 말초혈 조혈모세포를 이용한 조혈모세포이식. 이에는 동종(同種) 말초 조혈모세포이식, 자가(自家) 말초 조혈

모세포이식 등이 있다.

- **말초 조혈모세포 주입(PBSC infusion)** : 이식에 필요한 조혈모세포를 얻기 위해 골수가 아니라 말초혈액을 이용할 수가 있다. 말초혈 조혈모세포 채취 때는 전신마취가 필요없다. 이렇게 뽑혀진 세포를 환자에게 정맥을 통해 주입하는 것. 동종간의 공여인 경우에는 공여자의 조직적합성항원검사가 필요하다.
- **말초 조혈모세포(PBSC) 채취**
- **마취(痲醉, Anesthesia)** : 골수검사를 위해 골수천자(骨髓穿刺) 전에 시행하는 국소마취(局所痲醉, Local Anesthesia)와 이식을 위한 골수 채취(骨髓採取, Bone Marrow Harvest)를 위해 시행하는 전신마취(全身痲醉, General Anesthesia)가 있다. 후자 시에는 삽관을 해서 인공으로 호흡을 유지시키며, 전신마취이기에 공여자는 통증을 느끼지 못한다.
- **메토트렉세이트(Methotrexate)** : 이식 이후(Day 0), 이식편대 숙주반응을 예방하고자 Day 1, 3, 6, 11에 투여하는 약제.
- **멜파란(Melphalan)** : 다발성 골수종(多發性骨髓腫, Multiple Myeloma)에 흔히 쓰는 화학용법이며, 최근에는 미니(Mini) 골수이식의 전처치(前處置, Conditioning Regimen) 약제로 쓰여지고 있다. 고량으로 쓸 경우 피수치 감소 및 설사 등을 유발한다.
- **면역(免疫)글로불린(I.V., Imunoglobulin)** : 이는 동종이식 이후 대개 6개월까지 환자에게 주기적으로 외부 주사하는 약제로 면역기능을 항진시켜줄 뿐더러 이식편대 숙주반응을 줄여주는 장점도 있다.
- **면역억제치료(免疫抑制治療, Immune Suppression Therapy)** : 동종이식 이후 약 100일까지는 급성(急性) 이식편대 숙주병(移植片對 宿主病, Graft vs Host Disease, GVHD)이 오며 그 이후 2-3년까지 만성(慢性) 이식편대 숙주반응이 올 수가 있다. 이때 스테로이드(Steroid)를 싸이클로스포린 등과 함께 면역억제치료를 함으로써 조절이 가능하다. 한편 중증(重症) 재생불량성빈혈의 치료시에도 이런 용어를 쓰지만, 더 정확한 용어는 면역조절치료이며 "면역조절치료"를 참조하시오.
- **면역조절치료(免疫調節治療, Immume Modulation Thecapy)** : 재생불량성빈혈(再生不良性貧血)의 치료 중 한 방법으로 망가진 면역체계를 바로잡기 위한 치료. 대개 스테로이드(Steroid), 싸이클로스포린(Cyclosporin), 다나졸(Danagole) 등과 조혈세포(造血細胞)성장촉진인자(成長促進因子, Growth Factor) 등을 복합적으로 시도한다.

- **몰핀(Morphine)** : 통증(痛症)약제 중에서 가장 강력한 부류의 약제.
- **무균식** : 소독한 모든 식기(스텐레스 스틸)에 조리되어 상차림 전체를 대보로 1회 잘 싸고 미리 예열이 된 콘보스타에서 소독한 음식.
- **무균실(Protective Environment)** : Hepa Filter 등과 음압을 이용하여 환자가 머무는 방안에 먼지 수(Particle)가 100개 이하로 유지되도록 디자인된 방이다. 전처치가 끝나면 동종이식이 시작되는(Day 0) 시점에서 입실(入室)하여 생착이 될 때까지 약 3주 정도 머물게 된다.
- **미국골수은행협회(National Marrow Donor Program, NMDP)**
- **미니 골수이식(Mini-Bone marrow transplantation)** : 전통적인 이식보다 강도가 경한 전처치를 함으로써 여러 독성(폐렴, 출혈, 정맥폐쇄증 등)을 줄일 수 있는 장점이 있는 이식 방법.
- **미세잔류병(微細殘留炳, Minimal Residual Disease(MRD))** : 관해요법 등으로 육안으로는 백혈병세포 등이 보이지 않는 상황에서도 백혈병세포들이 상당수 몸 안에 숨어 있을 수 있다. 이 경우 공고요법 등을 하지 않는 경우 재발하게 된다. 이러한 MRD는 극심한 전처치 이후 시행하는 동종이식 후에도 생길 수 있다.

[ㅂ]

- **방사선전신조사(放射線全身照射, Total Body Irradiation, TBI)** : 동종이식 전에 시행하는 전처치(前處置, Conditioning Regimen)로서 혹시 환자의 골수에 숨어 있는 미세잔류병이 TBI로 다 처리가 된다. 동시에 TBI는 환자의 면역을 확실하게 억제시켜 줌으로써 외부에서 들어가는 공여자의 골수가 잘 자리잡도록 도와 주기도 한다.
- **방사선 치료(Radiation Therapy)** : 방사선을 이용하여 종양세포를 치료하는 과정.
- **방선균증(Aspergillosis)** : 곰팡이 균의 일종으로 조직 침입력이 강하며 기존 항진균약제에 내성이 높다.
- **배양(培養, Culture)** : 박테리아, 바이러스 또는 곰팡이 균이 피 속에 있는가의 여부를 알기 위해 각각 자라기에 적절한 조건(적당한 온도, 양분, 습기유지)을 만들어 외부에서 키움으로 그 균의 정체(Identity)를 알 수 있다.
- **범혈구 감소증(Pancytopenia)** : 이는 빈혈(남: 〈14g/dℓ 이하, 여: 〈12g/dℓ 이하), 혈소판 감소(10만/㎕ 이하), 백혈구(호중구 〈 1500/㎕)를 동시에 보이는 낮은 피 수치. 재생

불량성빈혈의 진단시 또는 백혈병 치료 이후 상당기간(3-4주) 올 수 있다.

- **백혈구감소증(白血球減少症, Leukopenia)** : 이는 백혈구(호중구 〈1500/$\mu\ell$) 수치가 낮아지는 것을 말한다. 백혈병치료시 강한 화학요법 이후에 회복(관해)되기 전에 약 2-3주 동안 올 수 있다.
- **백혈구공여자** : 백혈구를 공여하는 공여자는 B형 간염 등이 없어야 하며 피 수치가 정상인 사람만이 가능하다.
- **백혈구성분채집(Leukapheresis)** : 혈액종양환자들에서 강력한 백혈병 치료를 받거나 골수 이식을 위해 전처치를 받을 경우 백혈구 수치가 심하게 감소된다. 이때 심한 폐렴 등이 올 수 있는데 적절한 항생제 치료에 감염이 호전되지 않을 경우 백혈구 수혈이 필요하다. 백혈구성분채집도 혈소판성분채집과 마찬가지로 혈액성분채집기라는 장비를 이용하여 백혈구 성분만을 선택적으로 채집하고 나머지 성분은 다시 공여자에게 되돌려주는 헌혈이다. 이 경우 백혈구 공여자는 공여 24시간 전에 백혈구를 올리는데 필요한 덱싸메타존이란 약을 복용하거나 전날 G-CSF(조혈 성장 촉진제 주사)를 맞기도 한다.
- **백혈병(Leukemia)** : 골수의 백혈구계 조혈과정에 이상(분화가 막히거나, 비정상으로 증식이 증진됨)이 생겨 특정계 세포의 과도한 생산으로 골수와 말초혈액 그리고 신체의 각 장기에 비정상 백혈구의 아세포가 침범하여 빈혈, 면역기능 저하 및 출혈 등의 임상증상을 보이며 치료하지 않으면 그 결과가 치명적이 되는 악성 혈액질환이다.
- **백혈병어린이후원회**
- **변비**
- **부루펜(brufen) : 소염진통제.**
- **부분관해(部分寬解, Partial Remission)** : 관해요법 이후 그 결과(피 수지 및 골수의 내용)가 부분적으로 정상화 됨을 말한다(완전관해를 참조하시오).

  한편, 부분관해는 각각의 질환(예, 백혈병, 다발성 골수암)에 따라 그 내용이 달라질 수 있으며, 또한 각각의 임상연구 디자인에 따라 조금씩 차이가 날 수 있다. 또한 고형암(예, 림프선종양, 호지킨스림프종, 유방암 등)에서는 보이던 암세포 덩어리가 치료 이후 그 크기가 원래의 크기에 비해 반이나 그 이하로 보이는 것을 말한다.
- **부설판(Busulfan, Myleran)** : 동종이식시 널리 쓰이는 전처치 약제 중 하나(알약과 정맥주사가 있음).

• **분자세포유전학(分子細胞遺傳學, Molecular Genetics)** : 염색체의 구조, 기능 등을 분자생물학적으로 분석하는 분야. 예로서, 필라델피아 염색체에서 관여하는 유전인자의 BCR-ABL이 글리벡이나 동종이식 이후 질환(만성골수성백혈병)을 추적하는데 이용된다.

• **불임(不姙, Infertility)** : 강력한 화학요법이나 전처치로 쓰이는 싸이톡산, 부설판 및 전신조사 이후 난소(卵巢, Ovary) 및 고환(睾丸, Testis)에 피해를 줌으로서 난자(卵子, Ovum) 및 정자(精子, Sperm)생성에 타격을 주어 아이를 못 갖게 되는 현상이다.

• **비 마약성 진통제** : 마약성 진통제에 비교가 되는 그룹으로 마약성 진통제에 비해 비교적 부작용이 적지만 통증해소 능력은 조금 약하다.

• **비 혈연 골수이식(非 血緣 骨髓移植, Matched Unrelated Transplantation)** : 형제간(Sibling)에 조직항원(HLA)이 일치 않는 경우, 환자와 피를 나누지는 않았지만 HLA가 동일한(Identical) 타인(他人)의 골수 또는 말초 조혈모세포를 이용하여 전처치(Conditioning Regimen, 예: 전신조사, 싸이톡산, 부설판) 이후 이식을 하는 것이다.

[ㅅ]

• **사단법인 한국백혈병 소아암협회**

• **사회사업과**

• **생착(生着, Engraftment)** : 골수이식 이후 약 3주가 지나면서 밖에서 주입시킨 조혈모세포가 골수에서 자리를 잡는 과정. 이 증거로 중성구(中性球, Neutrophil)가 3일 이상 500/$\mu\ell$로 되며 혈소판이 7일 동안 수혈없이 2만개/$\mu\ell$를 유지하게 된다.

• **생착거부(Graft rejection)** : 이식 이후 생착은 잘 되었지만 그 상황이 오래가지 않고 수개월 이후 또는 드물게는 수 년 이후에 밖에서 들어간 골수 또는 조혈모세포가 떨어져 나가는 것을 말한다. 백혈구와 혈소판 수치가 감소한다.

• **생착실패(生着實敗, Graft failure)** : 이식 이후 일정기간이 지나도 생착이 되지 않는 상황(피 수치의 회복이 없음)을 말하며 이를 특히 1차성(Primary) 생착실패(Graft Failure)라 하며 한번 생착되었다가 피 수치의 감소와 동반되며 골수가 허(虛)해 지는 것을 2차성(2ndary Graft Failure)이라고 한다.

• **성분채취(Apheresis)** : 성분 수혈을 위해 공여자 혈액에서 필요한 혈액성분을 채취하는 시술. 혈액분반기라는 기계를 이용해서 원심분리의 원리를 이용하여 혈소판, 림프

구, 백혈구 및 조혈모세포 등의 혈액성분을 선택적으로 채취한다.

- **세포유전학(細胞遺傳學, Cytogentics)** : 염색체의 양상(숫자적인 증가/감소 및 구조의 변화)을 분석함으로써 백혈병환자 등의 골수에서 치료 이후의 예후(豫後, Prognosis)를 예상할 수 있다. 또한 동종이식시 남자 공여자가 여자 환자(또는 그 반대시)에게 이식을 하였을 경우, 성염색체를 통해 생착여부를 추적할 수 있다.
- **수두(Chicken Pox)** : 바이러스 감염 중 하나.
- **수혈(輸血, Transfusion)** : 이에는 피 속에 있는 세포의 성분(적혈구, 백혈구, 혈소판)만을 주입시켜주는 성분헌혈(成分獻血)과 혈장 및 피 속의 세포 등을 한꺼번에 주입시키는 전체헌혈이 있으나, 최근에는 주로 성분헌혈이 주종을 이루고 있다.
- **숫자통증등급(Numeric Rating Scale, NRS)** : 직선을 0에서부터 10까지 11단계로 나누어 환자의 통증의 심한 정도를 숫자로 표현하도록 한다. 이는 신뢰성과 타당성이 비교적 검증되어 있어서 전화로도 통증을 평가할 수 있다.
- **스테로이드(Steroid)** : 부신피질호르몬, 이식편대 숙주반응시 널리 쓰이는 약제.
- **심장(心腸)기능검사** : 소위 Ejection Fraction이라하며 심장의 펌프기능을 평가하게 된다.
- **싸이클로스포린(Cyclosporin A, 산디문, 사이폴)**
- **싸이톡산(Cytoxan: Cyclophosphamide)** : 고량요법(자가이식)시 널리 쓰이며 특히 동종이식시 전처치 약제 중 대표적인 것.
  이식편대 숙주반응을 방지하기 위해 사용되는 약제.
- **씨디 34+세포(CD 34+Cell)** : 세포 표면에 존재하는 CD34라는 항체를 이용하여 조혈모세포를 찾아낸다. 이러한 방법으로 뽑혀진 골수 및 말초 조혈모세포의 양(量)을 정량할 수 있다.

[ㅇ]

- **아라씨(Ara-c, 싸이토신 아라비노싸이드, Cytosine Arabinoside)** : 급성골수성백혈병에서 널리쓰이는 약제 중 하나.
- **아세포(芽細胞, Blast 또는 Immature Cell)** : 미성숙단계의 세포이며, 정상 아세포와 백혈병 아세포가 있다.
- **아스퍼질러스(Aspergillus, 방선균)** : 곰팡이 균의 하나로서 폐렴 등을 일으킬 때 다른 곰팡이(예: 캔디다, Candida)보다 더 강력하며 치료가 잘 되지 않을 수 있다.

- **알로퓨리놀(Allopurinol)** : 백혈병의 치료시 uric 산 등이 죽어가는 세포에서 많이 분비가 되며 신장(腎臟)에 피해를 줄 수 있다. 이때 알로퓨리놀로 uric 산 등이 높아지는 것을 방지할 수 있다.
- **암세포오염** : 자가이식의 경우, 미리 뽑아둔 자가 조혈모세포 안에 백혈병 또는 림프종세포 등이 섞여 있는 상황이다.
- **암포테리신-B(Amphotericin-B)** : 현재 임상에 사용되는 항-곰팡이 약제 중 가장 효과적인 것들 중 하나.
- **얼굴통증등급(Pain Affect Faces Scale)** : 얼굴표정으로 통증의 정도를 평가한다(대개 소아과 환자에 적용).
- **에이싸이클로비르(Acyclovir, 조비락스)** : 항 Virus 약제 중 하나로 Herpes 감염시 잘 사용된다.
- **에토포사이드(Etoposide)** : 자가이식에 흔히 쓰는 항암제.
- **예후(豫後, Prognosis)** : 백혈병이나 재생불량성빈혈에서 치료 이후 그 결과(완치여부)를 말한다.
- **예후인자(豫後因子, Prognostic Factor)** : 급성골수성백혈병의 경우 염색체의 소견이 중요한 예후인자 중 하나이며, 급성림프구성백혈병의 경우에는 진단시 백혈구의 숫자, 관해요법 이후 4주 내에 관해가 오는지 여부, 또한 필라델피아 염색체 등의 유무 여부가 예후 인자이다.
- **염색체(染色體, Chromosome)** : 생명의 온갖 비밀을 다 갖고 있으며 사람의 경우 46개, 23쌍으로 이루여져 있으며, 남자의 경우에는 44+XY이며 여자의 경우에는 44+XX를 이루고 있다. 머리, 눈색 등을 결정함은 물론이며 신장, 얼굴모습 및 피부색 등을 유전시킨다. 또한 백혈병세포의 경우 대부분 망가진 염색체를 지니고 있다. 이는 치료가 되면서 정상을 회복한다.
- **염색체(染色體)검사** : 이는 "세포유전학"을 보시오.
- **영양요구량**
- **예방주사(Vaccination)**
- **오심/구토(惡心/嘔吐, Nausea/Vomiting)**
- **완전관해(完全寬解, Complete Remission)** : 백혈병의 경우, 관해요법 이후 골수검사시 아세포(芽細胞)가 5% 이하이며 골밀도가 20% 이상을 보여주며 또 피의 수치가 정상(예,

헤모글로빈〉 12gm/dℓ, 백혈구의 호중구〉1500/㎕, 혈소판〉10만)을 회복하며 이러한 소견이 4주 이상 지속될 때를 말한다. 한편, 완전관해는 각각의 질환(예, 다발성 골수종, 재생불량성빈혈 등)에 따라 그 내용이 달라질 수 있으며, 또한 각각의 임상연구 디자인에 따라 조금씩 그 차이가 날 수 있다. 또한 고형암(예, 유방암, 림프선종양, 호지킨스림프종 등)에서는 보이던 암세포 덩어리가 치료 이후 완전히 사라지는 것을 말한다.

- **완전일치** : 조직항원의 A, B, DR 각각(2쌍씩 따라서 도합 6개)의 항원이 환자와 공여자가 서로 일치하는 것.
- **완치율** : 완치(cure)가 되는 확률.
- **욕창(turn瘡, Bed Sore)** : 오랫동안 누워있는 환자의 경우, 피순환이 좋지 않아 생길 수 있다. 이 경우, 2-3시간 마다 position을 바꿔줘야 한다.
- **유전자(遺傳子, DNA)** : 생명의 가장 기본이 되는 핵산(核酸)으로 이것들이 염색체(染色體)를 이루며 각종 생명체의 특성을 전수(傳輸)시키게 된다.
- **이식편 거부(移植片 拒否, Graft Rejection)** : 동종이식 이후 착상(着床, Engraftment)은 잘 되었으나 시간이 지남에 따라 여러 기전(예: 병의 재발, 면학적인 이유, HHSV6 등의 감염)에 의해 이식편이 떨어져 나가는 것. 피 수치가 심하게 감소한다.
- **이식편대 백혈병효과(移植片對 白血病, Graft vs Leukemia Effect)** : 밖에서 들어간 건강한 공여자의 골수성분 중, 특히 T-림프구는 환자의 몸에 남아있거나 숨어 있는(잔류병(殘留病)) 백혈병을 면역적으로 잡아 먹어 치우게 된다.
- **이식편대 숙주병(移植片對 宿主病, Graft vs Host Disease, GVHD)** : 정상 공여자의 T-림프구가 환자의 몸 속에 남아있는 면역체계와의 갈등으로 발생하는 증상들이다. 가장 대표적인 것으로 피부 발진(發疹), 간 기능 부전, 특히 황달(黃疸) 및 설사 등이 있다. 이식 이후 100일까지 생기는 경우를 급성(急性, Acute) 이식편대 숙주병이라 하며, 이식 100일 이후에 생기는 경우를 만성(慢性, Chronic) 이식편대 숙주병이라 한다. 만성 이식편대 숙주병 시에는 눈, 이, 폐, 장, 피부 등에 병변이 생기며 관절이 뻣뻣해지기도 한다.
- **인도메타신(Indomethacin)** : 소염진통제 중 하나.
- **인터페론(Interferon)** : 항 바이러스 효과를 가지는 약물. 특히 만성골수성백혈병에서 동종 골수이식이 가능하지 않은 경우 사용된다.
- **일본골수은행협회(Japanese Marrow Donor Program, JMDP)**

[ㅈ]

- **자가면역(Autoimmune)**
- **자가이식(自家移植, Auto-graft)** : 조혈모세포 또는 골수이식시 미리 뽑아놓았던 자신의 조혈모세포를 전처치 이후 사용하는 것.
- **자가정자동결**
- **재발(再發, Relapse)** : 관해(官解)에는 성공했지만 공고요법 도중이거나 혹은 공고요법을 다 마친 후 백혈병이 다시 살아 나올 수 있다. 백혈병의 재발은 특히 관해 후 1년 이내에 가장 높으며 관해 이후 2년이 넘어가면서 비교적 드물다.
- **재생 불량성 빈혈(再生不良性貧血, Aplastic Anemia)** : 골수검사시 조혈모세포(造血母細胞)가 극도로 감소되며 골밀도(骨密度)가 현격히 떨어지며(예, 5-10%) 따라서 피검사시 중증(重症, Severe)의 경우에는 극심한 빈혈(헤모글로빈(8gm/dl) 및 망상구 감소(〈1%), 혈소판 감소(〈2만/ul), 호중구 감소(〈500/ul) 등을 보인다.
- **적혈구 조혈성장인자(Erythropoietin, EPO)** : 주로 적혈구를 촉진/성장시키는 성장인자.
- **전신마취(全身痲醉, General Anesthesia)** : 기도에 삽관을 하여 마취약이 들어감으로 인해 통증에 관한 인식이 전혀 없게 된다.
- **전신방사선조사(TBI, Total body irradiation)** : 동종 골수이식을 시행하기 전 방사선을 조사하면 숨어있는 백혈병 세포가 제거되고 또 환자의 면역기능을 억제하여 이식된 조혈모세포가 생착하기 이상적인 상황이 된다.
- **전처치(前處置, Conditioning Regimen)** : 골수이식(동종 및 자가)을 하기 전 골수 안에 혹시 남아있을 잔류(殘留) 백혈병 세포를 깨끗하게 치우는 목적과 동종이식시 외부에서 들어간 건강한 공여자의 조혈모세포(造血母細胞)가 자리를 잡도록 하기 위해 환자의 면역 기능을 최소화시키는 목적으로 사용하는 화학요법 또는 전신조사(全身助射).
- **절대호중구수(ANC, Absolute Neutrophil Count)** : 백혈구의 한 부류로서 각종 감염균과 싸우게 된다.
- **점막염(粘膜炎, mucositis)** : 구강 등의 점막에 생기는 염증. 주로 백혈구 수치가 감소할 때(특히 ANC〈1000) 잘 생긴다.
- **정자동결** : 동종이식시 남자 환자의 정자생성에 타격을 주기 때문에 미리 뽑아 얼려둔다.
- **정자은행** : 정자동결을 전문적으로 다루는 곳.
- **제대혈(臍帶血, Cord Blood)** : 제대혈은 어머니와 태아를 연결시키는 탯줄에서 채취되

는 혈액을 말한다. 그간 분만후 버려져 왔으나, 조혈모세포가 들어있다는 것이 알려지면서 골수 조혈모세포 이식을 대체하는 소중한 자원이 되고 있다.

- **제대혈은행(臍帶血銀行, Cord Blood Bank)** : 산모(産母)가 아기를 낳은 후 아기와 엄마 사이의 탯줄 속에 있는 피로, 그 안에 이식에 유용하게 쓰이는 제대혈을 모아 타인이식에 활용할 수 있도록 코디네이션을 해주는 곳.
- **제대혈의 분리 및 저장**
- **제대혈의 채취**
- **제대혈이식(Umbilical Cord Blood Transplantation)**
- **제한식품**
- **조직적합성항원 검사(組織適合性抗原 檢査, HLA study)** : 이는 단순 피검사로 항원과 항체 반응을 보는 Class I의 검사(A, B, C)와 분자생물학적(DNA 검사)으로 보는 Class II(DR) 검사가 있다.
  Class I 검사는 대개 1일이면 항원 및 항체를 이용한 검사들의 결과가 나오며 Class II는 대개 분자생물학적으로 DNA를 이용(수 일 소요)하여 판명한다. 한편, Class I도 DNA 검사를 할 수 있으며 이는 주로 타인이식을 위한 공여자의 검사시 사용된다.
- **조직(적합성)항원(組織適合性抗原, HLA: Human Leukocyte Antigen)** : 몸 안에 있는 유핵 세포들은 소위 조직적합성항원(HLA)을 발현한다. 골수이식은 HLA가 일치(identical)해야 이식 이후 이식편대 숙주반응(移植片對 宿主反應, Graft vs Host Disease, GVHD)이 생기지 않는다. 조직적합성항원에는 Class I(A, B, C)와 Class II(DR, DP, DQ)가 있으며, 그간 임상에서는 주로 Class I의 A와 B, Class II의 DR을 주로 관심있게 보아 왔다. 한편 최근에는 C 및 DP, DQ 등도 중요하다고 보고되고 있다.
- **소혈(造血, Hematopoiesis)** : 적혈구(赤血球), 백혈구(白血球) 및 혈소판의 생성은 골수(骨髓)에서 조혈모세포(造血母細胞)로부터 일어나며 이 과정을 조혈이라 한다. 그 조절은 생리적인 요구에 따라 계속 변하게 된다. 예로서, 출혈 시에는 비교적 신속하게 적혈구 생성이 되며, 감염 등이 있을 때에는 백혈구의 생성이 활성화된다.
- **조혈모세포(造血母細胞, Hematopoietic Stem Cell)** : 조혈(造血)을 담당하는 어미(母)가 되는 세포이다. 쥐를 이용한 실험에 의하면 골수이식시 불과 기십 개의 진정된 조혈모세포만 주면 쥐에 필요한 각종 피의 세포가 생성된다. 그러나 사람에 있어서는 이식시 너무 적은 양의 조혈모세포를 주입할 경우 너무 오랜 시간이 지나면서 회복되어 여

러 부작용(폐렴, 출혈)이 생기기 때문에 실제에 있어서는 조혈모세포와 더불어 많은 양의 좀더 분화한 세포들을 주입하게 된다.

- **조혈성장인자(造血成長因子, Hematopoietic Growth Factor)** : 조혈(造血)을 도와주는 성장인자(成長因子). 그 대표적인 것들로는 G-CSF(그라신, 뉴트로진), GM-CSF, SCF, TPO 등이 있다.
- **중성구(中性球, Neutrophil)** : 백혈구의 한 부류. 각종 감염과 싸운다.
- **중심정맥관(中心靜脈管, Central Venous Line)** : 백혈병치료를 위한 화학요법 투여시 팔에 있는 혈관을 통해 주입할 경우 부작용(새거나, 정맥감염, 정맥이 막히는 것 등)이 흔히 생길 수 있다. 따라서 빗장뼈(쇠골(衰骨))아래를 통해 정맥주사를 위한 통로를 마련하는 것으로 이관을 통해 수혈, 화학요법 투여, 항생제 투여가 가능하며 각종 검사시 피도 뽑을 수 있다. 중심정맥관의 관 중간이 나뉘어져서 두 개 짜리일 수도(더블-루멘(double lumen)) 있고, 3개로 나뉘어 트리플-루멘(Triple Lumen)일 수도 있다. 각각의 용도에 따라 더블, 트리플을 삽입할 수 있다.
- **중심정맥관리** : 막히지 않도록 매일 헤파린(Heparin)과 증류수로 적당량을 그 관을 통해 주사해 주어야 하며, 1주에 한번씩은 관을 덮은 거즈를 드레싱(dressing)해 주어야 한다.
- **중앙제대혈데이터센터**
- **진균성(眞菌性) 폐렴(Fungal Pmeumonia)** : 진균에 의한 폐렴을 가리키며, 이식편대숙주병에 걸린 환자를 스테로이드로 치료하는 동안 잘 동반되며, 급성백혈병환자의 관해 및 공고요법기간에도 올 수 있다.

[ㅊ]

- **채혈금지대상자** : 혈액원에서 지정한 규정으로 나이, 체중, 감염여부, 임신여부에 따라 피 공여를 해서는 안되는 사람.
- **척수강(脊髓腔, Intrathecal Space)** : 척수가 지나가는 곳 주위의 공간을 말하며 주변에 피가 자유롭게 지나지 못하는 특수한 막이 형성되어 있다. 한편, 급성림프구성백혈병 등은 뇌척수강을 잘 침범한다.
- **척수강 화학요법(脊髓腔 化學療法, Intrathecal Chemotherapy)** : 급성백혈병, 특히 급성림프구성백혈병의 경우 척수강 내에 침범하는 수가 흔히 있다.

이 경우 바늘로 직접 척수강 내에 진입한 후 화학요법을 투여하게 된다.

- **척수액(脊髓液) 검사(Spinal Fluid Examination)** : 급성림프구성백혈병의 경우 중추신경계(中樞神經系)로 잘 침범을 하며 이 경우 척추강(脊椎腔)에 바늘을 직접 넣어 척수액을 빼서 백혈병 세포의 존재여부를 알아낼 수 있다. 백혈병이 존재할 경우에는 척수강을 통해 1주에 2번씩 백혈병 세포가 사라질 때까지 화학요법(주로 아라씨(Ara-C) 또는 메토트렉세이드(MTx)를 사용)을 투여해야 한다. 한편, 골수이식 이후 면역이 떨어진 상황에서 각종 바이러스(virus), 박테리아(Bacteria) 등에 의해서 뇌막염(腦膜炎) 등이 올 수가 있으므로 이 경우 진단의 목적으로 시행한다.
- **체외증폭(體外增幅, Ex Vivo Expansion)** : 어른의 경우 제한된 수의 제대혈에 있는 조혈모세포만으로 안전하게 이식하기에는 그 조혈모세포의 양이 부족하다. 따라서 이 경우 뽑는 제대혈에 각종 성장인자(成長因子)를 넣고 체외(體外)에서 약 7~10일간 그 조혈모세포의 수를 늘린 이후 이식하는 것을 말한다.
- **출혈(出血, Bleeding)** : 백혈병 혹은 재생불량성빈혈 등의 질환에서 혈소판을 만드는 세포들의 기능저하 및 생성저하로 지혈에 필수적인 혈소판의 감소가 오며 출혈이 합병될 수 있다. 이때 혈소판 수혈이 중요한 예방 및 치료법이다.
- **최하점(Nadir)** : 약물치료 후 혈액세포 수가 가정 적게 되는 때를 뜻한다. 이때는 면역기능이 떨어져 감염의 위험과 혈소판 감소로 출혈의 위험성이 높다.

[ㅋ]

- **카노프스키 활동점수(Karnofsky Score)** : 걸어다니고 일상 생활을 할 수 있는 능력과 침대에 머무는 시간 등을 숫자적으로 평가하는 것.
- **카이메리즘(Chimerism)** : 동종이식 이후 공여자의 골수로 완전히 바뀌었나를 확인하는 검사. 반드시 골수로 검사하지 않고 피로서도 그 판정이 가능하다. 모든 사람의 지문이 다 다르듯이 개개인의 골수의 특이한 지표가 있다. 이를 이용하여 이식전과 이식후의 변화를 추적할 수 있다. 그 방법으로는 분자생물학적 방법(VNTR)과 염색체로써 확인하는 세포유전학적 방법이 있다.
- **캔디다 감염증(Candidiasis)** : 주로 피부를 침윤하지만, 경우에 따라서는 간, 비장 및 폐(폐렴을 유발)에도 심한 염증을 일으킬 수 있다. 이식편대 숙주반응시 면역억제제(스테로이드)를 투여할 때 구강 등에 생길 수 있다.

- **캔디다혈증(Candidemia)** : 캔디다(곰팡이)균이 피에서 발견되는 것.
- **코데인(Codeine)** : 중등도(中等度)의 강도를 갖은 통증약.

[ㅌ]

- **타이레놀(acetamiophen)** : 널리쓰이는 해열/소염진통제로 아스피린과는 달리 혈소판 저하 등의 부작용이 없다.
- **타인(他人)이식** : 조직적합항원(HLA)이 형제, 자매 중에서 맞지 않아 이것이 맞는 타인으로부터 시술하는 이식.
- **탈모(脫毛)**
- **통증**
- **트리돌, 트라마돌(Tramadol)** : 널리 쓰이는 중등도의 통증약.
- **트리플-루멘도관(Triple luemen Catheter)** : 이는 "중심정맥관"을 보시오.
- **티오테파(Thiotepa)** : 자가이식시 쓰이는 항암제 중 하나.
- **티 림프구(T-lymphocyte)** : 림프구 중 B-림프구에 상응되는 림프구로 이식편대 숙주반응과 이식편대 백혈병의 작용시 중요하다.

[ㅍ]

- **패혈증(敗血症, Sepsis)** : 면역이 떨어진 상황에서 박테리아, 곰팡이, 바이러스 등이 피에서 계속 증식을 하며 고열 및 기타 부작용을 일으키는 것. 진행이 될 경우 혈압이 심각하게 떨어져 위험할 수 있다.
- **펑거스 폐렴(Fungus Pneumonia)** : 이는 "진균성 폐렴"을 보시오.
- **펜타닐 패취(Fentanyl Patch)** : 강력한 마약성 통증약을 몸에 붙이게 되어 있으며, 2-3일동안 서서히 흡수 및 분비가 되어 그 기능(통증약)이 오래 유지된다.
- **폐결핵(肺結核, Tuberclosis)** : 결핵균에 의해 생기는 감염. 주로 폐렴(肺炎), Pneumonia)이나 늑막염(肋膜炎)을 유발시키나 경우에 따라 신장, 뼈, 복막염, 장염 등도 일으킬 수 있다.
- **폐(肺)기능검사(Pulmonary Function Test)** : 자가 및 동종이식 이전에 폐가 고량의 전처치를 잘 견딜 수 있는가를 미리 점검하는 것.
- **포도상구균(Staphylococcus)** : 면역이 떨어졌을 때 환자에게 올 수 있는 감염균 중 하나.

- **플루다라빈(Fludarabine)** : 면역억제기능이 뛰어나 미니 골수이식시 널리 쓰이는 전처치 약제 중 하나. 또한 만성림프구성백혈병에 효과적인 항 백혈병제제.
- **피부조직검사(皮膚組織檢事), Skin Biopsy)** : 골수이식 이후 이식편대 숙주반응(移植片對宿主反應) 때 피부에 우선 나타난다. 이 상황에서 약에 의한 피부발진(皮膚發進) 또는 감염(곰팡이, 박테리아 등)에 의한 발진 등을 구분시키기 위해 조직검사가 필요하다.
- **피-씨-알(PCR, Polymerase Chain Reaction)** : 분자생물학적 방법을 이용하여 만성골수성백혈병에서 필라델피아 염색체가 관여되는 BCR-ABL이나 또는 급성골수성백혈병에서 AML- ETO, 또는 PML-RARA 등의 유전자를 추적하는 법. 몸의 백만개 세포중 1개만 양성으로 숨어 있거나 잔류할 경우 찾아낼 수 있는 장점이 있다. 그러나 이 검사가 모든 검사 중에서 최상이라기보다는 FISH 및 염색체 검사들과 호혜적으로 사용되고 있다.
- **필라델피아 염색체(Philadelphia 염색체(染色體))** : 95%의 만성골수성백혈병에 발견되는 비정상 염색체로서 염색체 중 9번과 22번이 서로 주고 받은(치환(置換), Translocation) 결과 생기게 된다. 이 염색체는 인터페론, 글리벡 또는 골수이식 이후 정상으로 돌아오게 된다. 치료가 잘 되며 치환이 더 이상 보이지 않게 된다.

[ㅎ]

- **하이-도즈-아라씨(High Dose Ara-c)** : 백혈병 치료시 표준관해요법에 관해가 오지 않았을 때 시도해 볼 수 있는 치료의 한 방법(대개 18gm/m^2, 체표면당 18gm이상을 투여함).
- **한국복지재단** : 의료보험이 인정된 골수이식, 자가 말초혈 조혈모세포 이식을 받는 환자를 선별하여 이식비용의 일부를 지원하고 있는 재단.
- **한국심장재단** : 의료보험이 인정된 골수이식, 자가 말초혈 조혈모세포 이식을 받는 환자를 선별하여 이식비용의 일부를 지원하고 있는 재단.
- **한국조혈모세포은행협회(Korean Marrow Donor Program)** : 비혈연간 골수이식을 조정하는 기관으로서, 혈연(血緣) 중에 조직적합항원(HLA)이 일치하는 공여자가 없을 경우 이 곳에 의뢰할 수 있다.
- **한국혈액암협회** : 백혈병 환우들의 동우회이며 최근 사단법인 "한국혈액암협회"로 개칭하였다. 환우들에게 혈소판 공여자 연결, 입원비 보조, 후원 및 교육사업 등을 담당하

고 있다.

- **항암화학치료(Chemotherapy)** : 화학약물로 백혈병 및 암질환을 치료하는 과정.
- **허용식품**
- **헌혈증** : 가까운 헌혈차나 헌혈의 집, 또는 혈액은행이 있는 종합병원에서 전혈, 혈소판이나 백혈구, 혈장 등의 헌혈을 한 경우 헌혈일자와 헌혈종류, 헌혈량 등이 기입된 헌혈증을 지급하게 된다. 이 헌혈증은 특히, 수혈을 많이 받은 환자들에게는 수혈료를 대신할 수 있어 유용하다. 환자들은 치료과정에서 혈소판이나 백혈구, 혈장 등의 성분을 수혈받게 되는데, 받은 횟수와 수혈량 만큼의 헌혈증이 있으면 그만큼의 수혈료를 감면받게 된다.
- **혈소판(血小板, Platelet)** : 피 응고에 관여하며, 그 수치가 2만/㎕시에는 수혈을 받아서 예기치 않은 출혈을 방지해야 한다.
- **혈소판 조혈성장인자(TPO: Thrombopoietin, IL-11)** : 골수에서 혈소판을 공급 및 조절에 중요한 역할을 하는 조혈 성장인자.
- **혈소판공여자**
- **혈소판성분채집(Platelet apheresis)** : 혈액성분채집기라는 장비를 이용하여 혈소판 성분만을 선택적으로 채집하고 나머지 성분은 다시 공여자에게 되돌려주는 채집방법.
- **혈연(血緣, Related)** : 형제, 자매 및 사촌, 8촌 등 집안의 친척을 지칭. 조직적합항원(HLA)이 완전일치(match)이건 1개가 틀린 상황이건 같은 조건에서는 혈연이 타인보다는 이식을 진행할 때 독성이 적으며 그 성적이 우수하다.
- **호중구(好中球)** : 백혈구(白血球, White Blood Cell, WBC, 또는 Leukocyte)에는 여러 종류의 백혈구들이 있으며 호중구는 백혈구 중에서 중요한 부분을 차지한다. 특히 박테리아 등과 싸우는 중요한 방어 역할을 한다.
- **호흡기 세포융합 바이러스(Respiratory Syncytial Virus, RSV)** : 동종이식 이후 면역이 억제된 그 기간에 생길 수 있는 호흡기(폐렴 등)에 피해를 주는 바이러스 감염.
- **홍콩골수은행(Hong Kong Marrow Match Foundation)**
- **휘쉬(FISH, Fluorescent In Situ Hybridization)** : 분자생물학적 방법을 이용하여 골수 또는 피에서 보고자하는 유전자를 추적하기 위해(예, 필라델피아 염색체 등 각종 염색체의 문제점과 잔류병(殘留柄: 숨어 있는 백혈병)에 관해 색깔이 나는 형광물질로 찾아내는 방법.

- **흉부 X-레이** : 폐렴 등을 확인하기 위해 방사선을 이용하여 가슴을 촬영한다.
- **히크만 도관(導管, Hickman Catheter)** : 백혈병이나 재생불량성빈혈의 치료시 쓰이는 도관(이는 수술을 통해 몸 안에 관을 갖게 함). 이 관을 통해 화학요법, 수혈, 항생제 투여가 가능하다. 특히 화학요법을 말초혈관으로 투여할 때 오는 정맥염증, 정맥손상 등을 방지할 수 있다.

  한편, 백혈구 수치가 낮을 때, 히크만 도관에 심한 염증이 올 때(특히 전처치 이후 골수이식은 했지만 아직 회복이 되지 않았을 때)는 치료가 어렵게 되는 수가 있다. 따라서 요사이는 Hickman Catheter 처럼 몸안에 수술을 통해 박는 도관보다는 외부에서 빗장뼈 아래 삽입하는 중심정맥관(中心靜脈管)을 더 선호하는 경향이 있다. 이는 원하는 때 필요에 따라 수술없이 그냥 뽑아버리는 장점이 있다.

주요용어 찾아보기(영문)

[A]

- **ABO 형** : 피 안의 적혈구세포의 표면에는 각각 A, B, AB등의 항원을 표현하게 되며 이에 따라 각각의 피의 ABO형이 결정된다. 단 O형의 경우에는 A 또는 B의 항원의 발현이 없다.
  특히 골수이식 이후 착상이 되면서 환자의 A, B, O형은 서서히 공여자의 ABO형으로 바뀌게 된다. 따라서 이식 이후에 적혈구의 수혈을 대단히 조심해야 한다.
- **Acyclovir(에이싸이클로비르, 조비락스)** : 허피스바이러스와 거대세포 바이러스(CMV)에 효과가 있다.
- **ATG(Anti-Thymocyte-Globulin)** : 재생불량성빈혈시 효과가 있는 치료(면역 조절요법)중 하나. 동물에 항원을 주사하여 얻은 혈청.

[B]

- **Bactrim(박트림, 셉트린)** : PCP(뉴머시스티스성 감염, 주페포자충증)등은 동종이식 이후 면역억제 기간동안 올 수가 있다. 박트림을 주말(토, 일) 기간동안 복용할 경우 PCP 등을 예방할 수 있다.
- **Bone Marrow Donor Worldwide** : 전세계적으로 타인이식을 위해 여러 나라들이 조직항원검사(HLA)를 서로 공유하도록 발족한 기관. 아직 우리 나라는 이에 가입되어 있지 않다.

[C]

- **Ciprofloxacin(씨프로플록싸신, 씨프로)** : 널리 쓰이는 항생제 중 하나.

[D]

- **DMSO** : 조혈세포의 냉동보관시 사용하는 세포 보호약물.

[F]

- **FK506(프로그라프, Tacrolimus)** : 싸이클로스포린과 비슷한 기능을 갖고 있으며 이식편대 숙주반응을 방지하는 약제.
- **Fluconazole(플루코나졸, 디푸루칸)** : 구강에 있는 곰팡이 치료에 우수한 항진균제.

[G]

- **G-CSF(필그라스팀(그라신), 레노그라스팀(뉴트로젠))** : 백혈구가 골수에서 말초혈액으로 나오는 것을 촉진시켜주는 조혈성장인자(造血成長因子)로서 피하주사 또는 정맥주사가 있다. 또한 말초 조혈모세포(末梢造血母細胞) 채취(採取) 시에도 G-CSF를 이용하여 가능하다. 부작용으로서는 감기몸살 증상과 같은 느낌, 뼈통증 등이 있다.
- **Ganciclovir(겐싸이클로비르)** : 항 CMV 바이러스 치료제.

[M]

- **Major ABO Mismatch** : 환자의 isohemagglutinin이 공여자 RBC-항원에 관한 불일치(incompatibility) 때문에 생기는 부작용.
- **Minor ABO Mismatch** : 공여자의 isohemagglutinin이 환자의 RBC-항원에 관한 불일치로 인해 생기는 부작용.

[N]

- **NST(Non-Myeloablative Stem cell Transplantation, 경(經)한 동종이식)**

[P]

- **Purging(정화(淨化), 골수청소)** : 자가(自家)이식을 위해 자가 골수세포 또는 자가 말초조혈모(自家末梢造血母)세포를 뽑은 후 이식 이전에 조작(造作)을 통해(예; 뽑힌 자가 세포에 항암제를 투여한다던지 또는 항체를 통해 좋은 세포만 선별한다든지 혹은 나쁜 세포를 걸러낸다든지 함) 깨끗하게 함으로써 정화시키는 작업을 말한다.

[R]

- **RFLP(Restiction Fragment Length Polymorphism)** : 이는 이식 이후 성공적인 착

상의 여부 및 유지를 확인하기 위해 시행하는 검사로 피 또는 골수를 이용해 검사한다. VNTR 등과 비슷한 기능을 하며 방사선 동위 원소를 이용해서 시행한다.

[V]

- **VNTR(Variable Number of Tandem Repeats)** : 각 개인의 지문의 모양이 각기 다 다르듯이, 피 또는 골수를 분자생물학적으로 분석해 볼 때 반복되는 특이한 유전자의 분포가 각 개인에서 상이하다. 이를 이용하여 골수이식 이후 공여자의 골수로 잘 바뀌었는가를 판단하는데 유용한 검사이다.

[X]

- **XY-FISH(Fluoresence in situ hybridization)** : 이는 VNTR과 함께 골수이식 이후 공여자의 골수로 잘 바뀌었는가를 확인할 수 있는 방법이다. 즉 환자는 남자이고 공여자는 여자일 때 위의 방법으로 분석을 해 볼 경우, 성공적인 골수이식 이후에는 염색체 검사(골수)에서 남자세포는 보이지 않으며 여자세포만 보이게 된다.